实战从入门到精通(视频教学版)

HTML5+CSS3网页设计

刘玉红　蒲　娟　编著

清华大学出版社

北京

内 容 提 要

本书采取"HTML5网页设计→CSS3美化网页→网页版式布局→综合案例实战"的讲解模式，深入浅出地为读者讲解了网页设计和排版布局的各项技术及实战技能。

本书第1篇"HTML5网页设计"主要讲解HTML5快速入门、HTML5网页文档结构、HTML5网页中的文本和图像、用HTML5建立超链接、用HTML5创建表格和表单、HTML5中的多媒体、使用HTML5绘制图形、获取地理位置、Web通信新技术、构建离线的Web应用等；第2篇"CSS3美化网页"主要讲解CSS3概述与基本语法、使用CSS3美化网页字体与段落、使用CSS3美化网页图片、使用CSS3美化网页背景与边框、使用CSS3美化表格和表单样式、使用CSS3美化超链接和鼠标、使用CSS3控制网页导航菜单的样式等；第3篇"网页版式布局"主要讲解CSS定位与DIV布局核心技术、CSS+DIV盒子的浮动与定位、网页布局实战案例剖析等；第4篇"综合案例实战"主要讲解制作在线购物类网页、制作移动设备类网页和制作娱乐休闲类网页实战。

本书适合任何没有网页设计基础的人员，也适用于有一定的HTML5和CSS3基础，想更精通网页设计的人员，同时也可作为大专院校及培训学校教师和学生用书。

本书封面贴有清华大学出版社防伪标签，无标签者不得销售。

版权所有，侵权必究。侵权举报电话：010-62782989　13701121933

图书在版编目(CIP)数据

HTML5+CSS3 网页设计 / 刘玉红，蒲娟编著.—北京：清华大学出版社，2017
　（实战从入门到精通：视频教学版）

ISBN 978-7-302-48072-3

Ⅰ.①H… Ⅱ.①刘… ②蒲… Ⅲ.①超文本标记语言—程序设计 ②网页制作工具 Ⅳ.①TP312.8 ②TP393.092.2

中国版本图书馆CIP数据核字（2017）第207776号

责任编辑：张彦青
封面设计：朱承翠
责任校对：吴春华
责任印制：李红英

出版发行：清华大学出版社

  网 址：http://www.tup.com.cn，http://www.wqbook.com
  地 址：北京清华大学学研大厦A座   邮 编：100084
  社 总 机：010-62770175   邮 购：010-62786544
  投稿与读者服务：010-62776969，c-service@tup.tsinghua.edu.cn
  质量反馈：010-62772015，zhiliang@tup.tsinghua.edu.cn

印 装 者：清华大学印刷厂
经 销：全国新华书店
开 本：190mm×260mm 印 张：32.75 字 数：793千字
    （附DVD 1张）
版 次：2017年9月第1版 印 次：2017年9月第1次印刷
印 数：1～3000
定 价：78.00元

产品编号：074442-01

前　言
PREFACE

　　"实战从入门到精通（视频教学版）"系列图书是专门为网页设计和网站开发初学者量身定制的一套学习用书，由刘玉红策划，千谷网络科技实训中心的高级讲师编著，整套书涵盖网页设计、网站开发、数据库设计等方面的知识，具有以下突出特点。

前沿科技

　　无论是网页设计、数据库设计，还是 HTML5、CSS3，我们都精选较为前沿或者用户群最大的领域推进，帮助大家认识和了解最新动态。

权威的作者团队

　　组织国家重点实验室和资深应用专家联手编著该套图书，融合丰富的教学经验与优秀的管理理念。

学习型案例设计

　　以技术的实际应用过程为主线，全程采用图解和同步多媒体相结合的教学方式，生动、直观、全面地剖析使用过程中的各种应用技能，降低难度，提升学习效率。

为什么要写这样一本书

　　由于原生应用程序 APP 的开发费用比较高，而且耗时较长，所以 jQuery Mobile 函数库应运而生，很好地解决了这一问题，通过 HTML5 新技术和 jQuery Mobile 搭配使用，开发出的网站和普通 APP 没有区别，受到广大用户的欢迎。目前学习和关注的人越来越多，而很多 APP 移动网站开发的初学者都苦于找不到一本通俗易懂、快速入门和案例实用的参考书。而通过本书的案例实训，大学生可以很快地上手流行工具，提高职业化能力，从而帮助解决公司与学生的双重需求问题。

本书特色

▶ 零基础、入门级的讲解

　　无论您是否从事计算机相关行业，无论您是否接触过网页设计，都能从本书中找到最佳起点。

▶ 超多、实用、专业的范例和项目

本书在编排上紧密结合深入学习网页设计技术的先后过程，从 HTML5 基本概念开始，引领读者逐步深入地学习各种应用技巧，侧重实战技能，使用简单易懂的案例进行分析和操作指导，让读者学起来简明轻松，操作起来有章可循。

▶ 随时检测自己的学习成果

每章首页均设置了内容提要，并提供了学习目标，以指导读者重点学习。

大部分章最后的"跟我练练手"板块，均根据本章内容精选而成，读者可以随时检测自己的学习成果和实战能力，做到融会贯通。

▶ 细致入微、贴心提示

本书在讲解过程中，在各章中使用了"注意""提示""技巧"等小栏目，使读者在学习过程中更清楚地了解相关操作、理解相关概念，并轻松掌握各种操作技巧。

▶ 专业创作团队和技术支持

本书由千谷网络科技实训中心编著和提供技术支持。

您在学习过程中遇到任何问题，可加入 QQ 群：221376441 进行提问，专家人员会及时答疑解惑。

"网页设计"学习最佳途径

本书以学习"网页设计"的最佳制作流程来分配章节，从最初的 HTML5 基本概念开始，然后讲解了 CSS3 美化网页、网页版式布局等。同时在最后的项目实战环节特意补充了 3 个综合网页的设计过程，以便更进一步提高读者的实战技能。

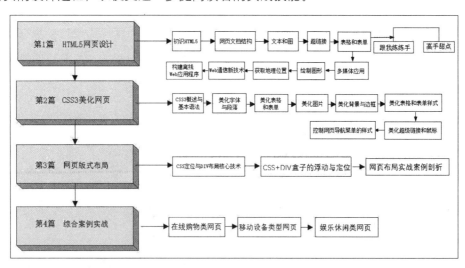

〰 超值光盘

▶ 全程同步教学录像

涵盖本书所有知识点，详细讲解每个实例及项目的过程和技术关键点。比阅读图书更能轻松地掌握网页设计知识，而且扩展的讲解部分使您得到比书中更多的收获。

▶ 超多容量王牌资源大放送

赠送大量王牌资源，包括书中案例源代码、教学幻灯片、本书精品教学视频、HTML5 标签速查手册、CSS 属性速查表、88 类网页实用模板、CSS+DIV 布局赏析案例、精彩网站配色方案赏析、网页样式与布局案例赏析和 Web 前端工程师常见面试题。

〰 读者对象

◇ 没有任何网页设计基础的初学者。

◇ 有一定的 HTML5 和 CSS3 基础，想精通网页设计的人员。

◇ 有一定的 HTML5 和 CSS3 基础，没有项目经验的人员。

◇ 正在进行毕业设计的学生。

◇ 大专院校及培训学校的老师和学生。

〰 创作团队

本书由刘玉红和蒲娟编著,参加编写的人员还有刘玉萍、周佳、付红、李园、郭广新、侯永岗、王攀登、刘海松、孙若淞、王月娇、包慧利、陈伟光、胡同夫、梁云梁和周浩浩。在编写过程中，我们尽所能地将最好的讲解呈现给读者，但也难免有疏漏和不妥之处，敬请不吝指正。若您在学习中遇到困难或疑问，或有何建议，可写信至信箱 357975357@qq.com。

编　者

目 录

第1篇 HTML5网页设计

第1章 HTML5快速入门

第2章 HTML5网页文档结构

第3章 HTML5网页中的文本和图像

第4章 用HTML5建立超链接

第5章 用HTML5创建表格和表单

第6章 HTML5中的多媒体

第7章 使用HTML5绘制图形

第8章　获取地理位置

第9章　Web通信新技术

第10章　构建离线的Web

第2篇 CSS3美化网页

第11章 CSS3概述与基本

第12章 使用CSS3美化网页字体与段落

第13章 使用CSS3美化网页图片

第14章 使用CSS3美化网页背景与边框

第15章 使用CSS3美化表格和表单样式

第16章 使用CSS3美化超链接和鼠标

第17章 使用CSS3控制网页导航菜单的样式

第3篇 网页版式布局

第18章 CSS定位与DIV布局核心技术

第19章 CSS+DIV盒子的浮动与定位

第20章 网页布局实战案例剖析

第 **4** 篇　综合案例实战

第21章　制作在线购物类网页

第22章　制作移动设备类网页

第23 章　制作娱乐休闲类网页

第 **1** 篇

HTML5 网页设计

HTML5 快速入门

第 1 章

目前，网络已经成为人们生活、工作中不可缺少的一部分，而网页就是呈现给人们信息的平台。因此，怎么样把自己想要表达的信息很好地呈现在网页中，就成了人们的一个研究课题——网页设计与制作。制作网页可采用可视化编辑软件，但无论采用哪一种网页编辑软件，最后都是将所设计的网页转化为 HTML，当前最新的版本是 HTML5。

本章要点（已掌握的在方框中打钩）

- □ 了解 HTML5 的基本概念
- □ 掌握 HTML5 文件的基本结构
- □ 掌握 HTML5 文件的编写方法
- □ 掌握使用浏览器查看 HTML5 文件的方法

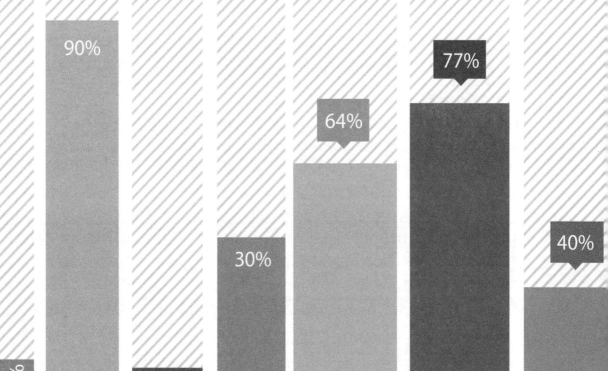

1.1 HTML5概述

HTML 是用来描述网页的一种语言，该语言是一种标记语言（标记语言是一套标记标签，HTML 使用标记标签来描述网页），而不是编程语言，它是制作网页的基础语言，主要用于描述超文本中内容的显示方式。

1.1.1 HTML5 简介

HTML5 是用于取代 1999 年所制定的 HTML 4.01 和 XHTML 1.0 标准的 HTML 标准版本，现在仍处于发展阶段，但大部分浏览器已经支持 HTML5 技术。当前 HTML5 对多媒体的支持功能更强，它新增了如下一些功能。

☆ 新增语义化标签，使文档结构明确。

☆ 新的文档对象模型（DOM）。

☆ 实现 2D 绘图的 Canvas 对象。

☆ 可控媒体播放。

☆ 离线存储。

☆ 文档编辑。

☆ 拖放。

☆ 跨文档消息。

☆ 浏览器历史管理。

☆ MIME 类型和协议注册。

> **注意** 对于这些新功能，支持 HTML5 的浏览器在处理 HTML5 代码错误时必须更灵活，而那些不支持 HTML5 的浏览器将忽略 HTML5 代码。

HTML5 最大优势是语法结构非常简单。它具有以下特点。

（1）HTML5 编写简单。即使用户没有任何编程经验，也可以很轻易地使用 HTML 来设计网页，HTML5 的使用只需将文本加上一些标记（Tags）即可。

（2）HTML 标记数目有限。在 W3C 所建议使用的 HTML5 规范中，所有的控制标记都是固定的且数目也是有限的。所谓固定，是指控制标记的名称固定不变，且每个控制标记都已被定义过，其所提供的功能与相关属性的设置都是固定的。这是因为 HTML 中只能引用 Strict DTD、Transitional DTD 或 Frameset DTD 中的控制标记，且 HTML 并不允许网页设计者自行创建控制标记，所以控制标记的数目是有限的，当设计者充分了解每个控制标记的功能后，就可以设计 Web 页面了。

（3）HTML 语法较弱。在 W3C 制定的 HTML5 规范中，对于 HTML5 在语法结构上的规格限制是较松散的，如 <HTML><Html> 或 <html> 在浏览器中具有同样的功能，是不区分大小写的。另外，也没有严格要求每个控制标记都要有相对应的结束控制标记，如标记 <tr> 就不一定需要它的结束标记 </tr>。

HTML5 最基本的语法是 < 标记符 ></ 标记符 >。标记符通常都成对使用，有一个开头标记和一个结束标记。结束标记只是在开头标记的前面加一个斜杠"/"。当浏览器收到 HTML 文件后，就会解释里面的标记符，然后把标记符相对应的功能表达出来。

1.1.2 HTML5 文件的基本结构

一个完整的 HTML5 文件包括标题、段落、列表、表格、绘制的图形以及各种嵌入对象，这些对象统称为 HTML 元素。

一个 HTML5 文件的基本结构如下。

```
<!DOCTYPE html>
<html > 文件开始的标记
<head> 文档头部开始的标记
文档头的内容
</head> 文档头部结束的标记
<body> 文件主体开始的标记
文件主体内容
</body> 文件主体结束的标记
</html> 文件结束的标记
```

从上面的代码可以看出，在 HTML 文件中，所有的标记都是相对应的，开头标记为 <>，结束标记为 </>，在这两个标记中间添加内容，这些基本标记的使用方法及详细解释会在下面的章节呈现。

1.2 HTML5文件的编写方法

HTML5 文件的编写方法有如下两种。

☆ 手工编写 HTML 文件。

☆ 使用 HTML 编辑器。

1.2.1 案例 1——手工编写 HTML5

由于 HTML5 是一种标记语言，主要是以文本形式存在，因此，所有的记事本工具都可以作为它的开发环境。HTML 文件的扩展名为 .html 或 .htm，将 HTML 源代码输入记事本并保存之后，可以在浏览器中打开文档以查看其效果。

【例1.1】使用记事本编写 HTML 文件

具体操作步骤如下。

步骤 **1** 单击 Windows 桌面上的【开始】按钮，选择【所有程序】→【附件】→【记事本】命令，打开一个记事本，在记事本中输入 HTML5 代码，如图 1-1 所示。

步骤 **2** 编辑完 HTML5 文件后，选择【文件】→【保存】命令或按 Ctrl+S 快捷键，在弹出的【另存为】对话框中，选择【保存类型】为【所有文件】，然后将文件扩展名设为 .html 或 .htm，如图 1-2 所示。

图 1-1　编辑 HTML 代码

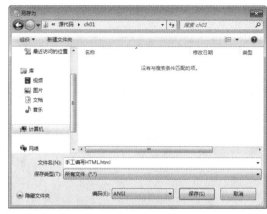

图 1-2　【另存为】对话框

步骤 **3** 单击【保存】按钮，保存文件。打开网页文档，在浏览器中浏览效果，如图 1-3 所示。

图 1-3　网页的浏览效果

注意 使用记事本可以编写 HTML 文件，但是效率太低，对于语法错误及格式都没有提示。

1.2.2 案例 2——使用 HTML 编辑器编写 HTML

使用 HTML 编辑器可以弥补记事本编写 HTML 文件的缺陷，目前，有很多专门编辑 HTML 网页的编辑器，其中，Adobe 公司出品的 Dreamweaver CC 用户界面非常友好，是一款非常优秀的网页开发工具，深受广大用户的喜爱。Dreamweaver CC 的主界面如图 1-4 所示。

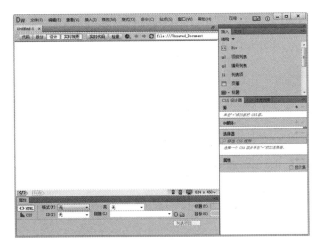

图 1-4　Dreamweaver CC 主界面

 文档窗口

文档窗口位于界面的中部，它是用来编排网页的区域，与在浏览器中的结果相似。在文档窗口中，可以将文档分为三种视图模式显示。

☆　代码视图。使用代码视图，可以在文档窗口中显示当前文档的源代码，也可以在该窗口中直接输入 HTML 代码。

☆　设计视图。设计视图下，无须编辑任何代码，直接使用可视化的操作编辑网页。

☆　拆分视图。拆分视图下，左半部分显示代码视图，右半部分显示设计视图。可以通过输入 HTML 代码，直接观看效果，还可以通过设计视图插入对象，直接查看源文件。

若在各种视图间进行切换，只需在文档工具栏中单击相应的视图按钮即可，文档工具栏如图 1-5 所示。

图 1-5　文档工具栏

 【插入】面板

【插入】面板是在设计视图下使用频率很高的面板之一。【插入】面板默认打开的是【常用】页，它包括了最常用的一些对象，例如，在文档中的光标位置插入一段文本、图像或表格等。用户可以根据需要切换到其他页，如图 1-6 所示。

 【属性】面板

【属性】面板中主要包含当前选择的对象的相关属性设置。可以通过选择菜单栏中的【窗口】→【属性】命令或按 Ctrl+F3 快捷键，打开或关闭【属性】面板。

【属性】面板是常用的一个面板，因为无论编辑哪个对象的属性，都要用到它。其内容也会随着选择对象的不同而改变，例如，当光标定位在文档体文字内容部分时，【属性】面板显示文字的相关属性，如图 1-7 所示。

图 1-6　【插入】面板　　　　　图 1-7　【属性】面板

Dreamweaver CC 中还有很多面板，在以后使用时，再作详细讲解。打开的面板越多，编辑文档的区域就会越小，为了编辑文档的方便，可以通过按 F4 功能键快速隐藏或显示所有面板。

【例 1.2】使用 Dreamweaver CC 编写 HTML 文件

具体操作步骤如下。

步骤 **1** 启动 Dreamweaver CC，如图 1-8 所示，在欢迎屏幕【新建】栏中选择 HTML 选项，或者选择【文件】→【新建】命令（快捷键 Ctrl+N）。

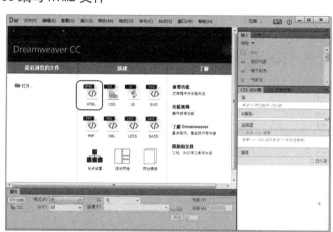

图 1-8　包含欢迎屏幕的主界面

步骤 **2** 弹出【新建文档】对话框，如图 1-9 所示，在【页面类型】列表框中，选择 HTML 选项。

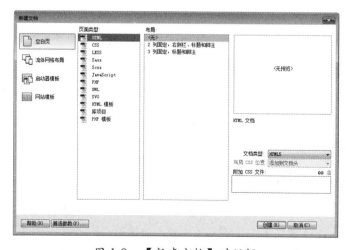

图 1-9　【新建文档】对话框

步骤 **3** 单击【创建】按钮，创建 HTML 文件，如图 1-10 所示。

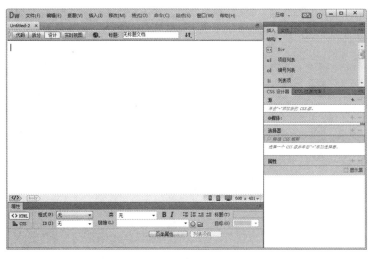

图 1-10　设计视图下显示创建的文档

步骤 **4** 在文档工具栏中，单击【代码】按钮，切换到代码视图，如图 1-11 所示。

图 1-11　代码视图下显示创建的文档

步骤 **5** 修改 HTML 文档标题，将代码中 <title> 标记中的"无标题文档"修改成"我的第一个网页"。

步骤 **6** 在 <body> 标记中输入"今天我使用 Dreamweaver CC 编写了第一个简单网页，感到非常高兴。"，完整 HTML 代码如下所示。

```
<!doctype html>
<html>
<head>
<meta charset="utf-8"
<title>我的第一个网页</title>
</head>
<body>
```

```
今天我使用Dreamweaver CC编写了第一个简单网页，感到非常高兴。
</body>
</html>
```

步骤 7 保存文件。选择【文件】→【保存】菜单命令或按 Ctrl+S 快捷键，弹出【另存为】对话框。在对话框中，选择保存位置，并输入文件名，单击【保存】按钮，如图 1-12 所示。

步骤 8 单击文档工具栏中的 ◎ 图标，选择查看网页的浏览器，或按下功能键 F12 使用默认浏览器查看网页，浏览效果如图 1-13 所示。

图 1-12　保存文件

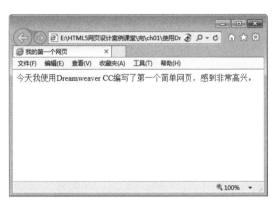

图 1-13　浏览器浏览效果

1.3　使用浏览器查看HTML5文件

使用浏览器既可查看网页的显示效果，也可以直接查看 HTML5 源代码。

1.3.1　各大浏览器与 HTML5 的兼容

浏览器是网页的运行环境，因此浏览器的类型也是网页设计时会遇到的一个问题。由于各个软件厂商对 HTML 的标准支持不同，导致了同样的网页使用不同的浏览器会有不同的表现。

另外，各个浏览器对 HTML5 新增功能的支持程度也不一致，浏览器的因素变得比以往传统的网页设计更重要。本书后面的章节中还会多次提及浏览器。

目前，市面上的浏览器种类繁多，Internet Explorer 是占绝对主流的，因此，本书主要使用 Internet Explorer 11 作为浏览器。不过，遇到 IE 浏览器不能支持的效果时，将使用 Firefox、Opera 或者其他能支持的浏览器。

1.3.2 案例3——查看页面效果

双击编写好的 HTML 文件，在 IE9.0 浏览器中可以看到编辑的 HTML 页面效果。

前面已经介绍，网页可以在不同的浏览器中查看，为了测试网页的兼容性，可以在不同的浏览器中打开网页。

在非默认的浏览器中打开网页的方法有很多种，在此为读者介绍两种常用方法。

☆ 在浏览器中选择【文件】→【打开】菜单（有些浏览器的命令名为"打开文件"）命令，然后选择要打开的网页即可。

☆ 在 HTML 文件上右击，在弹出的快捷菜单中选择【打开方式】命令，选择需要的浏览器，如图 1-14 所示。如果浏览器没有出现在菜单中，则选择【选择程序】命令，在计算机中查找浏览器程序。

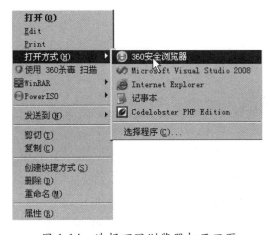

图 1-14 选择不同浏览器打开网页

1.3.3 案例4——查看源文件

查看网页源代码的常见方法有以下两种。

（1）在打开的页面空白处右击，在弹出的快捷菜单中选择【查看源】命令，查看源文件，如图 1-15 所示。

图 1-15 选择【查看源】命令

（2）在浏览器中选择【查看】→【源】菜单命令，可以查看源文件，如图 1-16 所示。

图 1-16　选择【源】菜单命令

提示　由于浏览器的规定各不相同，有些浏览器将【源】命名为【查看源代码】，但是操作方法完全相同。

1.4　高手甜点

甜点 1：为何使用记事本编辑 HTML 文件无法在浏览器中预览，而能直接在记事本中打开？

答：很多初学者，保存文件时没有将 HTML 文件的扩展名 .html 或 .htm 作为文件的后缀，导致文件仍以 .txt 为扩展名，因此，无法在浏览器中查看。如果读者是通过右击，创建的记事本文件，在给文件重命名时，一定要以 .html 或 .htm 作为文件的后缀。特别要注意的是，当 Windows 系统的扩展名处于隐藏时，更容易出现这样的错误。读者可以在【文件夹选项】对话框中查看是否显示扩展名。

甜点 2：如何显示与隐藏 Dreamweaver CC 的欢迎屏幕？

答：Dreamweaver CC 欢迎屏幕可以帮助用户快速打开文件、新建文件等操作。如果不希望显示该屏幕，可以按 Ctrl+U 快捷键，在弹出的对话框中，选择左侧的【常规】页，将右侧【文档选项】部分的【显示欢迎屏幕】勾选取消。

1.5　跟我练练手

练习 1：手工编写 HTML5。

练习 2：使用 HTML 编辑器。

练习 3：查看页面效果。

练习 4：查看源文件。

第 2 章

HTML5 网页文档结构

文档结构，主要是指文章的内部结构，在网页中则表现为整个页面的内部结构。在 HTML5 之前，并没有对网页文档的结构进行明确的规范，因而如果打开一个网页源代码，您可能无法分清哪些是头部哪些是尾部，而在 HTML5 中则对这些进行了明确的规范。

● **本章要点（已掌握的在方框中打钩）**

☐ 掌握 Web 标准规定的内容

☐ 掌握 HTML5 文档的基本结构

☐ 掌握制作符合 W3C 标准的 HTML5 网页

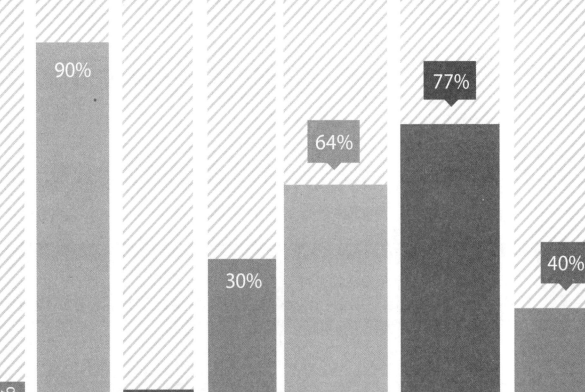

2.1 Web标准

在学习 HTML5 网页文档结构之前，首先需要了解 Web 标准，该标准主要是为了解决各种浏览器与网页的兼容性问题。

2.1.1 Web 标准概述

"不以规矩，不能成方圆。"对于网页设计也是如此。为了 Web 更好地发展，对于开发人员和最终用户而言，非常重要的事情就是在开发新的应用程序时，浏览器开发商和站点开发商需要共同遵守一个标准，这个标准就是 Web 标准。

Web 标准的最终目的就是可确保每个人都有权力访问相同的信息。如果没有 Web 标准，那么未来的 Web 应用，都是不可能实现的。同时，Web 标准也可以使站点开发更快捷，更令人愉快。

为了缩短开发和维护时间，未来的网站将不得不根据标准来进行编码。这样，开发人员就不必为了得到相同的结果，而纠结于多版本的开发。一旦 Web 开发人员遵守了 Web 标准，由于开发人员可以更容易地理解彼此的编码，那么，Web 开发的团队协作也将会得到简化。因此，Web 标准在开发中是很重要的。

使用 Web 标准有以下优点。

1. 对于访问者

☆ 文件下载与页面显示速度更快。

☆ 内容能被更多的用户所访问（包括失明、视弱、色盲等残障人士）。

☆ 内容能被更广泛的设备所访问（包括屏幕阅读机、手持设备、打印机等）。

☆ 用户能够通过样式选择定制自己的表现界面。

☆ 所有页面都能提供适于打印的版本。

2. 对于网站所有者

☆ 更少的代码和组件，容易维护。

☆ 带宽要求降低（代码更简洁），成本降低。

☆ 更容易被搜索引擎搜索到。

☆ 改版方便，不需要变动页面内容。

☆ 提供打印版本而不需要复制内容。

☆ 提高网站易用性。在美国，有严格的法律条款来约束政府网站必须达到一定的易用性，其他一些国家也有类似的要求。

2.1.2　Web 标准规定的内容

Web 标准不是某一个标准，而是一系列标准的集合。网页主要由三部分组成：结构（Structure）、表现（Presentation）和行为（Behavior），那么，对应的标准也有三方面，分别如下。

☆ 结构标准语言主要包括 XHTML 和 XML。

☆ 表现标准语言主要包括 CSS。

☆ 行为标准主要包括对象模型，如 W3C DOM、ECMAScript 等。

这些标准大部分由 W3C 起草和发布，也有一些是其他标准组织制定的，比如 ECMA（European Computer Manufacturers Association）的 ECMAScript 标准。

 结构标准语言

1）XML

XML 是 The Extensible Markup Language（可扩展标识语言）的缩写。目前推荐遵循的是 W3C 于 2000 年 10 月 6 日发布的 XML1.0。和 HTML 一样，XML 同样来源于 SGML，但 XML 是一种能定义其他语言的语言。XML 最初设计的目的是弥补 HTML 的不足，以强大的扩展性满足网络信息发布的需要，后来逐渐用于网络数据的转换和描述。

2）XHTML

XHTML 是 The Extensible HyperText Markup Language（可扩展超文本标识语言）的缩写。目前推荐遵循的是 W3C 于 2000 年 1 月 26 日发布的 XML1.0。XML 虽然数据转换能力强大，完全可以替代 HTML，但面对成千上万个已有的站点，直接采用 XML 还不现实。因此，我们在 HTML4.0 的基础上，用 XML 的规则对其进行扩展，得到了 XHTML。简单地说，建立 XHTML 的目的就是实现 HTML 向 XML 的过渡。

 表现标准语言

CSS 是 Cascading Style Sheets（层叠样式表）的缩写。目前推荐遵循的是 W3C 于 1998 年 5 月 12 日发布的 CSS2。W3C 创建 CSS 标准的目的是以 CSS 取代 HTML 表格式布局、帧和其他表现的语言。纯 CSS 布局与结构式 XHTML 相结合能帮助设计者分离外观与结构，使站点的访问及维护更加容易。

 行为标准

1）DOM

DOM 是 Document Object Model（文档对象模型）的缩写。根据 W3C DOM 规范，DOM 是一种与浏览器平台语言的接口，使得它可以访问页面其他的标准组件。简单理解，DOM 解决了 Netscaped 的 Javascript 和 Microsoft 的 Jscript 之间的冲突，给予 Web 设计者和开发者一个标准，让他们来访问站点中的数据、脚本和表现层对象。

2）ECMAScript

ECMAScript 是 ECMA(European Computer Manufacturers Association) 制定的标准脚本语言（JavaScript）。目前推荐遵循的是 ECMAScript 262。

2.2 HTML5文档的基本结构

HTML5 文档的基本结构主要包括文档类型说明、开始标记、元信息、主体标记和页面注释标记等。

2.2.1 HTML5 结构

在一个 HTML 文档中，必须包含 <html></html> 标记，并且放在一个 HTML 文档的开始和结束位置，即每个文档以 <html> 开始，以 </html> 结束。

<html></html> 之间通常包含两个部分，分别是 <head></head> 和 <body></body>。head 标记包含 HTML 头部信息，例如文档标题、样式定义等; body 包含文档主体部分，即网页内容。需要注意的是，html 标记不区分大小写。

为了便于读者从整体上把握 HTML 文档结构，下面通过一个示例来介绍 HTML 页面的整体结构，示例代码如下。

```
<!doctype html>
<html>
<head>
<title>网页标题</title>
</head>
<body>
网页内容
</body>
</html>
```

从上面代码可以看出，一个基本的 HTML 页由以下几部分构成。

（1）<!doctype> 声明必须位于 HTML5 文档中的第一行，也就是位于 <html> 标记之前。该标记告知浏览器文档所使用的 HTML 规范。<!doctype> 声明不属于 HTML 标记，它是一条指令，告诉浏览器编写页面所用标记的版本。由于 HTML5 版本还没有得到浏览器的完全认可，后面介绍时还采用以前的通用标准。

（2）<html></html>：说明本页面使用 HTML 编写，使浏览器软件能够准确无误地解释、显示。

（3）<head></head>：是 HTML 的头部标记，头部信息不显示在网页中，此标记内可以保护其他标记，用于说明文件标题和整个文件的一些公用属性。可以通过 <style> 标记定义

CSS 样式表，通过 <script> 标记定义 JavaScript 脚本文件。

（4）<title></title>：title 是 head 中的重要组成部分，它包含的内容显示在浏览器的窗口标题栏中。如果没有 TITLE，浏览器标题栏则只显示本页的文件名。

（5）<body></body>：body 包含 HTML 页面的实际内容，显示在浏览器窗口的客户区中。例如，页面中的文字、图像、动画、超链接以及其他 HTML 相关的内容都是定义在 body 标记里面。

2.2.2　文档类型说明

Web 页面的文档类型说明（DOCTYPE）被极大地简化了。细心的读者会发现，在第 1 章中使用 Dreamweaver CC 创建 HTML 文档时，文档头部的类型说明代码如下。

```
<!DOCTYPE html PUBLIC"-//W3C//DTD XHTML 1.0 Transitional//EN"
http://www.w3.org/TR/xhtml1/DTD/xhtml1-transitional.dtd">
```

通过上面的文档类型说明，读者可以看到这段代码既麻烦又难记，若使用 HTML5 对文档类型进行简化，15 个字符就可以了，代码如下。

```
<!DOCTYPE html>
```

> **注意**　DOCTYPE 的声明需要出现在 html5 文件的第一行。

2.2.3　HTML5 标记 <html>

HTML5 标记代表文档的开始，由于 HTML5 语言语法的松散特性，该标记可以省略，但是为了使之符合 Web 标准和文档的完整性，并养成良好的编写习惯，建议不要省略该标记。

HTML5 标记以 <html> 开头，以 </html> 结尾，文档的所有内容书写在开头和结尾的中间部分，语法格式如下。

```
<html>
...
</html>.
```

2.2.4　头标记 <head>

头标记 <head> 用于说明文档头部相关信息，一般包括标题信息、元信息、定义 CSS 样式和脚本代码等。HTML 的头部信息是以 <head> 开始，以 </head> 结束，语法格式如下。

```
<head>
...
</head>
```

<head> 元素的作用范围是整篇文档，定义在 HTML 头部的内容往往不会在网页上直接显示。

 标题标记 <title>

HTML 页面的标题一般用来说明页面的用途，它显示在浏览器的标题栏中。在 HTML 文档中，标题标记以 <title> 开始，以 </title> 结束，语法格式如下。

```
<title>
…
</title>
```

在标记中间的"…"就是标题的内容，它可以帮助用户更好地识别页面。预览网页时，设置的标题在浏览器的左上方标题栏中显示。此外，在 Windows 任务栏中显示的也是这个标题，如图 2-1 所示。

图 2-1　标题栏在浏览器中的显示效果

> **注意**　页面的标题只有一个，位于 HTML 文档的头部，即 <head> 和 </head> 之间。

 元信息标记 <meta>

<meta> 元素可提供有关页面的元信息（meta-information），比如针对搜索引擎与更新频度的描述和关键词。

<meta> 标记位于文档的头部，不包含任何内容。<meta> 标记的属性定义了与文档相关联的名称 / 值对，<meta> 标记提供的属性及取值如表 2-1 所示。

表 2-1　<meta> 标记提供的属性及取值

属　性	值	描　述
charset	character encoding	定义文档的字符编码
content	some_text	定义与 http-equiv 或 name 属性相关的元信息
http-equiv	content-type expires refresh set-cookie	把 content 属性关联到 HTTP 头部
name	author description keywords generator revised others	把 content 属性关联到一个名称

1）字符集 charset 属性

在 HTML5 中，有一个新的 charset 属性，它使字符集的定义更加容易。例如，下列代码告诉浏览器，网页使用"ISO-8859-1"字符集显示，代码如下所示。

```
<meta charset="ISO-8859-1">
```

2）搜索引擎的关键字

在早期，Meta Keywords 关键字对搜索引擎的排名算法起到过一定的作用，也是进行网页优化的基础。关键字在浏览时是看不到的，使用格式如下。

```
<meta name="keywords" content="关键字,keywords" />
```

▶ **说明：**

　☆ 不同的关键字之间，应用半角逗号隔开(英文状态下)，不要使用"空格"或"|"间隔;

　☆ 是"keywords"，不是"keyword";

　☆ 关键字标签中的内容应该是一个个的短语，而不是一段话。

例如，定义针对搜索引擎的关键词，代码如下。

```
<meta name="keywords" content="HTML, CSS, XML, XHTML, JavaScript" />
```

关键字标签"Keywords"，曾经是搜索引擎排名中很重要的因素，但现在已经被很多搜索引擎完全忽略。我们加上这个标签对网页的综合表现并没有坏处，但如果使用不恰当的话，对网页非但没有好处，还有欺诈的嫌疑。所以，在使用关键字标签"Keywords"时，要注意以下几点。

　☆ 关键字标签中的内容要与网页核心内容相关,确定使用的关键字出现在网页文本中。

　☆ 使用用户易于通过搜索引擎检索的关键字，过于生僻的词汇不太适合做 META 标记中的关键字。

　☆ 不要重复使用关键字，否则可能会被搜索引擎惩罚。

☆ 一个网页的关键字标签里最多包含 3 ～ 5 个最重要的关键字，不要超过 5 个。

☆ 每个网页的关键字应该不一样。

注意 由于设计者或 SEO 优化者以前对 Meta Keywords 关键字的滥用，导致目前其在搜索引擎排名中的作用很小。

3）页面描述

Meta Description 元标签（描述元标签）是一种 HTML 元标签，用来简略描述网页的主要内容，通常被搜索引擎用在搜索结果页上，展示给最终用户一个文字片段。页面描述在网页中是不显示出来的，页面描述的使用格式如下。

```
<meta name="description" content=" 网页的介绍 " />
```

例如，定义对页面的描述，代码如下。

```
<meta name="description" content=" 免费的 Web 技术教程。" />
```

4）页面定时跳转

使用 <meta> 标记可以使网页在经过一定时间后自动刷新，这可通过将 http-equiv 属性值设置为 refresh 来实现。content 属性值可以设置为更新时间。

在浏览网页时经常会看到一些欢迎信息的页面，经过一段时间后，这些页面会自动转到其他页面，这就是网页的跳转。页面定时刷新跳转的语法格式如下。

```
<meta http-equiv="refresh" content=" 秒 ;[url= 网址 ]" />
```

▶ 说明：

上面的 [url= 网址] 部分是可选项，如果有这部分，页面定时刷新并跳转；如果省略该部分，页面只定时刷新，不进行跳转。

例如，实现每 5 秒刷新一次页面，将下述代码放入 head 标记部分即可。

```
<meta http-equiv="refresh" content="5" />
```

2.2.5 网页的主体标记 <body>

网页所要显示的内容都放在网页的主体标记内，它是 HTML 文件的重点所在。主体标记是以 <body> 开始，以 </body> 结束，语法格式如下。

```
<body>
...
</body>
```

需要注意的是，在构建 HTML 结构时，标记不允许交错出现，否则会造成错误。

例如，在下列代码中，<body> 开始标记出现在 <head> 标记内。

```
<html>
<head>
<title>标记测试</title>
<body>
</head>
</body>
</html>
```

代码中的第 4 行 <body> 开始标记和第 5 行的 </head> 结束标记出现了交叉，就是错误的。

2.2.6　页面注释标记 <!-- -->

注释是在 HTML 代码中插入的描述性文本，用来解释该代码或提示其他信息。注释只出现在代码中，浏览器对注释代码不进行解释，并且在浏览器的页面中不显示。

在 HTML 源代码中适当地插入注释语句是一种非常好的习惯，对于设计者日后的代码修改、维护工作很有益处。另外，如果将代码交给其他设计者，也能很快读懂前者所撰写的内容。

▶ **语法：**

```
<!-- 注释的内容 -->
```

注释语句元素由前后两半部分组成，前半部分包括一个左尖括号、一个半角感叹号和两个连字符头，后半部分由两个连字符和一个右尖括号组成。

```
<html>
<head>
<title>标记测试</title>
</head>
<body>
<!-- 这里是标题 -->
<h1>HTML5 从入门到精通</h1>
</body>
</html>
```

页面注释不但可以对 HTML 中一行或多行代码进行解释说明，而且可能注释掉这些代码。如果希望某些 HTML 代码在浏览器中不显示，可以将这部分内容放在 <!-- 和 --> 之间，例如，修改上述代码，如下所示。

```
<html>
<head>
<title>标记测试</title>
</head>
<body>
```

```
<!--
<h1>HTML5 从入门到精通 </h1>
-->
</body>
</html>
```

修改后的代码，将 <h1> 标记作为注释内容处理，在浏览器中将不会显示这部分内容。

2.3 综合案例——符合W3C标准的 HTML5网页

下面将制作一个简单的符合 W3C 标准的 HTML5 网页，以巩固前面所学知识。具体操作步骤如下。

步骤 **1** 启动 Dreamweaver CC，新建 HTML 文档，单击文档工具栏中的【代码】按钮，切换至代码状态，如图 2-2 所示。

图 2-2　使用 Dreamweaver CC 新建 HTML 文档

步骤 **2** 图 2-2 中的代码是 XHTML1.0 格式，尽管与 HTML5 完全兼容，但是为了简化代码，将其修改成 HTML5 规范。修改文档说明部分、<html> 标记部分和 <meta> 元信息部分，修改后，HTML5 基本结构代码如下。

```
<!DOCTYPE html>
<html>
<head>
<meta charset="utf-8" />
<title>HTML5 网页设计 </title>
</head>
<body>
</body>
</html>
```

步骤 3 在网页主体中添加内容，在 body 部分增加如下代码。

```
<!-- 白居易诗 -->
<h1> 续座右铭 </h1>
<P>
千里始足下 ,<br>
高山起微尘。<br>
吾道亦如此 ,<br>
行之贵日新。<br>
</P>
```

步骤 4 保存网页，在 IE 浏览器中预览，效果如图 2-3 所示。

图 2-3　网页浏览效果

2.4 高手甜点

甜点 1：在网页中，语言的编码方式有哪些？

答：在 HTML5 网页中，<meta> 标记的 charset 属性用于设置网页的内码语系，也就是字符集的类型。国内常用的是 GB 码，因经常要显示汉字，通常设置为 GB2312（简体中文）和 UTF-8 两种。英文是 ISO-8859-1 字符集，此外还有其他的字符集，这里不再介绍。

甜点 2：在网页中基本标记是否必须成对出现？

答：在 HTML5 网页中，大部分标记都是成对出现的，不过也有部分标记可以单独出现。例如换行标记 <p/>
<img/> 和 <hr/> 等。

2.5 跟我练练手

练习 1：制作符合 W3C 标准的 HTML5 网页。

练习 2：了解 HTML5 文档的基本结构。

第3章

HTML5 网页中的
文本和图像

文本和图像是网页中最主要也是最常用的元素。在网络高速发展的今天，网站已经成为一个展示与宣传自我的通信工具，公司或个人可以通过网站介绍公司的服务与产品。这些都离不开网站中的网页，而网页的内容主要通过文字与图像来体现。本章就将介绍 HTML5 网页中的文本和图像。

● 本章要点（已掌握的在方框中打钩）

- ☐ 掌握在网页中添加文本的方法
- ☐ 掌握文本排版的方法
- ☐ 掌握制作文字列表的方法
- ☐ 掌握在网页中添加图像的方法
- ☐ 掌握制作图文并茂房屋装饰装修网页的方法
- ☐ 掌握制作在线购物网站产品展示效果的方法

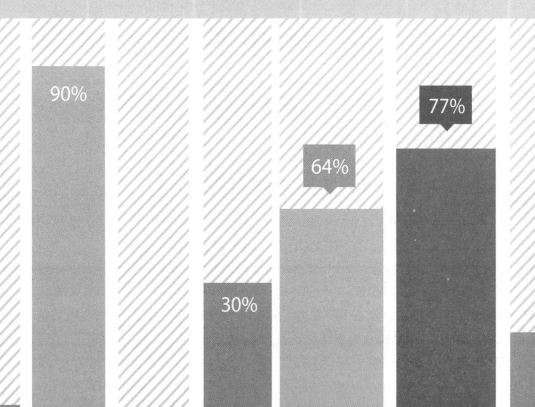

3.1 在网页中添加文本

在网页中添加文本的方法有多种，按照文本的类型，可以分为普通文本的添加和特殊字符文本的添加两种。

3.1.1 案例1——普通文本的添加

普通文本是指汉字或在键盘上可以直接输入的字符。读者可以在 Dreamweaver CC 代码视图的 body 标签部分直接输入，或者在设计视图下直接输入。如图 3-1 所示为 Dreamweaver CC 的【设计】视图窗口，用户可以在其中直接输入汉字或字符。

如果有现成的文本，可以使用复制、粘贴的方法把其他窗口中需要的文本复制过来。在粘贴文本的时候，如果只希望粘贴文本，而不需要粘贴其他文档中的格式，可以使用 Dreamweaver CC 的"选择性粘贴"功能。

"选择性粘贴"功能只在 Dreamweaver CC 的设计视图中起作用，因为在代码视图中，粘贴的仅是文本，不会有格式。例如，将 Word 文档表格中的文本复制到网页中，而不需要表格结构。操作方法：选择【编辑】→【选择性粘贴】命令或按下 Ctrl+Shift+V 组合键，将弹出【选择性粘贴】对话框，在该对话框中选中【仅文本】单选按钮，如图 3-2 所示。

图 3-1　【设计】视图窗口　　　　图 3-2　【选择性粘贴】对话框

3.1.2 案例2——特殊字符文本的添加

目前，网络上包含很多行业的信息，而每个行业都有自己的行业特性，如数学、物理和化学都有特殊的符号。那么，如何在网页中添加这些特殊的字符呢？

在 HTML 中，特殊符号以 "&" 开头，后面跟相关特殊字符。例如，大括号和小括号被用于声明标记，因此如果在 HTML 代码中输入 "<" 和 ">" 字符，就不能直接输入了，而是需要当作特殊字符进行处理。在 HTML 中，用 "&lt" 代表符号 "<"，用 "&gt" 代表符号 ">"。如输入公式 a>b，在 HTML 中需要这样表示：a>b。

HTML 中还有大量这样的字符，例如，空格、版权等，常用特殊字符如表 3-1 所示。

表 3-1　特殊字符

显　示	说　明	HTML 编码
	半角大的空白	
	全角大的空白	
	不断行的空白格	
<	小于	&lt;
>	大于	&gt;
&	& 符号	&amp;
"	双引号	&quot;
©	版权	&copy;
®	已注册商标	&reg;
TM	商标（美国）	TM
×	乘号	&times;
÷	除号	&divide;

在编辑化学或物理公式时，使用特殊字符的频度非常高。如果每次输入时都去查询或者要记忆这些特殊字符的编码，工作量是相当大的。下面为读者介绍一些技巧。

（1）在 Dreamweaver CC 的设计视图下输入字符，如输入 a>b 这样的表达式，可以直接输入。对于部分键盘上没有的字符可以借助中文输入法的软键盘。在中文输入法的软键盘上右击，弹出特殊类别项，如图 3-3 所示。选择所需类型，如选择"数学符号"选项，将弹出数学相关符号，如图 3-4 所示。单击自己需要的符号即可完成输入。

（2）文字与文字之间的空格，如果超过一个，那么从第 2 个空格开始，都会被忽略掉。快捷输入空格的方法如下：将输入法切换成中文输入法，并置于"全角"（Shift+ 空格）状态，直接按键盘上的空格键即可。

（3）对于上述两种方法都无法实现的字符，可以使用 Dreamweaver CC 的【插入】菜单来实现。选择【插入】→ HTML →【特殊字符】菜单命令，在所需要的字符中选择，如果没有所需要的字符，选择【其他字符】命令，在打开的【插入其他字符】对话框中选择即可，如图 3-5 所示。

图 3-3　特殊符号分类

图 3-4　数学符号

图 3-5　【插入其他字符】对话框

> **注意**　尽量不要使用多个 " " 来表示多个空格，因为多数浏览器对空格的距离实现是不一样的。

3.1.3 案例 3——添加特殊文本

在文档中经常会出现重要文本（加粗显示）、斜体文本、上标和下标文本等，具体介绍如下。

1. 重要文本

重要文本通常以粗体显示、强调方式显示或加强调方式显示。HTML 中的 <b> 标记、<em> 标记和 <strong> 标记分别实现了这三种显示方式。

【例 3.1】（实例文件：ch03\3.1.html）

```
<!DOCTYPE html>
<html>
<head>
<title>无标题文档</title>
</head>
<body>
<p><b>粗体文字的显示效果</b></p>
<p><em>强调文字的显示效果</em></p>
<p><strong>加强调文字的显示效果</strong></p>
</body>
</html>
```

在 IE 浏览器中浏览效果如图 3-6 所示，实现了文本的三种显示方式。

图 3-6　重要文本浏览效果

2. 倾斜文本

HTML 中的 <i> 标记实现了文本的倾斜显示。放在 <i> 与 </i> 之间的文本将以斜体显示。

【例 3.2】（实例文件：ch03\3.2.html）

```
<!DOCTYPE html>
<html>
<head>
<title>无标题文档</title>
</head>
```

```
<body>
<i>斜体文字的显示效果 </i>
</body>
</html>
```

在 IE 浏览器中浏览效果如图 3-7 所示，
其中文本以斜体显示。

图 3-7　斜体文本浏览效果

 注意　　HTML 中的重要文本和倾斜文本标记已经过时，这些标记都应该使用 CSS
样式来实现，而不应该用 HTML 来实现。随着学习的深入，读者会逐渐发现，即使
HTML 和 CSS 实现相同的效果，但 CSS 所能实现的控制要远远比 HTML 细致、精确
得多。

3. 上标和下标文本

在 HTML 中用 <sup> 标记实现上标文字，用 <sub> 标记实现下标文字。<sup> 和 </sub>
都是双标记，放在开始标记和结束标记之间的文本会分别以上标或下标形式出现。

【例 3.3】（实例文件：ch03\3.3.html）

```
<!DOCTYPE html>
<html>
<head>
<title>无标题文档 </title>
</head>
<body>
 <!- 上标显示 -->
 <p>c=a<sup>2</sup>+b<sup>2</sup></p>
<!- 下标显示 -->
 <p>H<sub>2</sub>+O→H<sub>2</sub>O</p>
</body>
</html>
```

在 IE 浏览器中浏览效果如图 3-8 所示，分别实现了上标和下标文本的显示。

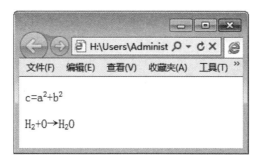

图 3-8　上标和下标文本浏览效果

3.2 文本排版

在网页中，对文本段落进行排版，并不像文本编辑软件 Word 那样可以定义许多模式来安排文字的位置。在网页中要让某一段文本放在特定的地方则是通过 HTML 标记来完成的。其中，换行使用
 标记，换段使用 <p> 标记。

3.2.1　案例 4——换行标记

换行标记
 是一个单标记，它没有结束标记，是英文单词"break"的缩写，作用是将文本在一个段内强制换行。一个
 标记代表一次换行，连续的多个标记可以实现多次换行。使用换行标记时，在需要换行的位置添加
 标记即可。例如，下面的代码实现了对文本的强制换行。

【例 3.4】（实例文件：ch03\3.4.html）

```
<!DOCTYPE html>
<html>
<head>
<title> 文本段换行 </title>
</head>
<body>
你见，或者不见我 <br/>
我就在那里 <br/>
不悲不喜 <br/>
你念，或者不念我 <br/>
情就在那里 <br/>
不来不去
</body>
</html>
```

虽然在 HTML 源代码中，主体部分的内容在排版上没有换行，但是增加
 标记后，在 IE 浏览器中的浏览效果如图 3-9 所示，实现了换行效果。

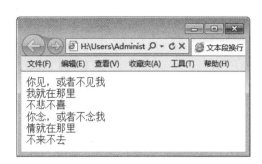

图 3-9　换行标记的浏览效果

3.2.2　案例 5——段落标记 <p>

段落标记是双标记，即 <p></p>，在 <p> 开始标记和 </p> 结束标记之间的内容形成一个段落。如果省略结束标记，从 <p> 标记开始，直到遇见下一个段落标记之前的文本，都在一个段落内。

【例 3.5】（实例文件：ch03\3.5.html）

```
<!DOCTYPE html>
<html>
<head>
<title>段落标记的使用</title>
</head>
<body>
  <p>《春》　作者：朱自清</p>
<p>盼望着，盼望着，东风来了，春天的脚步近了。</p>
<p>
一切都像刚睡醒的样子，欣欣然张开了眼。山朗润起来了，水涨起来了，太阳的脸红起来了。
</p>
<p>
小草偷偷地从土里钻出来，嫩嫩的，绿绿的。园子里，田野里，瞧去，一大片一大片满是的。坐着，躺着，
打两个滚，踢几脚球，赛几趟跑，捉几回迷藏。风轻悄悄的，草软绵绵的。
</p>
<p>
桃树、杏树、梨树，你不让我，我不让你，都开满了花赶趟儿。红的像火，粉的像霞，白的像雪。花里带
着甜味儿，闭了眼，树上仿佛已经满是桃儿、杏儿、梨儿。花下成千成百的蜜蜂嗡嗡地闹着，大小的蝴蝶
飞来飞去。野花遍地是：杂样儿，有名字的，没名字的，散在花丛里，像眼睛，像星星，还眨呀眨的……
</p>
</body>
</html>
```

在 IE 浏览器中的浏览效果如图 3-10 所示，<p> 标记将文本分成 4 个段落。

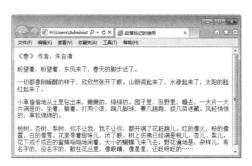

图 3-10　段落标记的浏览效果

3.2.3　案例 6——标题标记 <h1> ～ <h6>

在 HTML 文档中，文本的结构除了以行和段出现之外，还可以作为标题存在。各种级别的标题由 <h1> ～ <h6> 元素来定义，标记中的字母 h 是英文 headline（标题行）的简称。其中 <h1> 代表 1 级标题，级别最高，字号也最大，其他标题元素依次递减，<h6> 级别最低。

【例 3.6】（实例文件：ch03\3.6.html）

```
<!DOCTYPE html>
<html>
<head>
<title>标题标记的使用</title>
</head>
<body>
<h1>卜算子·我住长江头</h1>
<h2>我住长江头，君住长江尾。</h2>
<h3>日日思君不见君，共饮长江水。</h3>
<h4>此水几时休，此恨何时已。</h4>
<h5>只愿君心似我心，定不负相思意。</h5>
<h6>作者：宋代 李之仪</h6>
</body>
</html>
```

在 IE 浏览器中的浏览效果如图 3-11所示。

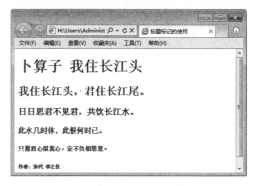

图 3-11　标题标记的浏览效果

> **注意** 作为标题，它们的重要性是有区别的，其中 <h1> 标题的重要性最高，<h6> 标题的重要性最低。

3.3 文字列表

文字列表可以有序地编排一些信息资源，使其结构化和条理化，并以列表的样式显示出来，以便浏览者能更加快捷地获得相应信息。HTML 中的文字列表如同文字编辑软件 Word 中的项目符号和自动编号。

3.3.1 案例 7——建立无序列表 <ul>

无序列表相当于 Word 中的项目符号，无序列表的项目排列没有顺序，只以符号作为分项标识。无序列表使用一对标记 <ul></ul>，其中每一个列表项使用 <li></li>，其结构如下所示。

```
<ul>
   <li> 无序列表项 </li>
   <li> 无序列表项 </li>
   <li> 无序列表项 </li>
   <li> 无序列表项 </li>
</ul>
```

在无序列表结构中，使用 <ul></ul> 标记表示这一个无序列表的开始和结束，<li> 则表示一个列表项的开始。在一个无序列表中可以包含多个列表项，并且 <li> 可以省略结束标记。使用无序列表实现文本的排列显示如下。

【例 3.7】（实例文件：ch03\3.7.html）

```
<!DOCTYPE html>
<html>
<head>
<title> 嵌套无序列表的使用 </title>
</head>
<body>
<h1> 网站建设流程 </h1>
<ul>
     <li> 项目需求 </li>
     <li> 系统分析
       <ul>
          <li> 网站的定位 </li>
```

```
            <li> 内容收集 </li>
            <li> 栏目规划 </li>
            <li> 网站内容设计 </li>
        </ul>
    </li>
    <li> 网页草图
        <ul>
            <li> 制作网页草图 </li>
            <li> 将草图转换为网页. </li>
        </ul>
    </li>
    <li> 站点建设 </li>
    <li> 网页布局 </li>
    <li> 网站测试 </li>
    <li> 站点的发布与站点管理 </li>
</ul>
</body>
</html>
```

在 IE 浏览器中浏览效果如图 3-12 所示。
其实，在无序列表项中，可以嵌套一个列表。
如代码中的"系统分析"列表项和"网页草图"
列表项中都有下级列表，因此在这对 <li>
</li> 标记间又增加了一对 <ul></ul> 标记。

图 3-12　无序列表浏览效果

3.3.2 案例 8——建立有序列表 <ol>

有序列表类似于 Word 中的自动编号功能，有序列表的使用方法和无序列表基本相同，
它使用标记 <ol></ol>，每一个列表项前使用 <li></li>。每个项目都有前后顺序之分，多数用
数字表示，其结构如下。

```
<ol>
    <li> 第 1 项 </li>
    <li> 第 2 项 </li>
    <li> 第 3 项 </li>
</ol>
```

使用有序列表实现文本的排列显示如下。

【例 3.8】（实例文件：ch03\3.8.html）

```
<!DOCTYPE html>
<html>
<head>
<title>有序列表的使用</title>
</head>
<body>
<h1>本节内容列表</h1>
<ol>
    <li>认识网页</li>
    <li>网页与 HTML 差异</li>
    <li>认识 Web 标准</li>
    <li>网页设计与开发的流程</li>
    <li>与设计相关的技术因素</li>
</ol>
</body>
</html>
```

在 IE 浏览器中浏览效果如图 3-13 所示，用户可以看到新添加的有序列表。

图 3-13　有序列表的浏览效果

3.3.3　案例 9——建立不同类型的无序列表

通过使用多个 <ul> 标签，可以建立不同类型的无序列表。

【例 3.9】（实例文件：ch03\3.9.html）

```
<!DOCTYPE html>
<html1>
<body>
<h4>Disc 项目符号列表：</h4>
<ul type="disc">
 <li>苹果</li>
 <li>香蕉</li>
 <li>柠檬</li>
 <li>桔子</li>
</ul>
```

```
<h4>Circle 项目符号列表：</h4>
<ul type="circle">
 <li>苹果</li>
 <li>香蕉</li>
 <li>柠檬</li>
 <li>桔子</li>
</ul>
<h4>Square 项目符号列表：</h4>
<ul type="square">
 <li>苹果</li>
 <li>香蕉</li>
 <li>柠檬</li>
 <li>桔子</li>
</ul>
</body>
</html>
```

在 IE 浏览器中浏览效果如图 3-14 所示。

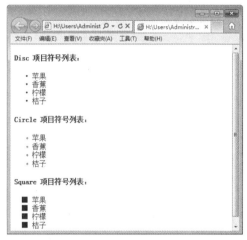

图 3-14　不同类型的无序列表浏览效果

3.3.4　案例 10——建立不同类型的有序列表

通过使用多个 <ol> 标记，可以建立不同类型的有序列表。

【例 3.10】（实例文件：ch03\3.10.html）

```
<!DOCTYPE html>
<html>
<body>
<h4>数字列表：</h4>
<ol>
 <li>苹果</li>
```

```
<li>香蕉 </li>
<li>柠檬 </li>
<li>桔子 </li>
</ol>
<h4>字母列表：</h4>
<ol type="A">
<li>苹果 </li>
<li>香蕉 </li>
<li>柠檬 </li>
<li>桔子 </li>
</ol>
</body>
</html>
```

在 IE 浏览器中浏览效果如图 3-15 所示。

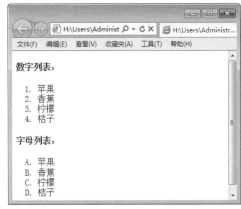

图 3-15　不同类型的有序列表浏览效果

3.3.5　案例 11——建立嵌套列表

嵌套列表是网页中常用的元素，使用 <ul> 标记可以制作网页中的嵌套列表。

【例 3.11】（实例文件：ch03\3.11.html）

```
<!DOCTYPE html>
<html>
<body>
<h4>一个嵌套列表：</h4>
<ul>
  <li>咖啡 </li>
  <li>茶
    <ul>
    <li>红茶 </li>
    <li>绿茶
      <ul>
```

```
    <li> 中国茶 </li>
    <li> 非洲茶 </li>
    </ul>
  </li>
  </ul>
</li>
<li> 牛奶 </li>
</ul>
</body>
</html>
```

在 IE 浏览器中浏览效果如图 3-16 所示。

图 3-16   嵌套列表浏览效果

3.3.6   案例 12——自定义列表 <dl>

在 HTML5 中还可以自定义列表，自定义列表的标记是 <dl>。

【例 3.12】（实例文件：ch03\3.12.html）

```
<!DOCTYPE html>
<html>
<body>
<h2> 一个定义列表：</h2>
<dl>
    <dt> 电脑 </dt>
    <dd> 是一种能够按照程序运行的电子设备….</dd>
    <dt> 显示器 </dt>
    <dd> 以视觉方式显示信息的装置 …</dd>
</dl>
</body>
</html>
```

在 IE 浏览器中浏览效果如图 3-17 所示。

图 3-17　自定义列表浏览效果

3.4　网页中的图像

图片是网页中不可缺少的元素，巧妙地在网页中使用图片可以为网页增色不少。网页支持多种图片格式，并且可以对插入的图片设置宽度和高度。网页中使用的图片可以是 GIF、JPEG、BMP、TIFF、PNG 等格式的图像文件，其中使用最广泛的是 GIF 和 JPEG 两种格式。

3.4.1　案例 13——插入图像 <img>

图像可以美化网页，插入图像使用单标记 <img>。<img> 标记的属性及描述如表 3-2 所示。

表 3-2　<img> 标记的属性及描述

属　性	值	描　　述
alt	text	定义有关图形的短的描述
src	URL	要显示的图像的 URL
height	pixels %	定义图像的高度
ismap	URL	把图像定义为服务器端的图像映射
usemap	URL	定义作为客户端图像映射的一幅图像。请参阅 <map> 和 <area> 标记，了解其工作原理
vspace	pixels	定义图像顶部和底部的空白，若不支持，用 CSS 代替
width	pixels %	设置图像的宽度

插入图像

src 属性用于指定图片源文件的路径，它是 <img> 标记必不可少的属性，语法格式如下。

```
<img src=" 图片路径 ">
```

【例 3.13】在网页中插入图片（实例文件：ch03\3.13.html）

```
<!DOCTYPE html>
<html>
<head>
<title>插入图片</title>
</head>
<body>
<img src="images/ 美图 1.jpg">
</body>
</html>
```

在 IE 浏览器中浏览效果如图 3-18 所示。

图 3-18　插入图片浏览效果

2.　从不同位置插入图像

在插入图片时，用户可以将其他文件夹或服务器的图片显示到网页中。

【例 3.14】（实例文件：ch03\3.14.html）

```
<!DOCTYPE html>
<html>
<body>
<p>
来自一个文件夹的图像：
<img src="images/ 美图 2.jpg" />
```

```
</p>
<p>
来自baidu 的图像：
<img src="http://www.baidu.com/img/shouye_b5486898c692066bd2cbaeda86d74448.gif" />
</p>
</body>
</html>
```

在 IE 浏览器中浏览效果如图 3-19 所示。

图 3-19　不同位置插入图像浏览效果

3.4.2　案例 14——设置图像的宽度和高度 width、height

在 HTML 文档中，还可以设置插入图片的显示大小，一般是按原始尺寸显示，也可以任意设置显示尺寸。图像尺寸可以分别用属性 width（宽度）和 height（高度）来设置。

【例 3.15】（实例文件：ch03\3.15.html）

```
<!DOCTYPE html>
<html>
<head>
<title>插入图片</title>
</head>
<body>
<img src="images/美图1.jpg">
<img src="images/美图1.jpg" width="200">
<img src="images/美图1.jpg" width="200" height="300">
</body>
</html>
```

在 IE 浏览器中浏览效果，如图 3-20 所示。由图中可以看到，图片的显示尺寸由 width（宽度）和 height（高度）控制。当只为图片设置一个尺寸属性时，另外一个尺寸就以图片原始的比例来显示。图片的尺寸单位可以选择百分比或数值，百分比为相对尺寸，数值是绝对尺寸。

图 3-20　设置图片的宽度和高度

> **注意**　网页中插入的图片都是位图，放大尺寸，图片会出现马赛克，变得模糊。

> **技巧**　在 Windows 中查看图片的尺寸，只需要找到图像文件，把鼠标指针移动到图片上，停留几秒后，就会出现一个提示框，说明图像文件的尺寸。尺寸后面显示的数字，代表图像的宽度和高度，如 256×256。

3.4.3　案例 15——设置图片的提示文字 alt

为图片添加提示文字可以方便搜索引擎的检索，除此之外，图片提示文字的作用还有以下两个。

☆　当浏览网页时，如果图片下载完成，将鼠标指针放在该图片上，鼠标指针旁边会出现提示文字，为图片添加说明性文字。

☆　如果图片没有成功下载，在图片的位置上就会显示提示文字。

下面的实例将为图片添加提示文字效果。

【例 3.16】（实例文件：ch03\3.16.html）

```
<!DOCTYPE html>
<html>
<head>
<title>图片文字提示</title>
</head>
<body>
<img src="images/美图2.jpg" alt="美丽的花朵">
</body>
</html>
```

在 IE 浏览器中浏览效果如图 3-21 所示。用户将鼠标放在图片上，即可看到提示文字。

图 3-21　图片文字提示

> **注意**　火狐浏览器不支持该功能。

3.4.4　案例 16——将图片设置为网页背景 background

在插入图片时，用户可以根据需要将某些图片设置为网页背景。GIF 和 JPG 文件均可用作 HTML 背景。如果图像小于页面，图像会进行重复显示。

【例 3.17】（实例文件：ch03\3.17.html）

```html
<!DOCTYPE html>
<html>
<body background="images/background.jpg">
<h3>图像背景</h3>
</body>
</html>
```

在 IE 浏览器中浏览效果如图 3-22 所示。

图 3-22　图片背景

3.4.5 案例 17——排列图像 align

在网页的文字中,如果插入图片,可以对图片进行排序。常用的排序方式为居中、底部对齐、顶部对齐三种。

【例 3.18】（实例文件：ch03\3.18.html）

```
<!DOCTYPE html>
<html>
<body>
<h2>未设置对齐方式的图像: </h2>
<p>图像 <img src ="images/logo.gif"> 在文本中</p>
<h2>已设置对齐方式的图像: </h2>
<p>图像 <img src=" images/logo.gif " align="bottom"> 在文本中</p>
<p>图像 <img src =" images/logo.gif " align="middle"> 在文本中</p>
<p>图像 <img src =" images/logo.gif " align="top"> 在文本中</p>
</body>
</html>
```

在 IE 浏览器中浏览效果如图 3-23 所示。

图 3-23　图片对齐方式

> ▶ **注意**　bottom 对齐方式是默认的对齐方式。

3.5 综合案例1——图文并茂房屋装饰装修网页

本综合案例是创建一个由文本和图片构成的房屋装饰效果网页，如图 3-24 所示。

图 3-24　房屋装饰效果网页

具体操作步骤如下。

步骤 **1**　在 Dreamweaver CC 中新建 HTML 文档，并修改成 HTML5 标准，代码如下。

```
<!DOCTYPE html>
<html>
<head>
<title>房屋装饰装修效果图</title>
</head>
<body>
</body>
</html>
```

步骤 **2**　在 body 部分增加如下 HTML 代码，保存页面。

```
<p> <img src="images/xiyatu.jpg" width="300" height="200"/> <img src="images/
stadshem.jpg" width="300" height="200"/><br />
西雅图原生态公寓室内设计 与 Stadshem 小户型公寓设计（带阁楼）</p>
<hr/>
<p> <img src="images/qingxinhuoli.jpg" width="300" height="200"/> <img src=
"images/renwen.jpg" width="300" height="200"/><br />
清新活力家居与人文简约悠然家居 </p>
<hr/>
```

▶ **注意**　<hr> 标记的作用是定义内容中的主题变化，并显示为一条水平线，而在 HTML5 中它没有任何属性。

另外，快速插入图片及设置相关属性，可以借助 Dreamweaver CS5.5 的插入功能，或按下 Ctrl+Alt+I 组合键。

3.6 综合案例2——在线购物网站产品展示效果

本综合案例是创建一个由文本和图片构成的在线购物网站产品展示效果。

步骤 1 打开记事本，在其中输入如下代码。

```
<!DOCTYPE html>
<html >
<head>
<title>在线购物网站产品展示效果</title>
</head>
<body>
<p> <img src="images/01.jpg" width="400" height="300"/> <img src="images/02.jpg"
width="400" height="300"/><img src="images/03.jpg" width="400" height="300"/>
<br />
康绮墨丽珍气洗发护发五件套                
        静佳 Jplus 薰衣草茶树精油祛痘消印专家推荐 5 件套    
       JCare 葡萄籽咀嚼片 800mg×90 片三盒特惠礼包 </p>
<hr/>
<p> <img src="images/04.jpg" width="400" height="300"/> <img src="images/05.jpg"
width="400" height="300"/><img src="images/06.jpg" width="400" height="300"/>
<br />
雅诗兰黛即时修护礼盒四件套                  
      JUST BB 弹力保湿蜗牛系列特惠超值套装          
              美丽加芬蜗牛新生特惠超值礼包</p>
<hr/>
</body>
</html>
```

步骤 2 保存网页，在 IE 浏览器中浏览效果如图 3-25 所示。

图 3-25　网页浏览效果

3.7 高手甜点

甜点 1：换行标记和段落标记有什么区别？

答：换行标记是单标记，一定不能写结束标记。段落标记是双标记，可以省略结束标记，也可以不省略。默认情况下，段落之间的距离和段落内部的行间距是不同的，段落间距比较大，行间距比较小。HTML 无法调整段落间距和行间距，如果想调整它们，就必须使用 CSS。在 Dreamweaver CC 的设计视图下，按下 Enter 键可以快速换段，按下 Shift+回车（Enter）键可以快速换行。

甜点 2：无序列表 <ul> 元素有何作用？

答：无序列表元素主要用于条理化和结构化文本信息。在实际开发中，无序列表在制作导航菜单时被使用广泛，导航菜单的结构一般都由无序列表实现。

甜点 3：在浏览器中，图片无法显示。

答：图片在网页中属于嵌入对象，并不保存在网页中，网页只是保存了图片的路径。浏览器在解释 HTML 文件时，会按指定的路径去寻找图片，如果在指定的位置不存在图片，就无法正常显示。为了保证图片的正常显示，制作网页时需要注意以下几点。

（1）图片格式一定是网页支持的。

（2）图片的路径一定要正确，并且图片文件扩展名不能省略。

（3）HTML 文件位置发生改变时，图片也一定要跟着改变，即图片位置和 HTML 文件位置始终保持相对一致。

3.8 跟我练练手

练习 1：制作一个特殊文本的网页。

练习 2：制作一个包含各种类型标题的网页。

练习 3：制作一个带有无序列表和有序列表的网页。

练习 4：制作一个图文并茂的网页。

练习 5：制作一个在线购物商品展示的网页。

用 HTML5 建立
超链接

第 **4** 章

HTML 文件中最重要的应用之一就是超链接，超链接是一个网站的灵魂。Web 上的网页是互相链接的，单击被称为超链接的文本或图形就可以链接到其他页面。只有将网站中的各个页面链接在一起之后，才能称之为真正的网站。

● **本章要点（已掌握的在方框中打钩）**

☐ 了解网页超链接的概念

☐ 掌握建立网页超链接的方法

☐ 掌握浮动框架的使用

☐ 掌握精确定位热点区域的方法

☐ 掌握制作电子书阅读网页的方法

40%

0%

90%

7%

30%

64%

77%

40%

4.1 网页超链接概述

所谓超链接是指从一个网页指向一个目标的链接关系，这个目标可以是另一个网页，也可以是相同网页上的不同位置，还可以是一张图片、一个电子邮件地址、一个文件，甚至是一个应用程序。

4.1.1 超链接的概念

超链接是一种对象，它以特殊编码的文本或图形的形式来实现链接。如果单击该链接，则相当于指示浏览器移至同一网页内的某个位置，或打开一个新的网页，或打开某一个新的 WWW 网站中的网页。

网页中的链接按照链接路径的不同，可以分为 3 种类型，分别是内部链接、锚点链接和外部链接。按照使用对象的不同，又可以分为文本超链接、图像超链接、E-mail 链接、锚点链接、多媒体文件链接、空链接等。

在网页中，一般文字上的超链接都是蓝色，文字下面有一条下划线。当移动鼠标指针到该超链接上时，鼠标指针就会变成一只手的形状，这时单击就可以直接跳到与这个超链接相连接的网页或 WWW 网站上了。如果用户已经浏览过某个超链接，这个超链接的文本颜色就会发生改变（默认为紫色）。只有图像的超链接访问后颜色不会发生变化。

4.1.2 超链接中的 URL

URL 是 Uniform Resource Locator 的缩写，意为统一资源定位器，也就是我们通常说的"网址"，它用于指定 Internet 上的资源位置。

网络上的计算机之间是通过 IP 地址区分的，如果希望访问网络中某台计算机中的资源，首先要定位到这台计算机。IP 地址是由 32 位的二进制，即 32 个 0/1 代码组成，数字之间没有意义，不容易记忆。为了方便记忆，现在计算机一般采用域名的方式来寻址，即在网络上使用一组有意义字符组成的地址代替 IP 地址来访问网络资源。

URL 由 4 个部分组成，即"协议""主机名""文件夹名""文件名"，如图 4-1 所示。

图 4-1　URL 组成

互联网中有各种各样的应用，如 Web 服务、FTP 服务等。每种服务应用都对应有协议，通常通过浏览器浏览网页的协议都是 HTTP 协议，即"超文本传输协议"，因此通常网页的地址都以"http://"开头。

"www.baidu.com"为主机名，表示文件存在于哪台服务器，主机名可以通过 IP 地址或者域名来表示。

确定到主机后，还需要说明文件存在于这台服务器的哪个文件夹中，这里文件夹可以分为多个层级。

确定文件夹后，就要定位到文件，即要显示哪个文件，网页文件通常是以".html"或".htm"为扩展名。

4.1.3　超链接的 URL 类型

网页上的超链接一般分为如下三种。

绝对 URL 超链接：简单地讲，就是网络上的一个站点、网页的完整路径。

相对 URL 超链接：如将自己网页上的某一段文字或某标题链接到同一网站的其他网页上面。

书签超链接：即同一网页的超链接，又叫作书签。

4.2　建立网页超链接href

超链接就是当鼠标单击一些文字、图片或其他网页元素时，浏览器会根据其指示载入一个新的页面或跳转到页面的其他位置。超链接除了可链接文本外，也可链接各种媒体，如声音、图像、动画，通过它们可享受丰富多彩的多媒体世界。

建立超链接所使用的 HTML 标记为 <a></a>。超链接最重要的要素有两个，即设置为超链接的网页元素和超链接指向的目标地址。基本的超链接结构如下。

```
<a href=URL>网页元素</a>
```

4.2.1　案例 1——创建超文本链接

文本是网页制作中使用最频繁也是最主要的元素。为了实现跳转到与文本相关内容的页面，往往需要为文本添加链接。

 1.　文本链接的概念

浏览网页时，会看到一些带下划线的文字，将鼠标移到文字上时，鼠标指针将变成手形，单击会打开一个网页，这样的链接就是文本链接，如图 4-2 所示。

图 4-2　存在文本链接的网页

  创建链接的方法

使用 <a> 标签可以实现网页超链接，<a> 标签需要定义锚来指定链接目标。锚 (anchor) 有以下两种用法。

（1）通过使用 href 属性，创建指向另外一个文档的链接（或超链接）。使用 href 属性的代码格式如下。

```
<a href=" 链接地址 ">创建链接的文本 </a>
```

（2）通过使用 name 或 id 属性，创建一个文档内部的书签（也就是说，可以创建指向文档片段的链接）。使用 name 属性的代码格式如下。

```
<a name="value">创建链接的文本 </a>
```

name 属性用于指定锚的名称。name 属性可以创建（大型）文档内的书签。

使用 id 属性的代码格式如下。

```
<a id="value">创建链接的文本 </a>
```

  创建网页内的超文本链接

创建网页内的超文本链接主要通过 href 属性来实现。比如在网页中做一些知名网站的友情链接。

【例 4.1】使用记事本创建网页超文本链接（案例文件：ch04\4.1.html）

```
<!DOCTYPE html>
<html>
<head>
<title>文本链接 </title>
</head>
<body>
```

```
友情链接----
<a href="http://www.baidu.com">百度</a>
<a href="http://www.sina.com.cn">新浪</a>
<a href="http://www.163.com">网易</a></body>
</html>
```

使用 IE 浏览器打开文件，浏览效果如图 4-3 所示，带有超链接的文本呈现浅紫色。

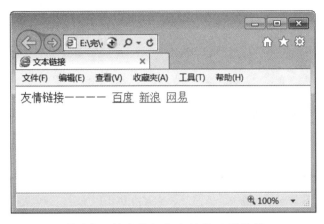

图 4-3　创建的超文本链接网页效果

> **注意**
>
> 链接地址前的 "http://" 不可省略，否则链接会出现错误。

4.2.2　案例 2——创建图片链接

在网页中浏览内容时，若将鼠标指针移到图片上，鼠标指针将变成手形，单击会打开一个网页，这样的链接就是图片链接，如图 4-4 所示。

图 4-4　有图片链接的网页

使用 <a> 标签为图片添加链接的代码格式如下。

```
<a href=" 链接目标 "><img src=" 图片 "/></a>
```

【例 4.2】使用记事本创建网页图片链接（案例文件：ch04\4.2.html）

```
<!DOCTYPE html>
<html>
<head>
<title> 图片链接 </title>
</head>
<body>
音乐无限
<a href="mp3.html"><img src="1.jpg"/></a>
<br>
<br>
<br>
运动健身
<a href="tiyu.html"><img src="2.jpg"/></a>
</body>
</html>
```

使用 IE 浏览器打开文件，浏览效果如图 4-5 所示。将鼠标放在图片上呈现手形状，单击后可跳转到指定网页。

图 4-5 创建的图片链接网页效果

> **注意** 文件中的图片要和当前网页文件在同一目录下，链接的网页没有加 "http://"，默认为当前网页所在目录。

4.2.3 案例 3——创建下载链接

超链接 <a> 标记的 href 属性是指向链接的目标，目标可以是各种类型的文件，如图片文件、声音文件、视频文件、Word 文件等。如果是浏览器能够识别的类型，会直接在浏览器中显示；如果浏览器不能识别，在 IE 浏览器中会弹出文件下载对话框，如图 4-6 所示。

图 4-6　IE 浏览器中的文件下载对话框

【例 4.3】（案例文件：ch04\4.3.html）

```
<!DOCTYPE html>
<html>
<head>
<title>链接各种类型文件</title>
</head>
<body>
<p><a href="2.doc">链接 word 文档</a></p>
</body>
</html>
```

在 IE 浏览器中预览网页效果如图 4-7 所示。实现链接到 HTML 文件、图片和 Word 文档。

图 4-7　链接 Word 文档

4.2.4　案例 4——使用相对路径和绝对路径

绝对 URL 一般用于访问非同一台服务器上的资源，相对 URL 是指访问同一台服务器上相同文件夹或不同文件夹中的资源。如果访问相同文件夹中的资源，只需要写文件名；如果访问不同文件夹中的资源，URL 以服务器的根目录为起点，指明文档的相对关系，由文件夹名和文件名两部分构成。

【例 4.4】使用绝对 URL 和相对 URL 实现超链接（案例文件：ch04\4.4.html）

```
<!DOCTYPE html>
<html>
<head>
<title>绝对 URL 和相对 URL</title>
</head>
<body>
  单击 <a href="http://www.webDesign.com/index.html">绝对 URL</a> 链接到 webDesign
  网站首页 <br />
  单击 <a href="02.html">相同文件夹的 URL</a> 链接到相同文件夹中的第 2 个页面 <br />
  单击 <a href="../pages/03.html">不同文件夹的 URL</a> 链接到不同文件夹中的第 3 个页面
</body>
</html>
```

在上述代码中，第 1 个链接使用的是绝对 URL；第 2 个使用的是服务器相对 URL，也就是链接到文档所在的服务器的根目录下的 02.html 文件；第 3 个使用的是文档相对 URL，即原文档所在文件夹的父文件夹下的 pages 文件夹中的 03.html 文件。

在 IE 浏览器中预览网页效果如图 4-8 所示。

图 4-8　绝对 URL 和相对 URL 网页浏览效果

4.2.5　案例 5——设置以新窗口显示超链接页面

默认情况下，当单击超链接时，目标页面会在当前窗口中显示，并替换当前页面的内容。如果在单击某个链接以后，要打开一个新的浏览器窗口在这个新窗口中显示目标页面，就需要使用 <a> 标签的 target 属性。

target 属性的代码格式如下。

```
<a target="value">
```

其中，value 有 4 个参数可用，这 4 个保留的目标名称用作特殊的文档重定向操作。

（1）_blank：浏览器总在一个新打开、未命名的窗口中载入目标文档。

（2）_self：这个目标的值对所有没有指定目标的 <a> 标记是默认目标，它使得目标文档载入并显示在相同的框架或者窗口中作为源文档。这个目标是多余且不必要的，除非和文档

标题 <base> 标记中的 target 属性一起使用。

（3）_parent：这个目标使得文档载入父窗口或者包含了超链接引用的框架的框架集。如果这个引用是在窗口或在顶级框架中，那么它与目标 _self 等效。

（4）_top：这个目标使得文档载入包含这个超链接的窗口，用 _top 目标将会清除所有被包含的框架并将文档载入整个浏览器窗口。

【例 4.5】设置以新窗口显示超链接页面（案例文件：ch04\4.5.html）

```html
<!DOCTYPE html>
<html>
<head>
<title>设置链接目标</title>
</head>
<body>
<a href="http://www.baidu.com" target="_blank">百度</a>
</body>
</html>
```

使用 IE 浏览器打开网页文件，显示效果如图 4-9 所示。

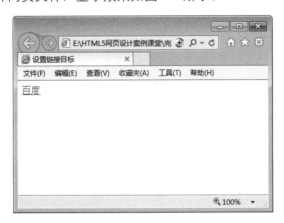

图 4-9　制作网页超链接

单击网页中的超链接，在新窗口中打开链接页面，如图 4-10 所示。

图 4-10　在新窗口中打开链接页面

如果将"_blank"换成"_self"，即代码修改为"<a href="http://www.baidu.com" target="_self">百度</a>"，单击链接后，直接在当前窗口打开新链接，如图 4-11 所示。

图 4-11 在当前窗口中打开新链接

> **技巧** target 的 4 个值都以下划线开始。任何其他用一个下划线作为开头的窗口或者目标都会被浏览器忽略，因此，不要将下划线作为文档中定义的任何框架 name 或 id 的第一个字符。

4.2.6 案例 6——设置电子邮件链接

在某些网页中，当访问者单击某个链接以后，会自动打开电子邮件客户端软件，如 Outlook 或 Foxmail 等，向某个特定的 E-mail 地址发送邮件，这个链接就是电子邮件链接。电子邮件链接的格式如下。

```
<a href="mailto:电子邮件地址">网页元素</a>
```

【例 4.6】设置电子邮件链接（案例文件：ch04\4.6.html）

```
<!DOCTYPE html>
<html>
<head>
<title>电子邮件链接</title>
</head>
<body>
<img src="images/logo.gif" width="119" height="49">      [免费注册][登录]
<a href="mailto:kfdzsj@126.com">站长信箱</a>
</body>
</html>
```

在 IE 浏览器中预览网页效果如图 4-12 所示，实现了电子邮件链接。

当读者单击【站长信箱】链接时，会自动弹出 Outlook 窗口，要求编写电子邮件，如图 4-13 所示。

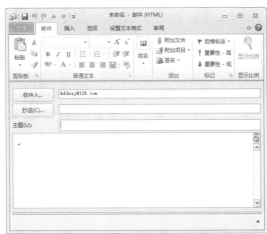

图 4-12　链接到电子邮件　　　　　图 4-13　Outlook 新邮件窗口

4.3　案例7——浮动框架iframe

HTML5 中已经不支持 frameset 框架，但是它仍然支持 iframe 浮动框架的使用。浮动框架可以自由控制窗口大小，可以配合表格随意地在网页中的任何位置插入窗口。实际上，就是在窗口中再创建一个窗口。

使用 iframe 创建浮动框架的格式如下。

```
<iframe src=" 链接对象 " >
```

其中，src 表示浮动框架中显示对象的路径，可以是绝对路径，也可以是相对路径。例如，下面的代码在浮动框架中显示百度网站。

【例 4.7】（案例文件：ch04\4.7.html）

```
<!DOCTYPE html>
<html>
<head>
<title>浮动框架中显示百度网站</title>
</head>
<body>
<iframe src="http://www.baidu.com"></iframe>
</body>
</html>
```

在 IE 浏览器中预览网页效果如图 4-14 所示。从浏览结果可见，浮动框架在页面中又创建了一个窗口，默认情况下，浮动框架的宽度和高度为 220 像素 × 120 像素。

图 4-14　浮动框架网页效果

　　如要调整浮动框架尺寸，使用 CSS 样式。修改上述浮动框架尺寸时，需在 <head> 标记部分增加如下 CSS 代码。

```
<style>
iframe{
    width:600px;          // 宽度
    height:800px;         // 高度
    border:none;          // 无边框
}
</style>
```

　　在 IE 浏览器中预览网页效果如图 4-15 所示。

图 4-15　修改宽度和高度的浮动框架网页效果

> **注意**
>
> 在 HTML5 中，iframe 仅支持 src 属性，再无其他属性。

4.4 案例8——精确定位热点区域 map、area

在浏览网页时，当单击一张图片的不同区域，会显示不同的链接内容，这就是图片的热点区域。所谓图片的热点区域，就是将一张图片划分成若干个链接区域，访问者单击不同的区域会链接到不同的目标页面。

在 HTML 中，可以为图片创建 3 种类型的热点区域：矩形、圆形和多边形。创建热点区域使用标记 <map> 和 <area>，语法格式如下。

```
<img src=" 图片地址 " usemap="# 名称 ">
<map id="# 名称 ">
    <area shape="rect" coords="10,10,100,100" href="#">
    <area shape="circle" coords="120,120,50" href="#">
    <area shape="poly" coords="78,13,81,14,53,32,86,38" href="#">
</map>
```

在上面的语法格式中，需要注意以下几点。

（1）要想建立图片热点区域，必须先插入图片。注意，图片必须增加 usemap 属性，说明该图像是热区映射图像，属性值必须以"#"开头，加上名字，如 #pic。那么上面一行代码可以修改为：<img src=" 图片地址 " usemap="#pic">。

（2）<map> 标记只有一个属性 id，其作用是为区域命名，其设置值必须与 <img> 标记的 usemap 属性值相同，修改上述代码为：<map id="#pic">。

（3）<area> 标记主要是定义热点区域的形状及超链接，它有 3 个必需的属性。

　　① shape 属性，控件划分区域的形状，其取值有 3 个，分别是 rect（矩形）、circle（圆形）和 poly（多边形）。

　　② coords 属性，控制区域的划分坐标。

　　　☆　如果 shape 属性取值为 rect，那么 coords 的设置值分别为矩形的在上角 x、y 坐标点和右下角 x、y 坐标点，单位为像素。

　　　☆　如果 shape 属性取值为 circle，那么 coords 的设置值分别为圆形圆心 x、y 坐标点和半径值，单位为像素。

　　　☆　如果 shape 属性取值为 poly，那么 coords 的设置值分别为矩形在各个点 x、y 的坐标，单位为像素。

③ href 属性是为区域设置超链接的目标，设置值为"#"时，表示为空链接。

上面讲述了 HTML 创建热点区域的方法，但难点还是坐标点的定位。对于简单的形状还可以，如果形状较多且复杂，确定坐标点的工程量就非常大，因此，不建议使用 HTML 代码去完成。这里为读者介绍一个快速且能精确定位热点区域的方法，在 Dreamweaver CC 中可以很方便地实现这个功能。

Dreamweaver CC 创建图片热点区域的具体操作步骤如下。

步骤 1 创建一个 HTML 文档，插入一张图片文件，如图 4-16 所示。

图 4-16　插入图片

步骤 2 选择图片，在 Dreamweaver CC 中打开【属性】面板，面板左下角有 3 个蓝色图标按钮，依次代表矩形、圆形和多边形热点区域。单击左边的【矩形热点】工具图标，如图 4-17 所示。

图 4-17　【属性】面板

步骤 3 将鼠标指针移动到被选中的图片上，以"创意信息平台"栏中的矩形大小为准，按住鼠标左键，从左上方向右下方拖曳鼠标，得到矩形区域，如图 4-18 所示。

步骤 4 绘制出来的热区呈现半透明状态，效果如图 4-19 所示。

步骤 5 如果绘制出来的矩形热区有误差，可以通过【属性】面板中的【指针热点】工具进行编辑，如图 4-20 所示。

图 4-18　绘制矩形热点区域　图 4-19　完成矩形热点区域的绘制　图 4-20　【指针热点】工具

步骤 6 完成上述操作之后，保持矩形热区被选中状态，然后在【属性】面板中的【链接】文本框中输入该热点区域链接对应的跳转目标页面。

步骤 7 在【目标】下拉列表框中有 4 个选项，它们决定着链接页面的弹出方式，如果选择 _blank 选项，那么矩形热区的链接页面将在新的窗口中打开；如果【目标】选项保持空白，就表示仍在原来的浏览器窗口中显示链接的目标页面。这样，矩形热点区域就设置好了。

步骤 8 继续为其他栏目创建矩形热点区域，操作方法请参阅以上步骤，完成后的效果如图 4-21 所示。

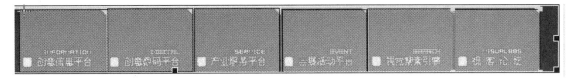

图 4-21　为其他栏目创建矩形热点区域

步骤 9 完成后保存并预览页面。可以发现，凡是绘制了热点的区域，鼠标指针移上去时就会变成手形，单击就会跳转到相应的页面。查看此时页面相应的 HTML 源代码如下。

```
<!DOCTYPE html>
<html>
<head>
<title>创建热点区域</title>
</head>
<body>
<img src="images/04.jpg" width="1001" height="87" border="0" usemap="#Map">
<map name="Map">
  <area shape="rect" coords="298,5,414,85" href="#">
  <area shape="rect" coords="412,4,524,85" href="#">
  <area shape="rect" coords="525,4,636,88" href="#">
  <area shape="rect" coords="639,6,749,86" href="#">
  <area shape="rect" coords="749,5,864,88" href="#">
  <area shape="rect" coords="861,6,976,86" href="#">
</map>
</body>
</html>
```

可以看到，Dreamweaver CC 自动生成的 HTML 代码结构和前面介绍的是一样的，但是所有的坐标都自动计算出来了，这正是网页制作工具的快捷之处。使用这些工具本质上和手工编写 HTML 代码没有区别，还可以提高编写者的工作效率。

▶ 注意 本书所讲述的手工编写 HTML 代码，在 Dreamweaver CC 工具中几乎都有对应的操作，请读者自行研究，以提高编写 HTML 代码的效率。但需要注意的是，使用网页制作工具前，一定要明白这些 HTML 标记的作用。因为一个专业的网页设计师必须具备 HTML 方面的知识，否则再强大的工具也只能是无根之树，无源之泉。

参照矩形热区的操作方法，为中国地图创建圆形和多边形热点区域。创建热点区域的效果，如图 4-22 所示。

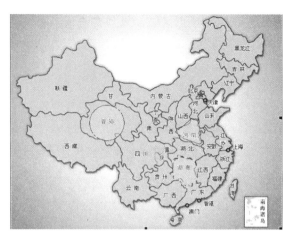

图 4-22　创建圆形和多边形热点区域效果

查看此时页面相应的 HTML 源代码如下。

```
<!DOCTYPE html>
<html>
<head>
<title>创建圆形和多边形热点区域</title>
</head>
<body>
<img src="images/china.jpg" width="618" height="499" border="0" usemap="#Map">
<map name="Map">
  <area shape="circle" coords="221,261,40" href="#">
  <area shape="poly" coords="411,251,394,267,375,280,395,295,407,299,431,307,
436,303,429,284,431,271,426,255" href="#">
  <area shape="poly" coords="385,336,371,346,370,375,376,385,394,395,403,
403,410,397,419,393,426,385,425,359,418,343,399,337" href="#">
</map>
</body>
</html>
```

4.5 综合案例——使用锚链接制作电子书阅读网页

超链接除了可以链接特定的文件和网站之外，还可以链接到网页内的特定内容。这可以使用 <a> 标记的 name 或 id 属性，创建一个文档内部的书签，也就是说，可以创建指向文档片段的链接。

例如，使用以下命令可以将网页中的文本"你好"定义为一个内部书签，书签名称为 name1。

```
<a name="name1" > 你好 </a>
```

在网页中的其他位置可以插入超链接引用该书签，引用命令如下。

```
<a href="#name1" > 引用内部书签 </a>
```

一般网页内容比较多的网站会采用这种方法，比如一个电子书网页。

使用锚链接制作一个电子书网页的具体步骤如下。

步骤 1　新建记事本，输入以下代码，并保存为电子书 .html 文件。

```
<!DOCTYPE html>
<html>
<head>
<title> 电子书 </title>
</head>
<body >
<h1> 文学鉴赏 </h1>
<ul>
    <li><a href="# 第一篇 " > 再别康桥 </a>
    <li><a href="# 第二篇 " > 雨　　巷 </a>
    <li><a href="# 第三篇 " > 荷塘月色 </a>
</ul>
<h3><a name=" 第一篇 " > 再别康桥 </a></h3>
<h3><a name=" 第二篇 " > 雨　　巷 </a></h3>
<h3><a name=" 第三篇 " > 荷塘月色 </a></h3>
</body>
</html>
```

步骤 2　使用 IE 浏览器打开文件，显示效果如图 4-23 所示。

图 4-23　电子书网页效果

步骤 3　为每一个文学作品添加内容，完善后的代码如下。

```
<!DOCTYPE html>
<html>
<head>
```

```
<title>电子书</title>
</head>
<body >
<h1>文学鉴赏</h1>
<ul>
    <li><a href="#第一篇" >再别康桥</a>
    <li><a href="#第二篇" >雨      巷</a>
    <li><a href="#第三篇" >荷塘月色</a>
</ul>
<h3><a name="第一篇" >再别康桥</a></h3>
---- 徐志摩
<ul>
    <li>轻轻的我走了，正如我轻轻的来；
    <li>我轻轻的招手，作别西天的云彩。
      <br>
    <li>那河畔的金柳，是夕阳中的新娘；
    <li>波光里的艳影，在我的心头荡漾。
      <br>
    <li>软泥上的青荇，油油的在水底招摇；
    <li>在康河的柔波里，我甘心做一条水草！
      <br>
    <li>那榆荫下的一潭，不是清泉，是天上虹；
    <li>揉碎在浮藻间，沉淀着彩虹似的梦。
      <br>
    <li>寻梦？撑一支长篙，向青草更青处漫溯；
    <li>满载一船星辉，在星辉斑斓里放歌。
      <br>
    <li>但我不能放歌，悄悄是别离的笙箫；
    <li>夏虫也为我沉默，沉默是今晚的康桥！
      <br>
    <li>悄悄的我走了，正如我悄悄的来；
    <li>我挥一挥衣袖，不带走一片云彩。
</ul>
<h3><a name="第二篇" >雨      巷</a></h3>
    ---- 戴望舒 <br>
    撑着油纸伞，独自彷徨在悠长、悠长又寂寥的雨巷，我希望逢着一个丁香一样的结着愁怨的姑娘。<br>
    她是有丁香一样的颜色，丁香一样的芬芳，丁香一样的忧愁，在雨中哀怨，哀怨又彷徨；她彷徨在这
寂寥的雨巷，撑着油纸伞像我一样，像我一样地默默行着，冷漠，凄清，又惆怅。<br>
    她静默地走近，走近，又投出太息一般的眼光，她飘过像梦一般的凄婉迷茫。像梦中飘过一枝丁香的，
我身旁飘过这女郎；她静默地远了，远了，到了颓圮的篱墙，走尽这雨巷。在雨的哀曲里，消了她的颜色，
散了她的芬芳，消散了，甚至她的太息般的眼光丁香般的惆怅。撑着油纸伞，独自彷徨在悠长，悠长又寂
寥的雨巷，我希望飘过一个丁香一样的结着愁怨的姑娘。
    <h3><a name="第三篇" >荷塘月色</a></h3>
    曲曲折折的荷塘上面，弥望的是田田的叶子。叶子出水很高，像亭亭的舞女的裙。层层的叶子中间，
零星地点缀着些白花，有袅娜地开着的，有羞涩地打着朵儿的；正如一粒粒的明珠，又如碧天里的星星，
又如刚出浴的美人。微风过处，送来缕缕清香，仿佛远处高楼上渺茫的歌声似的。这时候叶子与花也有一
丝的颤动，像闪电般，霎时传过荷塘的那边去了。叶子本是肩并肩密密地挨着，这便宛然有了一道凝碧的波痕。
```

叶子底下是脉脉的流水，遮住了，不能见一些颜色；而叶子却更见风致了。
　　月光如流水一般，静静地泻在这一片叶子和花上。薄薄的青雾浮起在荷塘里。叶子和花仿佛在牛乳中洗过一样；又像笼着轻纱的梦。虽然是满月，天上却有一层淡淡的云，所以不能朗照；但我以为这恰是到了好处——酣眠固不可少，小睡也别有风味的。月光是隔了树照过来的，高处丛生的灌木，落下参差的斑驳的黑影，峭楞楞如鬼一般；弯弯的杨柳的稀疏的倩影，却又像是画在荷叶上。塘中的月色并不均匀；但光与影有着和谐的旋律，如梵婀玲上奏着的名曲。
```
</body>
</html>
```

步骤 4　保存文件，使用 IE 浏览器打开文件，效果如图 4-24 所示。

步骤 5　单击【雨巷】超链接，页面会自动跳转到"雨巷"对应的内容，如图 4-25 所示。

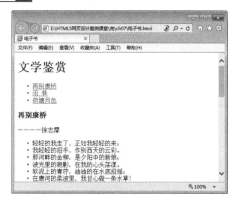

图 4-24　网页效果

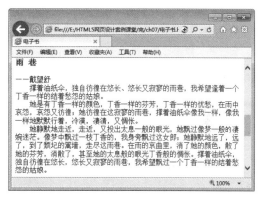

图 4-25　网页效果

4.6 高手甜点

甜点 1：在创建超链接时，是使用绝对 URL 还是相对 URL？

答：在创建超链接时，如果要链接的是另外一个网站中的资源，需要使用完整的绝对 URL；如果在网页中创建内部链接，一般使用相对当前文档或站点根文件夹的相对 URL。

甜点 2：链接增多后，网站如何设置目录结构以方便维护？

答：当一个网站的网页数量增加到一定程度后，网站的管理与维护将变得十分烦琐，因此掌握一些网站管理与维护的技术是非常必要的，可以节省很多时间。建立适合的网站文件存储结构，可以方便网站的管理与维护。通常使用的 3 种网站文件组织结构方案及文件管理遵循的原则如下。

（1）按照文件的类型进行分类管理。将不同类型的文件存放在不同的文件夹中，这种存储方法适合于中小型的网站，这种方法是通过文件的类型对文件进行管理。

（2）按照主题对文件进行分类。网站的页面按照不同的主题进行分类存储。同一主题的所有文件存放在一个文件夹中，然后进一步细分文件的类型。这种方案适用于页面与文件数量众多、信息量大的静态网站。

（3）对文件类型进行进一步的细分存储管理。这种方案是第一种存储方案的深化，将页面进一步细分后再进行分类存储管理。这种方案适用于文件类型复杂、包含各种文件的多媒体动态网站。

4.7 跟我练练手

练习 1：建立网页各类超链接。

练习 2：创建网页浮动框架。

练习 3：精确定位热点区域。

练习 4：使用锚链接制作电子书阅读网页。

用 HTML5 创建
表格和表单

第 **5** 章

HTML 中表格不但可以清晰地显示数据，而且可以用于页面布局。HTML 制作表格的原理是使用相关标记，如表格对象 table 标记、行对象 tr、单元格对象 td 才能完成。在网页中，表单的作用也比较重要，主要是负责采集浏览者的相关数据，例如常见的注册表、调查表和留言表等。在 HTML5 中，表单拥有多个新的表单输入类型，这些新特性提供了更好的输入控制和验证。

● **本章要点（已掌握的在方框中打钩）**

☐ 了解表格的基本结构
☐ 掌握使用 HTML5 创建表格的方法
☐ 掌握创建完整表格的方法
☐ 掌握制作报价表的方法
☐ 了解表单的基本概念
☐ 掌握表单基本元素的使用
☐ 掌握表单高级元素的使用
☐ 掌握创建用户反馈表单的方法

40%

90%

30%

7%

64%

77%

40%

5.1 表格的基本结构

使用表格显示数据，可以更直观和清晰。在 HTML 文档中表格主要用于显示数据，虽然可以使用表格布局，但是不建议使用。表格一般由行、列和单元格组成，如图 5-1 所示。

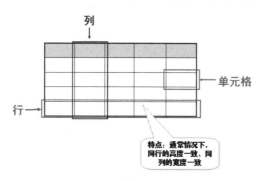

图 5-1　表格的组成

在 HTML5 中，用于标识表格的标记如下。

☆ <table> 标记：用于标识一个表格对象的开始，</table> 标记标识一个表格对象的结束。一个表格中，只允许出现一对 <table> 标记。在 HTML5 中不再支持其他任何属性。

☆ <tr> 标记：用于标识表格一行的开始，</tr> 标记用于标识表格一行的结束。表格内有多少对 <tr></tr> 标记，就表示表格中有多少行。在 HTML5 中不再支持其任何属性。

☆ <td> 标记：用于标识表格某行中的一个单元格开始，</td> 标记用于标识表格某行中的一个单元格结束。<td></td> 标记书写在 <tr></tr> 标记内，一对 <tr></tr> 标记内有多少对 <td></td> 标记，就表示该行有多少个单元格。在 HTML5 中它仅有 colspan 和 rowspan 两个属性。

最基本的表格，必须包含一对 <table></table> 标记、一对或几对 <tr></tr> 标记以及一对或几对 <td></td> 标记。一对 <table></table> 标记定义一个表格，一对 <tr></tr> 标记定义一行，一对 <td></td> 标记定义一个单元格。

例如，下面定义一个 4 行 3 列的表格。

【例 5.1】（实例文件：ch05\5.1.html）

```
<!DOCTYPE html>
<html>
<head>
<title>表格基本结构 </title>
```

```
</head>
<body>
<table border="1">
  <tr>
    <td>A1</td>
    <td>B1</td>
    <td>C1</td>
  </tr>
  <tr>
    <td>A2</td>
    <td>B2</td>
    <td>C2</td>
  </tr>
  <tr>
    <td>A3</td>
    <td>B3</td>
    <td>C3</td>
  </tr>
  <tr>
    <td>A4</td>
    <td>B4</td>
    <td>C4</td>
  </tr>
</table>
</body>
</html>
```

在 IE 浏览器中预览，效果如图 5-2 所示。

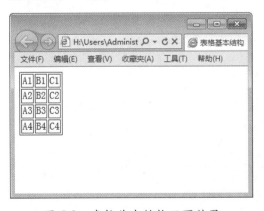

图 5-2　表格基本结构网页效果

> **提示**　从图 5-2 中，我们发现，表格没有边框，行高及列宽就无法控制。上述提到 HTML5 中除了 td 标记提供两个单元格合并属性之外，<table> 和 <tr> 标记并没有任何属性。

5.2 使用HTML5创建表格

在了解了表格的基本结构后，下面来介绍表格的基本操作，主要包括创建表格、设置表格的边框类型、设置表格的表头、合并单元格等。

5.2.1 案例 1——创建普通表格 \<table\>\<tr\>\<td\>

表格可以分为普通表格以及带有标题的表格，可以在 HTML5 中创建这两种表格。例如，下面创建 1 列、1 行 3 列和 2 行 3 列三个表格。

【例 5.2】（实例文件：ch05\5.2.html）

```
<!DOCTYPE html>
<html>
<body>
<h4>一列：</h4>
<table border="1">
<tr>
  <td>100</td>
</tr>
</table>
<h4>一行三列：</h4>
<table border="1">
<tr>
  <td>100</td>
  <td>200</td>
  <td>300</td>
</tr>
</table>
<h4>两行三列：</h4>
<table border="1">
<tr>
  <td>100</td>
  <td>200</td>
  <td>300</td>
</tr>
<tr>
  <td>400</td>
  <td>500</td>
  <td>600</td>
</tr>
</table>
</body>
</html>
```

在 IE 浏览器中预览网页，效果如图 5-3 所示。

图 5-3 程序运行结果

5.2.2 案例 2——创建一个带有标题的表格 <caption>

有时为了方便表述，还需要在表格的上面加上标题。例如，下面创建一个带有标题的表格。

【例 5.3】（实例文件：ch05\5.3.html）

```
<!DOCTYPE html>
<html>
<body>
<h4>带有标题的表格</h4>
<table border="3">
<caption>数据统计表</caption>
<tr>
  <td>100</td>
  <td>200</td>
  <td>300</td>
</tr>
<tr>
  <td>400</td>
  <td>500</td>
  <td>600</td>
</tr>
</table>
</body>
</html>
```

在 IE 浏览器中预览网页效果如图 5-4 所示。

图 5-4　带有标题的表格网页效果

5.2.3　案例 3——定义表格的边框类型 border

使用表格的 border 属性可以定义表格的边框类型，如常见的加粗边框的表格。创建不同边框类型的表格示例如下。

【例 5.4】（实例文件：ch05\5.4.html）

```
<!DOCTYPE html>
<html>
<body>
<h4>普通边框</h4>
<table border="1">
<tr>
  <td>First</td>
  <td>Row</td>
</tr>
<tr>
  <td>Second</td>
  <td>Row</td>
</tr>
</table>
<h4>加粗边框</h4>
<table border="5">
<tr>
  <td>First</td>
  <td>Row</td>
</tr>
<tr>
  <td>Second</td>
  <td>Row</td>
</tr>
</table>
</body>
</html>
```

在 IE 浏览器中预览网页，效果如图 5-5 所示。

图 5-5　加粗边框的表格网页效果

5.2.4　案例 4——定义表格的表头 <th>

表格中也存在有表头，常见的表头有水平与垂直两种。例如，下面分别创建带有水平和垂直表头的表格。

【例 5.5】（实例文件：ch05\5.5.html）

```
<!DOCTYPE html>
<html>
<body>
<h4>水平的表头</h4>
<table border="1">
<tr>
  <th>姓名</th>
  <th>性别</th>
  <th>电话</th>
</tr>
<tr>
  <td>张三</td>
  <td>男</td>
  <td>123456</td>
</tr>
</table>
<h4>垂直的表头：</h4>
<table border="1">
<tr>
  <th>姓名</th>
  <td>小丽</td>
</tr>
<tr>
  <th>性别</th>
  <td>女</td>
```

```
</tr>
<tr>
  <th>电话</th>
  <td>123456</td>
</tr>
</table>
</body>
</html>
```

在 IE 浏览器中预览网页，效果如图 5-6 所示。

图 5-6　水平和垂直表头的表格网页效果

5.2.5 案例 5——设置表格背景 bgcolor、background

当创建好表格后，为了美观，还可以设置表格的背景。

 定义表格背景颜色

为表格添加背景颜色是美化表格的一种方式，例如，下面为表格添加背景颜色。

【例 5.6】（实例文件：ch05\5.6.html）

```
<!DOCTYPE html>
<html>
<body>
<h4>背景颜色：</h4>
<table border="1"
bgcolor="green">
<tr>
  <td>100</td>
  <td>200</td>
</tr>
<tr>
  <td>300</td>
```

```
  <td>400</td>
</tr>
</table>
</body>
</html>
```

在 IE 浏览器中预览网页，效果如图 5-7 所示。

图 5-7 表格背景颜色网页效果

 定义表格背景图片

除了可以为表格添加背景颜色外，还可以将图片设置为表格的背景。例如，下面为表格添加背景图片。

【例 5.7】（实例文件：ch05\5.7.html）

```
<!DOCTYPE html>
<html>
<body>
<h4>背景图片: </h4>
<table border="1"
background="images/1.gif">
<tr>
  <td>100</td>
  <td>200</td>
</tr>
<tr>
  <td>300</td>
  <td>400</td>
</tr>
</table>
</body>
</html>
```

在 IE 浏览器中预览网页，效果如图 5-8 所示。

图 5-8　表格背景图片网页效果

5.2.6　案例 6——设置单元格背景 bgcolor

除了可以为表格设置背景外，还可以为单元格设置背景。例如，下面为单元格添加背景。

【例 5.8】（实例文件：ch05\5.8.html）

```
<!DOCTYPE html>
<html>
<body>
<h4>单元格背景</h4>
<table border="1">
<tr>
  <td bgcolor="red">100000</td>
  <td>200000</td>
</tr>
<tr>
  <td background="images/1.gif">200000</td>
  <td>300000</td>
</tr>
</table>
</body>
</html>
```

在 IE 浏览器中预览网页，效果
如图 5-9 所示。

图 5-9　单元格背景网页效果

5.2.7　案例 7——合并单元格 colspan、rowspan

在实际应用中，并非所有表格都是规范的几行几列，而是需要将某些单元格进行合并，以符合某种内容上的需要。在 HTML 中合并的方式有两种，一种是上下合并，另一种是左右合并，这两种合并方式需要分别使用 td 标记的两个属性，即 colspan 和 rowspan 属性。

1.　用 colspan 属性合并左右单元格

左右单元格的合并需要使用 <td> 标记的 colspan 属性完成，格式如下。

```
<td colspan=" 数值 "> 单元格内容 </td>
```

其中，colspan 属性的取值为数值型整数，代表几个单元格进行左右合并。

例如，在上面表格的基础上，将 A1 和 B1 单元格合并成一个单元格。为第一行的第一个 <td> 标记增加 colspan="2" 属性，并将 B1 单元格的 <td> 标记删除。

【例 5.9】（实例文件：ch05\5.9.html）

```
<!DOCTYPE html>
<html>
<head>
<title> 单元格左右合并 </title>
</head>
<body>
<table border="1">
  <tr>
    <td colspan="2">A1 B1</td>
    <td>C1</td>
  </tr>
  <tr>
    <td>A2</td>
    <td>B2</td>
    <td>C2</td>
  </tr>
  <tr>
    <td>A3</td>
    <td>B3</td>
    <td>C3</td>
  </tr>
  <tr>
    <td>A4</td>
    <td>B4</td>
    <td>C4</td>
  </tr>
</table>
</body>
</html>
```

在 IE 浏览器中预览网页，效果如图 5-10 所示。

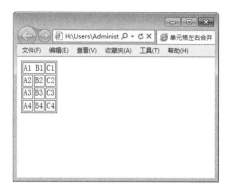

图 5-10　单元格左右合并网页效果

从图 5-10 中可以看到，A1 和 B1 单元格合并成一个单元格，C1 还在原来的位置上。

 注意　合并单元格以后，相应的单元格标记就应该减少，例如，A1 和 B1 合并后，B1 单元格的 \<td>\</td> 标记就应该丢掉，否则单元格就会多出一个，并且后面的单元格依次向右移位。

2. 用 rowspan 属性合并上下单元格

上下单元格的合并需要为 \<td> 标记增加 rowspan 属性，格式如下。

```
<td rowspan=" 数值 ">单元格内容 </td>
```

其中，rowspan 属性的取值为数值型整数，代表几个单元格进行上下合并。

例如，在上面表格的基础上，将 A1 和 A2 单元格合并成一个单元格。为第一行的第一个 \<td> 标记增加 rowspan="2" 属性，并将 A2 单元格的 \<td> 标记删除。

【例 5.10】（实例文件：ch05\5.10.html）

```
<!DOCTYPE html>
<html>
<head>
<title>单元格上下合并 </title>
</head>
<body>
<table border="1">
  <tr>
    <td rowspan="2">A1</td>
    <td>B1</td>
    <td>C1</td>
  </tr>
  <tr>
    <td>B2</td>
    <td>C2</td>
```

```
  </tr>
  <tr>
    <td>A3</td>
    <td>B3</td>
    <td>C3</td>
  </tr>
  <tr>
    <td>A4</td>
    <td>B4</td>
    <td>C4</td>
  </tr>
</table>
</body>
</html>
```

在 IE 浏览器中预览网页，效果如图 5-11 所示。

图 5-11　单元格上下合并网页效果

从图 5-11 中可以看到，A1 和 A2 单元格合并成一个单元格。

通过上面对左右单元格合并和上下单元格合并的操作，可以看出，合并单元格就是"丢掉"某些单元格。对于左右合并，就是以左侧为准，将右侧要合并的单元格"丢掉"；对于上下合并，就是以上侧为准，将下侧要合并的单元格"丢掉"。如果一个单元格既要向右合并，又要向下合并，该如何实现呢？

【例 5.11】（实例文件：ch05\5.11.html）

```
<!DOCTYPE html>
<html>
<head>
<title>单元格两个方向合并</title>
</head>
<body>
<table border="1">
  <tr>
```

```
    <td colspan="2" rowspan="2">A1B1<br>A2B2</td>
    <td>C1</td>
  </tr>
  <tr>
    <td>C2</td>
  </tr>
  <tr>
    <td>A3</td>
    <td>B3</td>
    <td>C3</td>
  </tr>
  <tr>
    <td>A4</td>
    <td>B4</td>
    <td>C4</td>
  </tr>
</table>
</body>
</html>
```

从上面的代码可以看到，A1 单元格向右合并 B1 单元格，向下合并 A2 单元格，并且 A2 单元格向右合并 B2 单元格。

在 IE 浏览器中预览网页，效果如图 5-12 所示。

图 5-12　两个方向合并单元格网页效果

3. 使用 Dreamweaver CC 合并单元格

使用 HTML 创建表格非常麻烦，在 Dreamweaver CC 软件中，提供了表格的快捷操作，类似于在 Word 软件中编辑表格的操作。在 Dreamweaver CC 中创建表格，只需要选择【插入】菜单下的【表格】命令，在弹出的对话框中指定表格的行数、列数、宽度、边框等，即可在光标处创建一个空白表格。选择表格之后，属性面板提供了表格的常用操作，如图 5-13 所示。

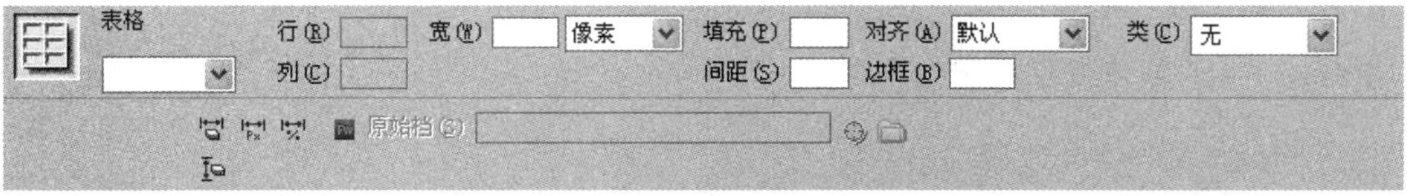

图 5-13　【表格】属性面板

> **注意**　【表格】属性面板中的操作，请结合前面讲述的 HTML，对于命令按钮，要将鼠标悬停于按钮之上，数秒之后会出现命令提示。

关于表格的操作不再赘述，请读者自行操作，这里重点讲解如何使用 Dreamweaver CC 合并单元格。在 Dreamweaver CC 可视化操作中，提供了合并与拆分单元格两种操作。进行单元格合并和拆分时，将光标置于单元格内，如果选择了一个单元格，拆分命令有效，如图 5-14 所示；如果选择了两个或两个以上单元格，合并命令有效。

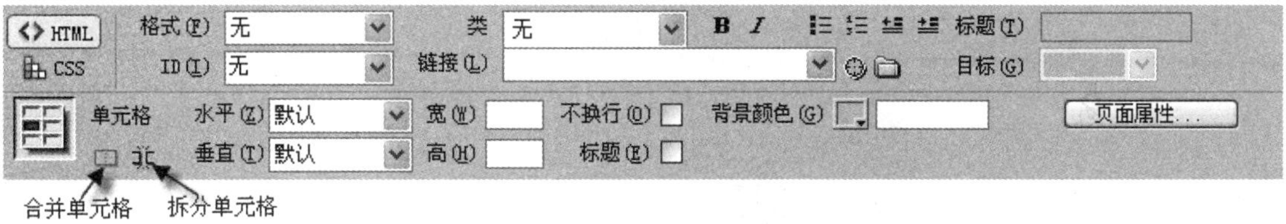

合并单元格　拆分单元格

图 5-14　拆分单元格有效

5.2.8　案例 8——排列单元格中的内容 align

使用 align 属性可以排列单元格中的内容，以便创建一个美观的表格。

【例 5.12】（实例文件：ch05\5.12.html）

```html
<!DOCTYPE html>
<html>
<body>
<table width="400" border="1">
 <tr>
  <th align="left">项目 </th>
  <th align="right">一月 </th>
  <th align="right">二月 </th>
 </tr>
 <tr>
  <td align="left">衣服 </td>
  <td align="right">$241.10</td>
  <td align="right">$50.20</td>
 </tr>
 <tr>
  <td align="left">化妆品 </td>
  <td align="right">$30.00</td>
```

```
 <td align="right">$44.45</td>
 </tr>
 <tr>
 <td align="left">食物</td>
 <td align="right">$730.40</td>
 <td align="right">$650.00</td>
 </tr>
 <tr>
 <th align="left">总计</th>
 <th align="right">$1001.50</th>
 <th align="right">$744.65</th>
 </tr>
</table>
</body>
</html>
```

在 IE 浏览器中预览网页，效果如图 5-15 所示。

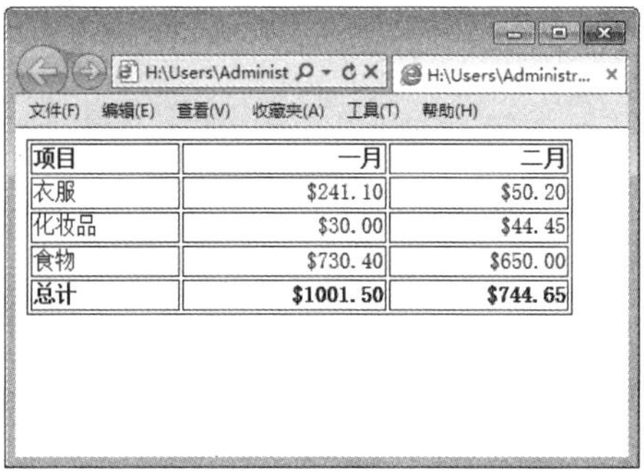

图 5-15　单元格排列网页效果

5.2.9 案例 9——设置单元格的行高与列宽 cellpadding

使用 cellpadding 来创建单元格内容与其边框之间的空白，可以调整表格的行高与列宽。

【例 5.13】（实例文件：ch05\5.13.html）

```
<!DOCTYPE html>
<html>
<body>
<h4>调整前</h4>
<table border="1">
<tr>
  <td>1000</td>
  <td>2000</td>
</tr>
<tr>
  <td>2000</td>
```

```
    <td>3000</td>
</tr>
</table>
<h4>调整后</h4>
<table border="1"
cellpadding="10">
<tr>
    <td>1000</td>
    <td>2000</td>
</tr>
<tr>
    <td>2000</td>
    <td>3000</td>
</tr>
</table>
</body>
</html>
```

在 IE 浏览器中预览网页，效果如图 5-16 所示。

图 5-16　单元格的行高和列宽调整前后网页效果

5.3　案例10——创建完整的表格

上面讲述了表格中最常用也最基本的三个标记 <table><tr> 和 <td>，使用它们可以构建出最简单的表格。为了让表格结构更清楚，表格中还会出现表头、主体、脚注等。

按照表格结构，可以把表格的行分组，称为"行组"，不同的行组具有不同的意义。行组分为 3 类——"表头""主体"和"脚注"。三者相应的 HTML 标记依次为 <thead><tbody> 和 <tfoot>。

此外，在表格中还有两个标记。标记 <caption> 表示表格的标题。在一行中，除了 <td> 标记表示一个单元格以外，还可以使用 <th> 表示该单元格是这一行的"行头"。

【例 5.14】（实例文件：ch05\5.14.html）

```html
<!DOCTYPE html>
<html>
<head>
<title>完整表格标记</title>
<style>
tfoot{
     background-color:#FF3;
}
</style>
</head>
<body>
<table border="1">
  <caption>学生成绩单</caption>
  <thead>
    <tr>
      <th>姓名</th><th>性别</th><th>成绩</th>
    </tr>
  </thead>
  <tfoot>
    <tr>
      <td>平均分</td><td colspan="2">540</td>
    </tr>
  </tfoot>
  <tbody>
    <tr>
      <td>张三</td><td>男</td><td>560</td>
    </tr>
    <tr>
      <td>李四</td><td>男</td><td>520</td>
    </tr>
  </tbody>
</table>
</body>
</html>
```

从上面的代码可以发现，使用 caption
表格定义了表格标题，<thead><tbody> 和
<tfoot> 标记对表格进行了分组。在 <thead>
部分使用 <th> 标记代替 <td> 标记定义单元
格，<th> 标记定义的单元格默认加粗。网页
浏览效果如图 5-17 所示。

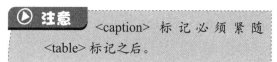
<caption> 标记必须紧随
<table> 标记之后。

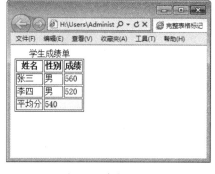

图 5-17　完整的表格结构网页效果

5.4 案例11——认识表单<form>

表单主要用于收集网页上浏览者的相关信息,其标记为 <form></form>。表单的基本语法格式如下。

```
<form action="url" method="get|post" enctype="mime">
</form >
```

其中,action="url" 指定处理提交表单的格式,它可以是一个 URL 地址或一个电子邮件地址。method="get" 或 "post" 指明提交表单的 HTTP 方法。enctype="mime" 指明用来把表单提交给服务器时的互联网媒体形式。

表单是一个能够包含表单元素的区域。通过添加不同的表单元素,将显示不同的效果。

【例 5.15】 (实例文件:ch05\5.15.html)

```
<!DOCTYPE html>
<html>
<body>
<form>
下面是输入用户登录信息
<br>
用户名称
<input type="text" name="user">
<br>
用户密码
<input type="password" name="password">
<br>
<input type="submit" value="登录">
</form>
</body>
</html>
```

在 IE 浏览器中预览网页,效果如图 5-18 所示,可以看到用户登录信息界面。

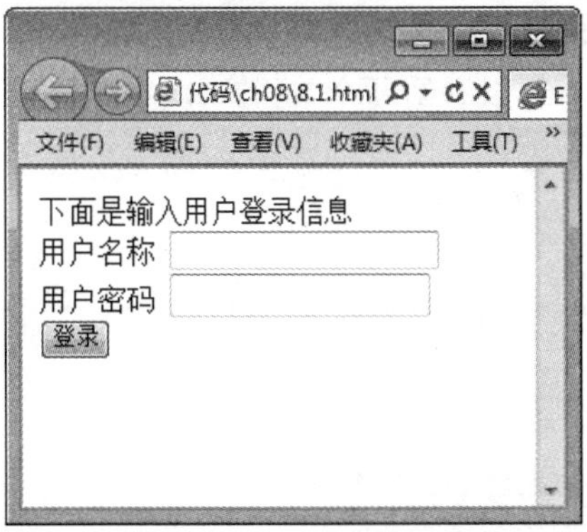

图 5-18　用户登录界面网页效果

5.5 表单基本元素的使用

表单元素是能够让用户在表单中输入信息的元素，常见的有文本框、密码框、下拉列表框、单选按钮、复选框等。本节主要讲述表单基本元素的使用方法和技巧。

5.5.1 案例 12——单行文本输入框 text

文本框是一种让访问者自己输入内容的表单对象，通常被用来填写单个字或者简短的回答，如用户姓名和地址等。代码格式如下。

```
<input type="text" name="..." size="..." maxlength="..." value="...">
```

其中，type="text" 定义单行文本输入框，name 属性定义文本框的名称，为保证数据的准确采集，必须定义一个独一无二的名称；size 属性定义文本框的宽度，单位是单个字符宽度；maxlength 属性定义最多输入的字符数；value 属性定义文本框的初始值。

【例 5.16】（实例文件：ch05\5.16.html）

```html
<!DOCTYPE html>
<html>
<head><title>输入用户的姓名</title></head>
<body>
<form>
请输入您的姓名：
<input type="text" name="yourname" size="20" maxlength="15">
请输入您的地址：
<input type="text" name="youradr" size="20" maxlength="15">
</form>
</body>
</html>
```

在 IE 浏览器中预览网页，效果如图 5-19 所示，可以看到两个单行文本输入框。

图 5-19　单行文本输入框网页效果

5.5.2　案例 13——多行文本输入框 textarea

多行文本输入框 (textarea) 主要用于输入较长的文本信息，代码格式如下。

```
<textarea name="..." cols="..." rows="..." wrap="..."></textarea >
```

其中，name 属性定义多行文本输入框的名称，要保证数据的准确采集，必须定义一个独一无二的名称；cols 属性定义多行文本输入框的宽度，单位是单个字符宽度；rows 属性定义多行文本输入框的高度，单位是单个字符高度。wrap 属性定义输入内容大于文本域时显示的方式。

【例 5.17】（实例文件：ch05\5.17.html）

```
<!DOCTYPE html>
<html>
<head><title>多行文本输入</title></head>
<body>
<form>
请输入您最新的工作情况<br>
<textarea name="yourworks" cols ="50" rows = "5"></textarea>
<br>
<input type="submit" value=" 提交 ">
</form>
</body>
</html>
```

在 IE 浏览器中预览网页，效果如图 5-20 所示，可以看到多行文本输入框。

图 5-20　多行文本输入框网页效果

5.5.3　案例 14——密码域 password

密码输入框是一种特殊的文本域，主要用于输入一些保密信息。当网页浏览者输入文本时，显示的是黑点或其他符号，这样就增强了输入文本的安全性。代码格式如下。

```
<input type="password" name="..." size="..." maxlength="...">
```

其中 type="password" 定义密码框；name 属性定义密码框的名称，要保证唯一性；size 属性定义密码框的宽度，单位是单个字符宽度；maxlength 属性定义最多输入的字符数。

【例 5.18】（实例文件：ch05\5.18.html）

```
<!DOCTYPE html>
<html>
<head><title>输入用户姓名和密码 </title></head>
<body>
<form >
用户姓名：
<input type="text" name="yourname">
<br>
登录密码：
<input type="password" name="yourpw"><br>
</form>
</body>
</html>
```

在 IE 浏览器中预览网页，效果如图 5-21 所示，输入用户名和密码时可以看到密码以黑点的形式显示。

图 5-21　密码输入框网页效果

5.5.4 案例 15——单选按钮 radio

单选按钮主要是让网页浏览者在一组选项里只能选择一个，代码格式如下。

```
<input type="radio" name=" " value = " ">
```

其中 type="radio" 定义单选按钮，name 属性定义单选按钮的名称，单选按钮都是以组为单位使用的，在同一组中的单选按钮都必须用同一个名称；value 属性定义单选按钮的值，在同一组中，它们的域值必须是不同的。

【例 5.19】（实例文件：ch05\5.19.html）

```
<!DOCTYPE html>
<html>
<head><title>选择感兴趣的图书</title></head>
<body>
<form >
请选择您感兴趣的图书类型：
<br>
<input type="radio" name="book" value = "Book1">网站编程 <br>
<input type="radio" name="book" value = "Book2">办公软件 <br>
<input type="radio" name="book" value = "Book3">设计软件 <br>
<input type="radio" name="book" value = "Book4">网络管理 <br>
<input type="radio" name="book" value = "Book5">黑客攻防 <br>
</form>
</body>
</html>
```

在 IE 浏览器中预览网页，效果如图 5-22 所示，即可看到 5 个单选按钮，用户只能选择其中一个单选按钮。

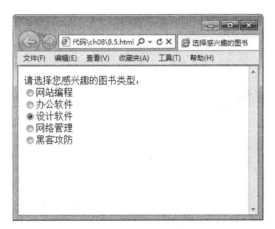

图 5-22　单选按钮网页效果

5.5.5　案例 16——复选框 checkbox

复选框主要是让浏览者在一组选项里可以同时选择多个选项。每个复选框都是一个独立的元素，都必须有一个唯一的名称。代码格式如下。

```
<input type="checkbox" name=" " value ="">
```

其中 type="checkbox" 定义复选框；name 属性定义复选框的名称，在同一组中的复选框都必须用同一个名称；value 属性定义复选框的值。

【例 5.20】（实例文件：ch05\5.20.html）

```
<!DOCTYPE html>
<html>
<head><title>选择感兴趣的图书</title></head>
<body>
<form >
请选择您感兴趣的图书类型：<br>
<input type="checkbox" name="book" value = "Book1">网站编程 <br>
<input type="checkbox" name="book" value = "Book2">办公软件 <br>
<input type="checkbox" name="book" value = "Book3">设计软件 <br>
<input type="checkbox" name="book" value = "Book4">网络管理 <br>
<input type="checkbox" name="book" value = "Book5" checked>黑客攻防 <br>
</form>
</body>
</html>
```

> **技巧** checked 属性主要是设置默认选中项。

在 IE 浏览器中预览网页，效果如图 5-23 所示，即可看到 5 个复选框，用户可以同时选中，本例中【黑客攻防】复选框被默认选中。

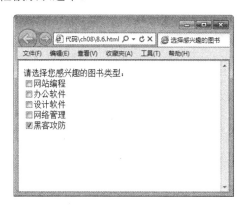

图 5-23　复选框的网页效果

5.5.6 案例 17——下拉列表框 select

下拉列表框主要用于在有限的空间里设置多个选项，下拉列表框既可以用作单选，也可以用作复选。代码格式如下。

```
<select name="..." size="..." multiple>
<option value="..." selected>
...
</option>
```

```
...
</select>
```

其中，name 属性定义下拉列表框的名称；size 属性定义下拉列表框的行数；multiple 属性表示可以多选，如果不设置该属性，那么只能单选；value 属性定义列表项的值；selected 属性表示默认已经选择该选项。

【例 5.21】（实例文件：ch05\5.21.html）

```
<!DOCTYPE html>
<html>
<head><title>选择感兴趣的图书</title></head>
<body>
<form>
请选择您感兴趣的图书类型：<br>
<select name="fruit" size = "3" multiple>
<option value="Book1">网站编程
<option value="Book2">办公软件
<option value="Book3">设计软件
<option value="Book4">网络管理
<option value="Book5">黑客攻防
</select>
</form>
</body>
</html>
```

在 IE 浏览器中预览网页，效果如图 5-24 所示，即可看到下拉列表框，其中显示为 3 行选项，用户可以按住 Ctrl 键，选择多个选项。

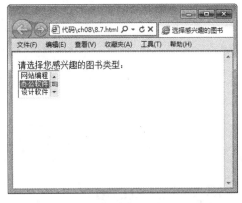

图 5-24 下拉列表框的网页效果

5.5.7 案例 18——普通按钮 button

普通按钮用来控制其他定义了处理脚本的处理工作，代码格式如下。

```
<input type="button" name="..." value="..." onClick="...">
```

其中 type="button" 定义普通按钮；name 属性定义普通按钮的名称；value 属性定义按钮的显示文字；onClick 属性表示单击行为，也可以是其他的事件，通过指定脚本函数来定义按钮的行为。

【例 5.22】（实例文件：ch05\5.22.html）

```
<!DOCTYPE html>
<html>
<body>
<form>
点击下面的按钮，把 文本框 1 的内容拷贝到文本框 2 中：
<br/>
文本框 1: <input type="text" id="field1" value="学习 HTML5 的技巧">
<br/>
文本框 2: <input type="text" id="field2">
<br/>
<input type="button" name="..." value="单击我" onClick="document.getElementById
('field2').value=document.getElementById('field1').value">
</form>
</body>
</html>
```

在 IE 浏览器中预览网页，效果如图 5-25 所示，单击【单击我】按钮，即可将文本框 1 中内容复制到文本框 2 中。

图 5-25　单击按钮后的复制效果

5.5.8　案例 19——提交按钮 submit

提交按钮用来将输入的信息提交到服务器，代码格式如下。

```
<input type="submit" name="..." value="...">
```

其中 type="submit" 定义提交按钮；name 属性定义提交按钮的名称；value 属性定义按钮的显示文字。通过提交按钮可以将表单里的信息提交给表单里 action 所指向的文件。

【例 5.23】（实例文件：ch05\5.23.html）

```
<!DOCTYPE html>
<html>
<head><title>输入用户名信息</title></head>
<body>
<form action="http://www.yinhangit.com/yonghu.asp" method="get">
请输入你的姓名：
<input type="text" name="yourname">
<br>
请输入你的住址：
<input type="text" name="youradr">
<br>
请输入你的单位：
<input type="text" name="yourcom">
<br>
请输入你的联系方式：
<input type="text" name="yourcom">
<br>
<input type="submit" value="提交">
</form>
</body>
</html>
```

在 IE 浏览器中预览网页，效果如图 5-26 所示，输入内容后单击【提交】按钮，即可将表单中的数据发送到指定的文件。

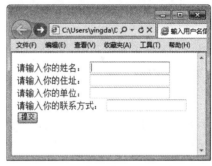

图 5-26 提交按钮网页效果

5.5.9 案例 20——重置按钮 reset

重置按钮用来重置表单中输入的信息，代码格式如下。

```
<input type="reset" name="..." value="...">
```

其中 type="reset" 定义重置按钮；name 属性定义重置按钮的名称；value 属性定义按钮的显示文字。

【例 5.24】（实例文件：ch05\5.24.html）

```
<!DOCTYPE html>
```

```
<html>
<body>
<form>
请输入用户名称:
<input type='text'>
<br/>
请输入用户密码:
<input type='password'>
<br>
<input type="submit" value=" 登录 ">
<input type="reset" value=" 重置 ">
</form>
</body>
</html>
```

在 IE 浏览器中预览网页,效果如图 5-27 所示,输入内容后单击【重置】按钮,即可将表单中的数据清空。

图 5-27　重置按钮网页效果

5.6 表单高级元素的使用

除了上述基本元素外,HTML5 中还有一些高级元素,包括 url、email、time、range 等。对于这些高级属性,IE 浏览器暂时还不支持,下面将用 Opera 11 浏览器查看效果。

5.6.1 案例 21——url 属性的应用

url 属性是用于说明网站网址的,显示为一个文本字段输入 URL 地址。在提交表单时,会自动验证 url 的值。代码格式如下。

```
<input type="url" name="userurl"/>
```

另外,用户可以使用普通属性设置 url 输入框,例如可以使用 max 属性设置其最大值、

min 属性设置其最小值、step 属性设置合法的数字间隔、value 属性规定其默认值。对于另外的高级属性中同样的设置不再重复讲述。

【例 5.25】（实例文件：ch05\5.25.html）

```
<!DOCTYPE html>
<html>
<body>
<form>
<br/>
请输入网址：
<input type="url" name="userurl"/>
</form>
</body>
</html>
```

在 Opera 11 浏览器中预览网页，效果如图 5-28 所示，用户即可输入相应的网址。

图 5-28　url 属性的网页效果

5.6.2 案例 22——email 属性的应用

与 url 属性类似，email 属性用于让浏览者输入 e-mail 地址，在提交表单时，会自动验证 email 域的值。代码格式如下。

```
<input type="email" name="user_email"/>
```

【例 5.26】（实例文件：ch05\5.26.html）

```
<!DOCTYPE html>
<html>
<body>
<form>
<br/>
请输入您的邮箱地址：
<input type="email" name="user_email"/>
<br>
```

```
<input type="submit" value=" 提交 ">
</form>
</body>
</html>
```

在 Opera 11 浏览器中预览网页，效果如图 5-29 所示，用户即可输入相应的邮箱地址。如果用户输入的邮箱地址不合法，单击【提交】按钮后会弹出如图 5-29 所示的提示信息。

图 5-29　eamil 属性的网页效果

5.6.3　案例 23——date 和 time 的应用

HTML5 中新增了一些日期和时间输入类型，包括 date、datetime、datetime-local、month、week 和 time。它们的具体含义如表 5-1 所示。

表 5-1　各属性的含义

属 性	含 义
date	选取日、月、年
month	选取月、年
week	选取周和年
time	选取时间
datetime	选取时间、日、月、年
datetime-local	选取时间、日、月、年（本地时间）

上述属性的代码格式类似，如以 date 属性为例，代码格式如下。

```
<input type="date" name="user_date" />
```

【例 5.27】（实例文件：ch05\5.27.html）

```
<!DOCTYPE html>
<html>
<body>
<form>
<br/>
```

```
请选择购买商品的日期：
<br>
<input type="date" name="user_date" />
</form>
</body>
</html>
```

在 Opera 11 浏览器中浏览网页，效果如图 5-30 所示，用户单击输入框中的向下按钮，即可在弹出的窗口中选择需要的日期。

图 5-30　date 属性的网页效果

5.6.4　案例 24——number 属性的应用

number 属性提供了一个输入数字的输入类型。用户可以直接输入数字或者通过单击微调框中的向上或向下按钮选择数字。代码格式如下。

```
<input type="number" name="shuzi" />
```

【例 5.28】（实例文件：ch05\5.28.html）

```
<!DOCTYPE html>
<html>
<body>
<form>
<br/>
此网站我曾经来
<input type="number" name="shuzi "/>次了哦!
</form>
</body>
</html>
```

在浏览器 Opera 11 中浏览网页，效果如图 5-31 所示，用户可以直接输入数字，也可以单击微调按钮选择合适的数字。

图 5-31 number 属性的网页效果

> **提示**
> 建议用户使用 min 和 max 属性规定输入的最小值和最大值。

5.6.5 案例 25——range 属性的应用

range 属性是显示一个滚动的控件，和 number 属性一样，用户可以使用 max、min 和 step 属性控制控件的范围。代码格式如下。

```
<input type="range" name="" min="" max="" />
```

其中 min 和 max 分别控制滚动控件的最小值和最大值。

【例 5.29】（实例文件：ch05\5.29.html）

```
<!DOCTYPE html>
<html>
<body>
<form>
<br/>
英语成绩公布了！我的成绩名次为：
<input type="range" name="ran" min="1" max="10" />
</form>
</body>
</html>
```

在浏览器 Opera 11 中预览网页，效果如图 5-32 所示，用户可以拖动滑块，从而选择合适的数字。

图 5-32 range 属性的网页效果

> **技巧** 默认情况下，滑块位于滚珠的中间位置。如果用户指定的最大值小于最小值，则允许使用反向滚动轴，目前浏览器对这一属性还不能很少地支持。

5.6.6 案例 26——required 属性的应用

required 属性规定必须在提交之前填写输入域（不能为空）。required 属性适用于以下类型的输入属性：text、search、url、email、password、date、pickers、number、checkbox、radio 等。

【例 5.30】（实例文件：ch05\5.30.html）

```
<!DOCTYPE html>
<html>
<body>
<form>
下面是输入用户登录信息
<br>
用户名称
<input type="text" name="user" required="required">
<br>
用户密码
<input type="password" name="password" required="required">
<br>
<input type="submit" value="登录">
</form>
</body>
</html>
```

在浏览器 Opera 11 中预览网页，效果如图 5-33 所示，用户如果只是输入密码，然后单击【登录】按钮，将弹出提示信息。

图 5-33　required 属性的网页效果

5.7 综合案例1——创建用户反馈单

本实例中，将使用一个表单内的各种元素来开发一个简单网站的用户意见反馈页面。

具体操作步骤如下。

步骤 1 分析需求：反馈表单非常简单，通常包含三个部分，需要在页面上方给出标题，标题下方是正文部分，即表单元素，最下方是表单元素提交按钮。在设计这个页面时，需要把"用户反馈表单"标题设置成 H1 大小，正文使用 p 来限制表单元素。

步骤 2 构建 HTML 页面，实现表单内容，代码如下。

```html
<!DOCTYPE html>
<html>
<head>
<title>用户反馈页面</title>
</head>
<body>
<h1 align=center>用户反馈表单</h1>
<form method="post" >
<p>姓     名:
<input type="text" class=txt size="12" maxlength="20" name="username" />
</p><p>性     别:
<input type="radio" value="male" />男
<input type="radio" value="female" />女
</p><p>年     龄:
<input type="text" class=txt name="age"  />
</p>
<p>联系电话:
<input type="text" class=txt name="tel" />
</p><p>电子邮件:
<input type="text" class=txt name="email" />
</p><p>联系地址:
<input type="text"  class=txt name="address" />
</p>
<p>
请输入您对网站的建议 <br>
<textarea name="yourworks" cols ="50" rows = "5"></textarea>
<br>
<input type="submit" name="submit" value="提交"/>
<input type="reset" name="reset" value="清除" />
</p>
</form>
</body>
</html>
```

在 IE 浏览器中预览网页，效果如图 5-34 所示，可以看到创建了一个用户反馈表单，包含一个标题"用户反馈表单"，以及"姓名""性别""年龄""联系电话""电子邮件""联系地址"意见反馈等输入框和【提交】按钮等。

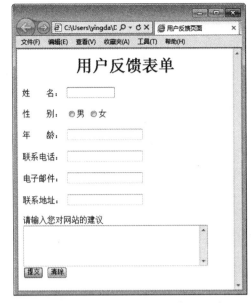

图 5-34　用户反馈页面

5.8　综合案例2——制作商品报价单

　　利用所学的表格知识，制作如图 5-35 所示的计算机报价单。

计算机报价单

型号	类型	价格	图片
宏碁 (Acer) AS4552-P362G32MNCC	笔记本	￥2799	
戴尔 (Dell) 14VR-188	笔记本	￥3499	
联想 (Lenovo) G470AH2310W42G500P7CW3(DB)-CN	笔记本	￥4149	
戴尔家用 (DELL) I560SR-656	台式	￥3599	
宏图奇眩 (Hiteker) HS-5508-TF	台式	￥3399	
联想 (Lenovo) G470	笔记本	￥4299	

图 5-35　计算机报价单

具体操作步骤如下。

步骤 **1** 新建 HTML 文档，并对其简化，代码如下所示。

```
<!DOCTYPE html>
<html>
<head>
<meta charset="utf-5" />
<title>完整表格标记</title>
</head>
<body>
</body>
</html>
```

步骤 **2** 保存 HTML 文件，选择相应的保存位置，设置文件名为"计算机报价单 .html"。

步骤 **3** 在 HTML 文档的 body 部分增加表格及内容，代码如下所示。

```
<table>
    <caption>计算机报价单</caption>
    <tr>
        <th>型号</th>
        <th>类型</th>
        <th>价格</th>
        <th>图片</th>
    </tr>
    <tr>
        <td>宏碁 (Acer) AS4552-P362G32MNCC</td>
        <td>笔记本</td>
        <td>￥2799</td>
        <td><img src="images/Acer.jpg" width="120" height="120"></td>
    </tr>
    <tr>
        <td>戴尔 (Dell) 14VR-188</td><td>笔记本</td>
        <td>￥3499</td>
        <td><img src="images/Dell.jpg" width="120" height="120"></td>
    </tr>
    <tr>
        <td>联想 (Lenovo) G470AH2310W42G500P7CW3(DB)-CN  </td>
        <td>笔记本</td>
        <td>￥4149</td>
        <td><img src="images/Lenovo.jpg" width="120" height="120"></td>
    </tr>
    <tr>
        <td>戴尔家用 (DELL)I560SR-656</td>
        <td>台式</td>
        <td>￥3599</td>
        <td><img src="images/DellT.jpg" width="120" height="120"></td>
```

```
    </tr>
    <tr>
      <td>宏图奇眩 (Hiteker)  HS-5508-TF</td>
      <td>台式 </td>
      <td>￥3399</td>
      <td><img src="images/Hiteker.jpg" width="120" height="120"></td>
    </tr>
    <tr>
      <td>联想 (Lenovo) G470</td>
      <td>笔记本 </td>
      <td>￥4299</td>
      <td><img src="images/LenovoG.jpg" width="120" height="120"></td>
    </tr>
</table>
```

利用 caption 标记制作表格的标题，<th> 代替 <td> 作为标题行单元格。可以将图片放在单元格内，即在 <td> 标记内使用 <img> 标记。

步骤 4　在 HTML 文档的 head 部分，增加 CSS 样式，为表格增加边框及相应的修饰，代码如下。

```
<style>
table{
      /* 表格增加线宽为 3 的橙色实线边框 */
      border:3px solid #F60;
}
caption{
      /* 表格标题字号 36*/
      font-size:36px;
}
th,td{
      /* 表格单元格（th、td）增加边线 */
      border:1px solid #F50;
}
</style>
```

步骤 5　保存网页后，即可查看最终效果。

5.9 高手甜点

甜点 1：表格除了显示数据，还可以进行布局，为何不使用表格进行布局？

答：在互联网刚刚普及时，网页非常简单，形式也很单调，当时美国设计师 David Siegel 发明了使用表格布局，风靡全球。在表格布局的页面中，表格不但需要显示内容，还要控制页面的外观及显示位置，导致页面代码过多，结构与内容无法分离。这样就给网站的后期维护和其他方面带来了麻烦。

甜点 2：使用 <thead><tbody> 和 <tfoot> 标记对行进行分组的意义何在？

答：在 HTML 文档中增加 <thead><tbody> 和 <tfoot> 标记虽然从外观上不能看出任何变化，但是它们使文档的结构更加清晰。使用 <thead><tbody> 和 <tfoot> 标记除了使文档更加清晰之外，还有一个更重要的意义，方便使用CSS样式对表格的各个部分进行修饰，从而制作出更炫的表格。

甜点 3：如何在表单中实现文件上传框？

答：在 HTML5 中，使用 file 属性可以实现文件上传框。语法格式为：<input type="file" name="..." size=" " maxlength=" ">。其中 type="file" 定义为文件上传框，name 属性为文件上传框的名称，size 属性定义文件上传框的宽度，单位是单个字符宽度；maxlength 属性定义最多输入的字符数。文件上传框的显示效果如图 5-36 所示。

图 5-36　文件上传框效果

甜点 4：制作的单选按钮为什么可以同时选中多个？

答：此时用户需要检查单选按钮的名称，保证同一组中的单选按钮名称必须相同，这样才能保证单选按钮只能选中其中一个。

5.10　跟我练练手

练习 1：创建表格。

练习 2：定义表格的属性。

练习 3：创建完整的表格。

练习 4：表单基本元素的使用。

练习 5：表单高级元素的使用。

第 6 章

HTML5 中的
多媒体

网页上除了文本、图片等内容外，还可以增加
音频、视频等多媒体内容。目前，在网页上没有关
于音频和视频的标准，多数音频和视频都是通过插
件来播放的。为此，HTML5 新增了音频和视频的标
记。另外通过添加网页滚动文字，也可以制作出绚
丽的网页。

● **本章要点（已掌握的在方框中打钩）**

☐ 掌握网页音频标记 audio 的概念
☐ 掌握网页视频标记 video 的概念
☐ 掌握添加网页音频文件的方法
☐ 掌握添加网页视频文件的方法
☐ 掌握添加网页滚动文字的方法

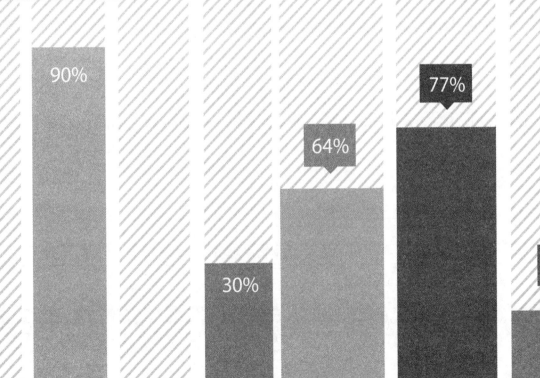

90%

40%

0%

7%

30%

64%

77%

40%

6.1 网页音频标记audio

目前，大多数音频是通过插件来播放音频文件的，例如常见的播放插件 Flash，这就是用户在用浏览器播放音乐时常常需要安装 Flash 插件的原因。但是，并不是所有的浏览器都拥有同样的插件。和 HTML4 相比，HTML5 新增了 audio 标记，规定了一种包含音频的标准方法。

6.1.1 audio 标记概述

Audio 标记主要是定义播放声音文件或者音频流的标准。它支持 3 种音频格式，分别为 Ogg、MP3 和 Wav。如果需要在 HTML5 网页中播放音频，输入的基本格式如下。

```
<audio src="song.mp3" controls="controls">
</audio>
```

> **⊙ 提示**　其中 src 属性是规定要播放音频的地址，controls 属性是供添加播放、暂停和音量控件。另外，在 <audio> 与 </audio> 之间插入的内容是供不支持 audio 元素的浏览器显示的。

6.1.2 audio 标记的属性

audio 标记的常见属性和含义如表 6-1 所示。

表 6-1　audio 标签的常见属性

属　性	值	描　述
autoplay	autoplay（自动播放）	如果出现该属性，则音频在就绪后马上播放
controls	controls（控制）	如果出现该属性，则向用户显示控件，比如播放按钮
loop	loop（循环）	如果出现该属性，则每当音频结束时重新开始播放
preload	none，auto，metadata	none（不预先加载）、auto（下载媒体文件）、metadata（只下载媒体文件的元数据）。 如果使用 autoplay，则忽略该属性
url	url（地址）	要播放音频的 URL 地址
title		有浏览器或辅助技术显示的简单文字说明

另外，audio 标记可以通过 source 属性添加多个音频文件，具体格式如下。

```
<audio controls="controls">
<source src="123.ogg" type="audio/ogg">
```

```
<source src="123.mp3" type="audio/mpeg">
</audio>
```

6.1.3　音频解码器

音频解码器定义了音频数据流编码和解码的算法。其中，编码器主要是对数据流进行编码操作，用于存储和传输。音频播放器主要是对音频文件进行解码，然后进行播放操作。目前，使用较多的音频解码器是 Vorbis 和 ACC。

6.1.4　audio 标记浏览器的支持情况

目前，不同的浏览器对 audio 标记支持也不相同。表 6-2 中列出应用最为广泛的浏览器对 audio 标记的支持情况。

表 6-2　audio 标记的浏览器支持情况

浏览器 音频格式	Firefox 3.5 及更高版本	IE 9.0 及更高版本	Opera 10.5 及更高版本	Chrome 3.0 及更高版本	Safari 3.0 及更高版本
Ogg Vorbis	支持		支持	支持	
MP3		支持		支持	支持
Wav	支持		支持		支持

6.2　网页视频标记video

和音频文件播放方式一样，大多数视频文件在网页上也是通过插件来播放的，例如常见的播放插件 Flash。由于不是所有的浏览器都有同样的插件，所以就需要一种统一的包含视频的标准方法。为此，和 HTML4 相比，HTML5 新增了 video 标记。

6.2.1　video 标记概述

video 标记主要是定义播放视频文件或者视频流的标准。它支持 3 种视频格式，分别为 Ogg、WebM 和 MPEG 4。

如果需要在 HTML5 网页中播放视频，输入的基本格式如下。

```
<video src="123.mp4" controls="controls">
</ video >
```

另外，在 < video > 与 </ video > 之间插入的内容是供不支持 video 元素的浏览器显示的。

6.2.2 video 标记的属性

video 标记的常见属性和含义如表 6-3 所示。

表 6-3 video 标记的常见属性

属 性	值	描 述
autoplay	autoplay	如果出现该属性，则视频在就绪后马上播放
controls	controls	如果出现该属性，则向用户显示控件，比如播放按钮
loop	loop	如果出现该属性，则每当视频结束时重新开始播放
preload	none，auto，metadata	none（不预先加载）、auto（下载媒体文件）、metadata（只下载媒体文件的元数据）
url	url	要播放视频的 URL
width	宽度值	设置视频播放器的宽度
height	高度值	设置视频播放器的高度
poster	url	当视频未响应或缓冲不足时，该属性值链接到一个图像。该图像将以一定比例被显示出来
title		有浏览器或辅助技术显示的简单文字说明

由表 6-3 可知，用户可以自定义视频文件显示的大小。例如，如果想让视频以 320×240 像素大小显示，可以加入 width 和 height 属性，具体格式如下。

```
<video width="320" height="240" controls src="123.mp4" >
</video>
```

另外，video 标记可以通过 source 属性添加多个视频文件，具体格式如下。

```
<video controls="controls">
<source src="123.ogg" type="video/ogg">
<source src="123.mp4" type="video/mp4">
</ video >
```

6.2.3 视频解码器

视频解码器定义了视频数据流编码和解码的算法。其中，编码器主要是对数据流进行编码操作，用于存储和传输。视频播放器主要是对视频文件进行解码，然后进行播放操作。

目前，在 HTML5 中，使用比较多的视频解码文件是 Theora、H.264 和 VP8。

6.2.4 video 标记浏览器的支持情况

目前，不同的浏览器对 video 标记支持也不相同。表 6-4 中列出应用最为广泛的浏览器对 video 标记的支持情况。

表 6-4　video 标记的浏览器支持情况

浏览器 视频格式	Firefox 4.0 及 更高版本	IE 9.0 及 更高版本	Opera 10.6 及 更高版本	Chrome 6.0 及 更高版本	Safari 3.0 及 更高版本
Ogg	支持		支持	支持	
MPEG 4		支持		支持	支持
WebM	支持		支持	支持	

6.3 添加网页音频文件

在网页中加入音频文件，可以使单调的网页变得丰富多彩。本节就将介绍如何使用 audio 标记在网页中添加音频文件。

6.3.1 案例 1——设置背景音乐

在 6.1 节我们了解了网页音频标记 audio 的相关知识，下面就来介绍一个如何为网页添加背景音乐的实例，来学习 audio 标记的具体应用。

【例 6.1】为网页添加背景音乐（实例文件：ch06\6.1.html）

```
<!DOCTYPE html>
<html>
<head>
<title>audio</title>
<head>
<body >
  <audio src="song.mp3" controls="controls">
您的浏览器不支持audio标记！
</audio>
</body>
</html>
```

如果用户的浏览器是 IE 9 以前的版本，浏览效果如图 6-1 所示，可见 IE 浏览器以前的版本不支持audio标记。

在浏览器 IE11 中浏览效果如图 6-2 所示，可以看到加载的音频控制条并能听到加载的音频文件。

图 6-1　不支持 audio 标记的效果

图 6-2　支持 audio 标记的效果

6.3.2 案例 2——设置音乐循环播放 loop

loop 属性规定当音频结束后将重新开始播放。如果设置该属性，则音频将循环播放，语法格式如下。

```
<audio loop="loop" />
```

【例 6.2】设置音乐循环播放（实例文件：ch06\6.2.html）

```
<!DOCTYPE HTML>
<html>
<body>
<audio controls="controls" loop="loop">
  <source src="song.mp3"/>
</audio>
</body>
</html>
```

在浏览器 IE11 中浏览效果如图 6-3 所示，可以看到加载的音频控制条并听到加载的音频文件，而且当音频文件播放结束后，又重新开始播放，即循环播放添加的音频文件。

图 6-3　设置音频文件循环播放效果

6.4　添加网页视频文件

在网页中加入视频文件，可以使单调的网页变得更加生动。本节就来介绍如何使用 video 标记在网页中添加视频文件。

6.4.1 案例 3——为网页添加视频文件 video

在 6.2 节我们了解了网页视频标记 video 的相关知识，下面就来介绍一个如何为网页添加视频文件的实例，来学习 video 标记的具体应用。

【例 6.3】为网页添加视频文件（实例文件：ch06\6.3.html）

```
<!DOCTYPE html>
<html>
<head>
```

```
<title>video</title>
<head>
<body >
<video src="123.mp4" controls="controls">
您的浏览器不支持video标签!
</ video >
</body>
</html>
```

如果用户的浏览器是 IE 浏览器以前的版本，浏览效果如图 6-4 所示，可见 IE 浏览器以前的版本不支持 video 标记。

在 IE11 浏览器中浏览效果如图 6-5 所示，可以看到加载的视频控制条界面。单击【播放】按钮，即可查看视频的内容。

图 6-4　不支持 video 标记的效果　　　　图 6-5　支持 video 标记的效果

6.4.2　案例 4——设置自动运行 autoplay

我们在登录网页时常常会看到一些视频文件直接开始运行，不需要手动开始，特别是一些广告内容，这是通过 autoplay 参数来实现的。语法格式如下。

```
<video src=" 多媒体文件地址 " autoplay="autoplay" ></video>
```

【例 6.4】设置视频文件自动播放（实例文件：ch06\6.4.html）

```
<!DOCTYPE html>
<html>
<head>
<title>video</title>
<head>
<body >
<video src="123.mp4" controls="controls" autoplay="autoplay">
</ video >
```

```
</body>
</html>
```

在 IE11 浏览器中浏览效果如图 6-6 所示，可以看到加载的视频控制条和加载的视频文件自动播放。

图 6-6　视频文件自动播放效果

6.4.3　案例 5——设置视频文件的循环播放 loop

视频的循环播放一般与自动播放一起使用，与背景音乐的设置基本相同。

```
< video loop="loop" />
```

【例 6.5】设置视频文件循环播放（实例文件：ch06\6.5.html）

```
<!DOCTYPE HTML>
<html>
<body>
< video controls="controls" loop="loop">
  <source src="123.mp4"/>
</ video >
</body>
</html>
```

在 IE11 浏览器中浏览效果如图 6-7 所示，可以看到加载的视频控制条和加载的视频文件，而且当视频文件播放结束后，又重新开始播放，即循环播放添加的视频文件。

图 6-7　视频文件循环播放的效果

6.4.4　案例 6——设置视频窗口的高度与宽度 height、width

在设计网页视频时，先设置视频的高度和宽度是一个好习惯。设置好这些属性，在页面加载时会为视频预留出空间。如果没有设置这些属性，那么浏览器就无法预先确定视频的尺寸，这样就无法为视频保留合适的空间，会导致在页面加载的过程中，其布局也产生变化。

在 HTML5 中视频的高度与宽度通过 height 和 width 属性来设定，具体的语法格式如下。

```
<video width=" value " height="value" />
```

【例 6.6】设置视频文件的高度与宽度（实例文件：ch06\6.6.html）

```
<!DOCTYPE HTML>
<html>
<body>
<video width="320" height="240" controls="controls">
  <source src="123.mp4" />
</video>
</body>
</html>
```

在 IE 浏览器中浏览效果如图 6-8 所示，可以看到网页中添加的视频文件以高度 240 像素、宽度为 320 像素的方式运行。

图 6-8　设置视频文件的高度与宽度

> **技巧**　请勿通过 height 和 width 属性来缩放视频！通过 height 和 width 属性来缩小视频，只能迫使用户下载原始的视频（即使在页面上它看起来较小）。正确的方法是在网页上使用该视频前，使用软件对视频进行压缩。

6.5　添加网页滚动文字

网页的多媒体元素一般包括动态文字、动态图像、声音以及动画等，其中最简单的就是添加一些滚动文字。

6.5.1 案例 7——滚动文字标记 marquee

使用 marquee 标记可以将文字设置为动态滚动的效果。该标记的语法格式如下。

```
<marquee>滚动文字</marquee>
```

用户只要在标记之间添加要进行滚动的文字就可以了，而且还可以在标记之间设置这些文字的字体、颜色等。

【例 6.7】添加网页滚动文字（实例文件：ch06\6.7.html）

```
<!DOCTYPE html>
<html>
<head>
  <title>文字滚动的设置</title>
</head>
<body>
<font size="5" color="#cc0000">
文字滚动示例（默认）：<marquee>千树万树梨花开</marquee>
</font>
</body>
</html>
```

在 IE 浏览器中浏览效果如图 6-9 所示，可以看出滚动文字在未设置宽度时，<marquee></marquee> 标记是独占一行的。

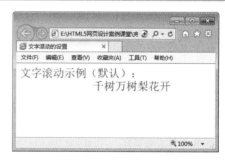

图 6-9 添加网页滚动文字

6.5.2 案例 8——滚动方向属性 direction

标记的 direction 属性用于设置内容滚动方向，属性值有 left、right、up、down，分别代表向左、向右、向上、向下，其中向左滚动 left 的效果与默认效果相同，而向上滚动的文字则常常出现在网站的公告栏中。

direction 属性的语法格式如下。

```
<marquee direction="滚动方向">滚动文字</marquee>
```

【例 6.8】设置网页滚动文字的方向（实例文件：ch06\6.8.html）

```
<!DOCTYPE html>
```

```
<html>
<head>
  <title>文字滚动的设置</title>
</head>
<body>
<font size="5" color="#cc0000">
文字滚动向左（默认）：<marquee direction="left">千树万树梨花开</marquee>
文字滚动向右（默认）：<marquee direction="right">千树万树梨花开</marquee>
文字滚动向上（默认）：<marquee direction="up">千树万树梨花开</marquee>
文字滚动向下（默认）：<marquee direction="down">千树万树梨花开</marquee>
</font>
</body>
</html>
```

在 IE 浏览器中浏览效果如图 6-10 所示，其中第一行文字向左不停地循环运行，第二行文字向右不停地循环运行，第三行文字向上不停地运行，第四行文字向下不停地运行。

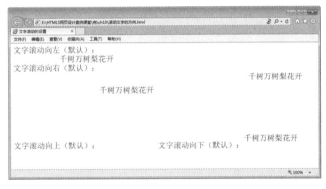

图 6-10　网页滚动文字的方向

6.5.3　案例 9——滚动方式属性 behavior

标记的 behavior 属性用于设置内容滚动方式，默认为 scroll，即循环滚动，当其值为 alternate 时，内容将来回循环滚动。当其值为 slide 时，内容滚动一次即停止，不会循环。behavior 属性的语法格式如下。

```
<marquee behavior="滚动方式">滚动文字</marquee>
```

【例 6.9】设置网页文字的滚动方式（实例文件：ch06\6.9.html）

```
<!DOCTYPE html>
<html>
<head>
<title>设置滚动文字</title>
</head>
<body>
```

```
<marquee behavior="scroll">你好，欢迎您的光临</marquee>
<br><br>
<marquee behavior ="slide">忽如一夜春风来</marquee>
<br><br>
<marquee behavior ="alternate">千树万树梨花开</marquee>
</body>
</html>
```

运行这段代码，可以看到如图 6-11 所示的效果。其中第一行文字不停地循环，一圈一圈地滚动；而第二行文字则在第一次到达浏览器边缘时就停止了滚动；最后一行文字则在滚动到浏览器左边缘后开始反方向运动。

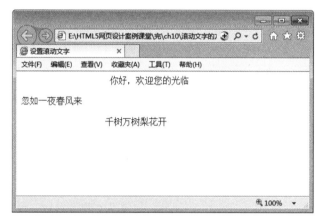

图 6-11 网页文字的滚动方式

6.5.4 案例 10——滚动速度属性 scrollamount

在设置滚动文字时，有时可能希望其快一些，也有时希望其慢一些，这一功能可以使用 <marquee></marquee> 标记的 scrollamount 属性来实现。其语法格式如下。

```
<marquee scrollamount=滚动速度></marquee>
```

在该语法中，滚动文字的速度实际上是设置滚动文字每次移动的长度，以像素为单位。

【例 6.10】设置网页文字的滚动速度（实例文件：ch06\6.10.html）

```
<!DOCTYPE html>
<html>
<head>
<title>设置滚动文字</title>
</head>
<body>
<marquee scrollamount=3>滚动速度为 3 像素的文字效果！</marquee><br><br>
<marquee scrollamount=10>滚动速度为 10 像素的文字效果！</marquee><br><br>
```

```
<marquee scrollamount=50>滚动速度为 50 像素的文字效果！</marquee>
</body>
</html>
```

在 IE 浏览器中浏览效果如图 6-12 所示，可以看到 3 行文字同时开始滚动，但速度是不一样的，设置的 scrollamount 越大，速度也就越快。

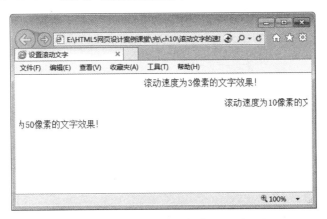

图 6-12　网页滚动文字的速度

6.5.5 案例 11——滚动延迟属性 scrolldelay

标记的 scrolldelay 属性用于设置内容滚动的时间间隔，语法格式如下。

```
<marquee scrolldelay=时间间隔></marquee>
```

scrolldelay 的时间间隔单位是毫秒，也就是千分之一秒。这一时间间隔的设置为滚动两步之间的时间间隔，如果设置的时间比较长，会产生走走停停的效果。另外，如果与滚动速度 scrollamount 参数结合使用，效果更明显。

【例 6.11】设置网页文字的滚动延迟时间（实例文件：ch06\6.11.html）

```
<!DOCTYPE html>
<html>
<head>
<title>设置滚动文字</title>
</head>
<body>
<marquee scrollamount=100 scrolldelay =10>看我不停脚步地走！</marquee><br><br>
<marquee scrollamount=100 scrolldelay =100>看我走走歇歇！</marquee><br><br>
<marquee scrollamount=100 scrolldelay =500>我要走一步停一停</marquee>
</body>
</html
```

运行这段代码，效果如图 6-13 所示，其中第一行文字设置的延迟较小，因此走起来比较平滑；最后一行设置的延迟比较大，看上去就像是走一步停一停的感觉。

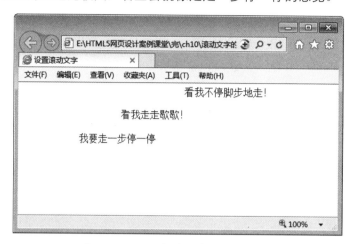

图 6-13 网页滚动文字的延迟时间

6.5.6 案例 12——滚动循环属性 loop

设置滚动文字后，在默认情况下会不断地循环下去，如果希望文字滚动几次停止，可以使用 loop 属性来进行设置。语法格式如下。

```
<marquee loop=" 循环次数 ">滚动文字</marquee>
```

【例 6.12】设置网页文字的滚动循环次数（实例文件：ch06\10.12.html）

```
<!DOCTYPE html>
<html>
<head>
<title>设置滚动文字</title>
</head>
<body>
<marquee direction="up" loop="3">
<font color="#3300FF" face=" 楷体 _GB2312">
你好，欢迎您的光临 <br>
这里是梦想小屋 <br>
让我们与您分享您的点点快乐 <br>
让我们与您分担您的片片忧伤 <br>
</font>
</marquee>
</body>
</html>
```

在 IE 浏览器中浏览效果时会发现当文字滚动 3 个循环之后，滚动文字将不再出现，如

图 6-14 所示。但是如果设置滚动方式为交替滚动，那么在滚动 3 个循环之后，文字将停留在窗口中，如图 6-15 所示。

图 6-14　网页滚动文字的循环效果（一）

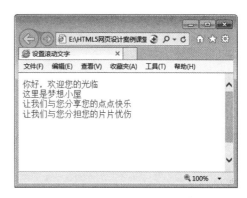
图 6-15　网页滚动文字的循环效果（二）

6.5.7　案例 13——滚动范围属性 height、width

如果不设置滚动背景的面积，那么默认情况下，水平滚动的文字背景与文字同高、与浏览器窗口同宽，使用 <marquee></marquee> 标记的 width 和 height 属性可以调整其水平和垂直的范围。其语法格式如下。

```
<marquee width=背景宽度 height=背景高度 >滚动文字</maruquee>
```

此处设置宽度和高度的单位均为像素。

【例 6.13】设置网页文字的滚动范围（实例文件：ch06\6.13.html）

```
<!DOCTYPE html>
<html>
<head>
<title>设置滚动文字</title>
</head>
<body>
<marquee behavior =" alternate" bgcolor="#99CCFF">
这里是梦幻小屋，欢迎光临
</marquee><br><br>
<marquee behavior="alternate"bgcolor="#99CCFF" width=500
height=50>
这里是梦幻小屋，欢迎光临
</marquee>
</body>
</html>
```

在 IE 浏览器中浏览效果如图 6-16 所示，可以看到两段滚动文字的背景高度和宽度的变化。

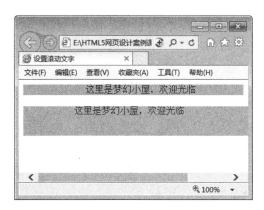

图 6-16　网页滚动文字的滚动范围

6.5.8　案例 14——滚动背景颜色属性 bgcolor

标记的 bgcolor 属性用于设置内容滚动背景色（类似于 body 的背景色设置）。其语法格式如下。

```
<marquee bgcolor=" 颜色代码 ">滚动文字</marquee>
```

文字背景颜色设置为 16 位颜色码。

【例 6.14】设置网页滚动文字的背景颜色（实例文件：ch06\6.14.html）

```
<!DOCTYPE html>
<html>
<head>
<title>设置滚动文字</title>
</head>
<body>
<marquee behavior ="alternate" bgcolor="#FFFF66">
这里是梦幻小屋，欢迎光临
</marquee>
<br><br>
<marquee direction="up" bgcolor="#99CCFF">
你好，欢迎您的光临 <br>
这里是梦想小屋 <br>
让我们与您分享您的点点快乐 <br>
让我们与您分担您的片片忧伤 <br>
</marquee>
</body>
</html>
```

在 IE 浏览器中浏览效果如图 6-17 所示，可以看出在滚动文字后面设置了淡蓝色的背景。

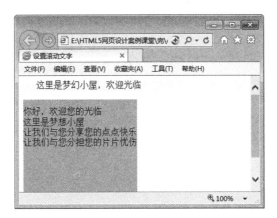

图 6-17　网页滚动文字的背景颜色

6.5.9　案例 15——滚动空间属性 hspace、vspace

在默认情况下，滚动文字周围的文字或图像是与滚动背景紧密连接的，使用参数 hspace 和 vspace 可以设置它们之间的滚动空间。语法格式如下。

```
<marquee hspace=水平范围 vspace=垂直范围>滚动文字</marquee>
```

该语法中水平和垂直范围的单位均为像素。

【例 6.15】设置网页文字的滚动空间（实例文件：ch06\6.15.html）

```
<!DOCTYPE html>
<html>
<head>
<title>设置滚动文字</title>
</head>
<body>
不设置空白空间的效果：
<marquee behavior ="alternate" bgcolor="#9999FF ">
这里是梦幻小屋，欢迎光临
</marquee>
到这里，留下你的忧伤，带走我的快乐！
<br>
<hr color="#FF0000">
<br>
设置水平为 70 像素、垂直为 50 像素的空白空间：
<marquee behavior ="alternate" bgcolor="#9999FF " hspace=70 vspace=50>
这里是梦幻小屋，欢迎光临
</marquee>
我的梦想与你同在！
</body>
</html>
```

在 IE 浏览器中浏览效果如图 6-18 所示，可以看到设置滚动空间的效果。

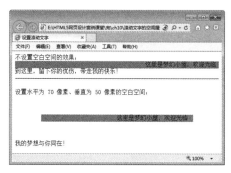

图 6-18　网页滚动文字的滚动空间效果

6.6 高手甜点

甜点 1：在 HTML5 网页中添加所支持格式的视频，不能在 Firefox 8.0 浏览器中正常播放，为什么？

答：目前，HTML5 的 video 标记对视频的支持，不仅仅有视频格式的限制，还有对解码器的限制，规定如下。

（1）如果视频是 Ogg 格式的文件，则需要带有 Thedora 视频编码和 Vorbis 音频编码的视频。

（2）如果视频是 MPEG4 格式的文件，则需要带有 H.264 视频编码和 AAC 音频编码的视频。

（3）如果视频是 WebM 格式的文件，则需要带有 VP8 视频编码和 Vorbis 音频编码的视频。

甜点 2：在 HTML5 网页中添加 MP4 格式的视频文件，为什么在不同的浏览器中视频控件显示的外观不同？

答：在 HTML5 中规定 controls 属性来进行视频文件的播放、暂停、停止和调节音量的操作。controls 是一个布尔属性，所以需要赋予任何值。一旦添加了此属性，等于告诉浏览器需要显示播放控件并允许用户操作。因为每一个浏览器负责内置视频控件的外观，所以在不同的浏览器中将显示不同的视频控件外观。

6.7 跟我练练手

练习 1：添加网页音频文件。

练习 2：添加网页视频文件。

练习 3：添加网页滚动文字。

使用 HTML5 绘制图形

第 **7** 章

HTML5 呈现了很多的新特性，这在之前的
HTML 中是不可见到的。其中一个最值得提及的特
性就是 HTML canvas，可以对 2D 或位图进行动
态、脚本的渲染。canvas 是一个矩形区域，使用
JavaScript 可以控制其每一个像素。

● **本章要点（已掌握的在方框中打钩）**

☐ 了解什么是 canvas
☐ 掌握绘制基本形状的方法
☐ 掌握绘制渐变形状的方法
☐ 掌握绘制变形图形的方法
☐ 掌握绘制其他样式图形的方法
☐ 掌握使用图像的方法
☐ 掌握图形的保存与恢复的方法
☐ 掌握绘制图形的方法

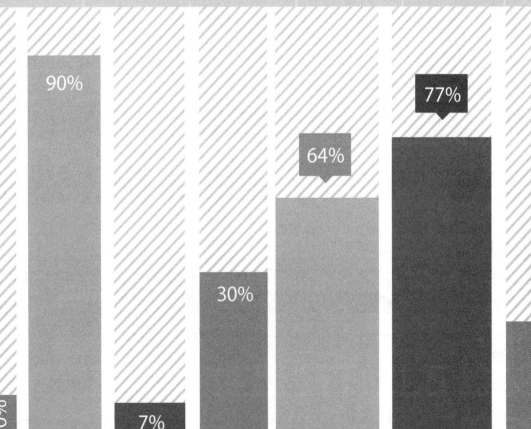

7.1 什么是canvas

canvas 是一个新的 HTML 元素，这个元素可以被 Script 语言（通常是 JavaScript）用来绘制图形。例如，可以用它来画图、合成图像或做简单的动画。

HTML5 的 canvas 标记是一个矩形区域，它包含两个属性：width 和 height，分别表示矩形区域的宽度和高度，这两个属性都是可选的，并且都可以通过 CSS 来定义，其默认值是300px 和 150px。

canvas 在网页中常用格式如下。

```
<canvas id="myCanvas" width="300" height="200" style="border:1px solid #c3c3c3;">
Your browser does not support the canvas element.
</canvas>
```

上面代码中，id 表示画布对象名称，width 和 height 分别表示宽度和高度；最初的画布是不可见的，此处为了观察这个矩形区域，使用 CSS 样式，即 style 标记。style 表示画布的样式，如果浏览器不支持画布标记，会显示画布中间的提示信息。

画布 canvas 本身不具有绘制图形的功能，它只是一个容器，如果读者对于 Java 语言非常了解，就会发现 HTML5 的画布和 Java 中的 Panel 面板非常相似，都可以在容器中绘制图形。既然 canvas 画布元素放好了，就可以使用脚本语言 JavaScript 在网页上绘制图形。

使用 canvas 结合 JavaScript 绘制图形，一般需要下面几个步骤。

步骤 **1** JavaScript 使用 id 来寻找 canvas 元素，即获取当前画布对象。

```
var c=document.getElementById("myCanvas");
```

步骤 **2** 创建 context 对象，代码如下。

```
var cxt=c.getContext("2d");
```

getContext 方法返回一个指定 contextId 的上下文对象，如果指定的 id 不被支持，则返回null，当前唯一被强制必须支持的是 "2d"，也许在将来会有 "3d"。注意，指定的 id 对大小写是敏感的。对象 cxt 建立之后，就可以拥有多种绘制路径、矩形、圆形、字符以及添加图像的方法。

步骤 **3** 绘制图形，代码如下。

```
cxt.fillStyle="#FF0000";
cxt.fillRect(0,0,150,75);
```

fillStyle 方法将其染成红色，fillRect 方法规定了形状、位置和尺寸。这两行代码绘制一个红色的矩形。

7.2 绘制基本形状

画布 canvas 结合 JavaScript 不但可以绘制简单的矩形，还可以绘制一些其他常见的图形，例如矩形、直线、圆等。

7.2.1 案例 1——绘制矩形

单独的一个 canvas 标记只是在页面中定义了一块矩形区域，并无特别之处，开发人员只有配合使用 JavaScript 脚本，才能完成各种图形、线条，以及复杂的图形变换操作，与基于 SVG 来实现同样绘图效果相比，canvas 绘图是一种像素级别的位图绘图技术，而 SVG 则是一种矢量绘图技术。

使用 canvas 和 JavaScript 绘制一个矩形，可能会涉及一个或多个方法，这些方法如表 7-1 所示。

表 7-1 使用 canvas 绘制矩形的方法

方 法	功 能
fillRect	绘制一个矩形，这个矩形区域没有边框，只有填充色。这个方法有四个参数，前两个表示左上角的坐标位置，第三个参数为长度，第四个参数为高度
strokeRect	绘制一个带边框的矩形。该方法的四个参数的解释同上
clearRect	清除一个矩形区域，被清除的区域将没有任何线条。该方法的四个参数的解释同上

【例 7.1】使用 canvas 绘制矩形（实例文件：ch07\7.1.html）

```
<!DOCTYPE html>
<html>
<body>
<canvas id="myCanvas" width="300" height="200" style="border:1px solid blue">
您的浏览器不支持 canvas 标记
</canvas>
<script type="text/javascript">
var c=document.getElementById("myCanvas");
var cxt=c.getContext("2d");
cxt.fillStyle="rgb(0,0,200)";
cxt.fillRect(10,20,100,100);
</script>
</body>
</html>
```

上面代码中，首先定义一个画布对象，其 id 名称为 myCanvas，其高度为 200 像素、宽度为 300 像素，并定义了画布边框显示样式。

在 JavaScript 代码中，首先获取画布对象，然后使用 getContext 获取当前 2d 的上下文对象，并使用 fillRect 绘制一个矩形。其中涉及一个 fillStyle 属性，fillStyle 用于设定了填充的颜色、透明度等，如果设置为"rgb(200,0,0)"，则表示一个颜色，不透明；如果设为"rgb(0,0,200, 0.5)"，则表示一个颜色，透明度为 50%。

在 IE 浏览器中浏览效果如图 7-1 所示，可以看到网页中，在一个蓝色边框中显示了一个蓝色矩形。

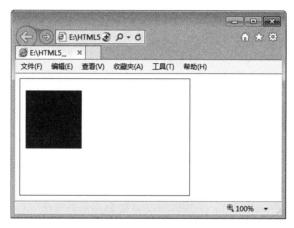

图 7-1　绘制矩形

7.2.2　案例 2——绘制圆形

基于 canvas 的绘图并不是直接在 canvas 标记所创建的绘图画面上进行各种绘图操作，而是依赖画面所提供的渲染上下文（Rendering Context），所有的绘图命令和属性都定义在渲染上下文中。在通过 canvas id 获取相应的 DOM 对象之后首先要做的就是获取渲染上下文对象。渲染上下文与 canvas 一一对应，无论对同一 canvas 对象调用几次 getContext() 方法，都将返回同一个上下文对象。

在画布中绘制圆形，可能要涉及下面几个方法，如表 7-2 所示。

表 7-2　使用 canvas 绘制圆形的方法

方　法	功　能
beginPath()	开始绘制路径
arc(x,y,radius,startAngle, endAngle,anticlockwise)	x 和 y 定义的是圆的原点，radius 是圆的半径，startAngle 和 endAngle 是弧度，不是度数，anticlockwise 则用来定义画圆的方向，值是 true 或 false
closePath()	结束路径的绘制
fill()	进行填充
stroke()	设置边框

路径是绘制自定义图形的好方法，在 canvas 中通过 beginPath() 方法开始绘制路径，这个时候就可以绘制直线、曲线等，绘制完成后调用 fill() 和 stroke() 完成填充和边框设置，通过

closePath() 方法结束路径的绘制。

【例 7.2】使用 canvas 绘制圆形（实例文件：ch07\7.2.html）

```
<!DOCTYPE html>
<html>
<body>
<canvas id="myCanvas" width="200" height="200" style="border:1px solid blue">
Your browser does not support the canvas element.
</canvas>
<script type="text/javascript">
var c=document.getElementById("myCanvas");
var cxt=c.getContext("2d");
cxt.fillStyle="#FFaa00";
cxt.beginPath();
cxt.arc(70,18,15,0,Math.PI*2,true);
cxt.closePath();
cxt.fill();
</script>
</body>
</html>
```

在上面的 JavaScript 代码中，使用 beginPath 方法开启一个路径，然后绘制一个圆形，下面关闭这个路径并填充。

在 IE 浏览器中浏览效果如图 7-2 所示，可以看到网页中，在矩形边框中显示了一个黄色的圆。

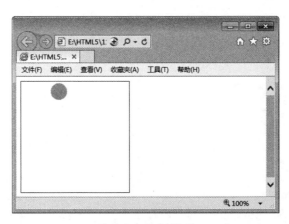

图 7-2 绘制圆形

7.2.3 案例 3——使用 moveTo 与 lineTo 绘制直线

在每个 canvas 实例对象中都拥有一个 path 对象，创建自定义图形的过程就是不断对 path 对象操作的过程。每当开始一次新的图形绘制任务，都需要先使用 beginPath() 方法来重置 path 对象至初始状态，进而通过一系列对 moveTo/lineTo 等画线方法的调用，绘制期望的路径。

其中 moveTo(x, y) 方法设置绘图起始坐标,而 lineTo(x,y) 等画线方法可以从当前起点绘制直线、圆弧以及曲线到目标位置。最后一步,也是可选的步骤,是调用 closePath() 方法将自定义图形进行闭合,该方法将自动创建一条从当前坐标到起始坐标的直线。

绘制直线常用的方法是 moveTo 和 lineTo,其含义如表 7-3 所示。

表 7-3　使用 canvas 绘制直线的方法

方法或属性	功　能
moveTo(x,y)	不绘制,只是将当前位置移动到新目标坐标 (x,y),并作为线条开始点
lineTo(x,y)	绘制线条到指定的目标坐标 (x,y),并且在两个坐标之间画一条直线。不管调用它们哪一个,都不会真正画出图形,因为还没有调用 stroke(绘制) 和 fill(填充) 函数。当前,只是在定义路径的位置,以便后面绘制时使用
strokeStyle	指定线条的颜色
lineWidth	设置线条的粗细

【例 7.3】使用 moveTo 与 lineTo 绘制直线（实例文件：ch07\7.3.html）

```
<!DOCTYPE html>
<html>
<body>
<canvas id="myCanvas" width="200" height="200" style="border:1px solid blue">
Your browser does not support the canvas element.
</canvas>
<script type="text/javascript">
var c=document.getElementById("myCanvas");
var cxt=c.getContext("2d");
cxt.beginPath();
cxt.strokeStyle="rgb(0,182,0)";
cxt.moveTo(10,10);
cxt.lineTo(150,50);
cxt.lineTo(10,50);
cxt.lineWidth=14;
cxt.stroke();
cxt.closePath();
</script>
</body>
</html>
```

上面代码中,使用 moveTo 方法定义一个坐标位置为（10,10）,下面以此坐标位置为起点绘制了两条不同的直线,并使用 lineWidth 设置直线的宽度,使用 strokeStyle 设置直线的颜色,使用 lineTo 设置两条不同直线的结束位置。

在 IE 浏览器中浏览效果如图 7-3 所示,可以看到网页中,绘制了两条直线,这两条直线在某一点交叉。

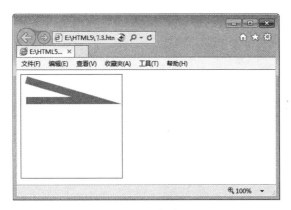

图 7-3　绘制直线

7.2.4 案例 4——使用 bezierCurveTo 绘制贝济埃曲线

在数学的数值分析领域中，贝济埃曲线（Bézier 曲线）是电脑图形学中相当重要的参数曲线。更高维度的广泛化贝济埃曲线就称作贝济埃曲面，其中贝济埃三角是一种特殊的实例。

bezierCurveTo() 表示为一个画布的当前子路径添加一条三次贝济埃曲线。这条曲线的开始点是画布的当前点，而结束点是 (x, y)。两条贝济埃曲线控制点 (cpX1, cpY1) 和 (cpX2, cpY2) 定义了曲线的形状。当这个方法返回的时候，当前的位置为 (x, y)。

方法 bezierCurveTo 具体格式如下所示。

```
bezierCurveTo(cpX1, cpY1, cpX2, cpY2, x, y)
```

其参数的含义如表 7-4 所示。

表 7-4　bezierCurveTo 的参数含义

参　　数	描　　述
cpX1, cpY1	和曲线的开始点（当前位置）相关联的控制点的坐标
cpX2, cpY2	和曲线的结束点相关联的控制点的坐标
x, y	曲线的结束点的坐标

【例 7.4】使用 bezierCurveTo 绘制贝济埃曲线（实例文件：ch07\7.4.html）

```
<!DOCTYPE html>
<html>
<head>
<title>贝济埃曲线</title>
<script>
    function draw(id)
```

```
    {
            var canvas=document.getElementById(id);
            if(canvas==null)
            return false;
            var context=canvas.getContext('2d');
            context.fillStyle="#eeeeff";
            context.fillRect(0,0,400,300);
            var n=0;
            var dx=150;
            var dy=150;
            var s=100;
            context.beginPath();
            context.globalCompositeOperation='and';
            context.fillStyle='rgb(100,255,100)';
            context.strokeStyle='rgb(0,0,100)';
            var x=Math.sin(0);
            var y=Math.cos(0);
            var dig=Math.PI/15*11;
            for(var i=0;i<30;i++)
            {
                    var x=Math.sin(i*dig);
                    var y=Math.cos(i*dig);
                    context.bezierCurveTo(dx+x*s,dy+y*s-100,dx+x*s+100,dy+y*s,dx
                    +x*s,dy+y*s);
            }
            context.closePath();
            context.fill();
            context.stroke();
    }
</script>
</head>
<body onload="draw('canvas');">
<h1>绘制元素</h1>
<canvas id="canvas" width="400" height="300" />
</body>
</html>
```

上面函数 draw 代码中，首先使用语句 "fillRect(0,0,400,300)" 绘制了一个矩形，其大小和画布相同，其填充颜色为浅青色。下面定义几个变量，用于设定曲线的坐标位置，在 for 循环中使用 bezierCurveTo 绘制贝济埃曲线。

在 IE 浏览器中浏览效果如图 7-4 所示，可以看到网页中，显示了一个贝济埃曲线。

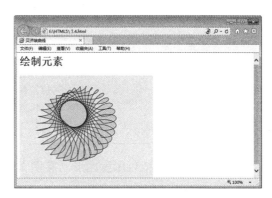

图 7-4　贝济埃曲线

7.3 绘制渐变图形

渐变是两种或更多颜色的平滑过渡，是指在颜色集上使用逐步抽样算法，并将结果应用于描边样式和填充样式中。canvas 的绘图上下文支持两种类型的渐变：线性渐变和放射性渐变，其中放射性渐变也称为径向渐变。

7.3.1　案例 5——绘制线性渐变

创建一个简单的渐变，非常容易，可能比使用 Photoshop 还要快，使用渐变需要三个步骤。

步骤 1 创建渐变对象，代码如下。

```
var gradient=cxt.createLinearGradient(0,0,0,canvas.height);
```

步骤 2 为渐变对象设置颜色，指明过渡方式，代码如下。

```
gradient.addColorStop(0,'#fff');
gradient.addColorStop(1,'#000');
```

步骤 3 在 context 上为填充样式或者描边样式设置渐变，代码如下。

```
cxt.fillStyle=gradient;
```

要设置显示颜色，在渐变对象上使用 addColorStop 函数即可。除了可以变换成其他颜色外，还可以为颜色设置 Alpha 值（例如透明），并且 Alpha 值也是可以变化的。为了达到这样的效果，需要使用颜色值的另一种表示方法，例如内置 Alpha 组件的 CSSrgba 函数。

绘制线性渐变，会使用到如表 7-5 所示的几个方法。

表 7-5　绘制线性渐变的方法

方　　法	功　　能
addColorStop	函数允许指定两个参数：颜色和偏移量。颜色参数是指开发人员希望在偏移位置描边或填充时所使用的颜色。偏移量是一个 0.0 ～ 1.0 之间的数值，代表沿着渐变线渐变的距离有多远
createLinearGradient(x0,y0,x1,x1)	沿着直线从（x0,y0) 至 (x1,y1) 绘制渐变

【例 7.5】绘制线性渐变图形（实例文件：ch07\7.5.html）

```
<!DOCTYPE html>
<html>
<head>
<title>线性渐变</title>
</head>
<body>
<h1>绘制线性渐变</h1>
<canvas id="canvas" width="400" height="300" style="border:1px solid red"/>
<script type="text/javascript">
var c=document.getElementById("canvas");
var cxt=c.getContext("2d");
var gradient=cxt.createLinearGradient(0,0,0,canvas.height);
gradient.addColorStop(0,'#fff');
gradient.addColorStop(1,'#000');
cxt.fillStyle=gradient;
cxt.fillRect(0,0,400,400);
</script>
</body>
</html>
```

上面的代码使用 2D 环境对象产生了一个线性渐变对象，渐变的起始点是（0,0），渐变的结束点是（0, canvas.height），下面使用 addColorStop 函数设置渐变颜色，最后将渐变填充到上下文环境的样式中。

在 IE 浏览器中浏览效果如图 7-5 所示，可以看到网页中，创建了一个垂直方向上的渐变，从上到下颜色逐渐变深。

图 7-5　线性渐变

7.3.2 案例6——绘制径向渐变

除了线性渐变以外，HTML5 Canvas API 还支持放射性渐变，所谓放射性渐变就是颜色会介于两个指定圆间的锥形区域平滑变化。放射性渐变和线性渐变使用的颜色终止点是一样的。如果要实现放射线渐变，即径向渐变，需要使用方法 createRadialGradient。

createRadialGradient(x0, y0, r0, x1, y1, r1) 方法表示沿着两个圆之间的锥面绘制渐变。其中前三个参数代表开始的圆，圆心为（x0, y0），半径为 r0。最后三个参数代表结束的圆，圆心为（x1, y1），半径为 r1。

【例 7.6】绘制径向渐变图形（实例文件：ch07\7.6.html）

```
<!DOCTYPE html>
<html>
<head>
<title>径向渐变</title>
</head>
<body>
<h1>绘制径向渐变</h1>
<canvas id="canvas" width="400" height="300" style="border:1px solid red"/>
<script type="text/javascript">
var c=document.getElementById("canvas");
var cxt=c.getContext("2d");
var gradient=cxt.createRadialGradient(canvas.width/2,canvas.height/2,0,canvas.width/2,
    canvas.height/2,150);
gradient.addColorStop(0,'#fff');
gradient.addColorStop(1,'#000');
cxt.fillStyle=gradient;
cxt.fillRect(0,0,400,400);
</script>
</body>
</html>
```

上面代码中，首先创建渐变对象 gradient，此处使用方法 createRadialGradient 创建了一个径向渐变，下面使用 addColorStop 添加颜色，最后将渐变填充到上下文环境中。

在 IE 浏览器中浏览效果如图 7-6 所示，可以看到网页中，从圆的中心亮点开始，向外逐渐发散，形成了一个径向渐变。

图 7-6　径向渐变

7.4 绘制变形图形

画布 canvas 不但可以使用 moveTo 来移动画笔、绘制图形和线条，还可以使用变换来调整画笔下的画布。变换的方法包括旋转、缩放、变形和平移等。

7.4.1 案例 7——变换原点坐标

平移，即将绘图区相对于当前画布的左上角进行平移，如果不进行变形，绘图区原点和画布原点是重叠的，绘图区相当于画图软件里的热区或当前层。如果进行变形，则坐标会移动到一个新位置。

如果要对图形实现平移，需要使用方法 translate（x,y），该方法表示在平面上平移，即原来原点为参考，然后以偏移后的位置作为坐标原点。也就是说，原来在（100,100），然后 translate（1,1）新的坐标原点在（101,101）而不是（1,1）

【例 7.7】绘制变换原点坐标图形（实例文件：ch07\7.7.html）

```
<!DOCTYPE html>
<html>
<head>
<title>绘制坐标变换</title>
<script>
    function draw(id)
    {
        var canvas=document.getElementById(id);
        if(canvas==null)
        return false;
        var context=canvas.getContext('2d');
        context.fillStyle="#eeeeff";
        context.fillRect(0,0,400,300);
        context.translate(200,50);
        context.fillStyle='rgba(255,0,0,0.25)';
        for(var i=0;i<50;i++){
            context.translate(25,25);
            context.fillRect(0,0,100,50);
        }
    }
</script>
</head>
<body onload="draw('canvas');">
<h1>变换原点坐标</h1>
<canvas id="canvas" width="400" height="300" />
</body>
</html>
```

在 draw 函数中，使用 fillRect 方法绘制了一个矩形，然后使用 translate 方法平移到一个新位置，并从新位置开始，使用 for 循环，连续移动多次坐标原点，即多次绘制矩形。

在 IE 浏览器中浏览效果如图 7-7 所示，可以看到网页中，从坐标位置（200，50）开始绘制矩形，并每次以指定的平移距离绘制矩形。

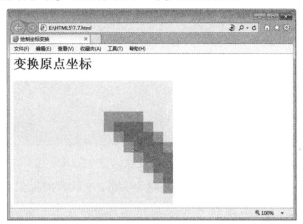

图 7-7 变换坐标原点

7.4.2 案例 8——图形缩放

对于变形图形来说，其中最常用的方式，就是对图形进行缩放，即以原来图形为参考，放大或者缩小图形，从而增强效果。

如果要实现图形缩放，需要使用 scale(x,y) 函数，该函数带有两个参数，分别代表在 x,y 两个方向上的值。每个参数在 canvas 显示图像的时候，向其传递在本方向轴上图像要放大（或缩小）的量。如果 x 值为 2，就代表所绘制图像中全部元素都会变成两倍宽；如果 y 值为 0.5，绘制出来的图像全部元素都会变成之前的一半高。

【例 7.8】缩放图形（实例文件：ch07\7.8.html）

```
<!DOCTYPE html>
<html>
<head>
<title>绘制图形缩放</title>
<script>
    function draw(id)
    {
        var canvas=document.getElementById(id);
        if(canvas==null)
        return false;
        var context=canvas.getContext('2d';
        context.fillStyle="#eeeeff";
        context.fillRect(0,0,400,300);
        context.translate(200,50);
        context.fillStyle='rgba(255,0,0,0.25)';
        for(var i=0;i<50;i++){
                context.scale(3,0.5);
```

```
                    context.fillRect(0,0,100,50);
            }
        }
</script>
</head>
<body onload="draw('canvas');">
<h1>图形缩放</h1>
<canvas id="canvas" width="400" height="300" />
</body>
</html>
```

上面代码中，实现缩放操作是放在 for 循环中完成的，在此循环中，以原来图形为参考物，使其在 x 轴方向上增加为 3 倍宽，y 轴方向上变为原来的一半。

在 IE 浏览器中浏览效果如图 7-8 所示，可以看到网页中在一个指定方向绘制了多个矩形。

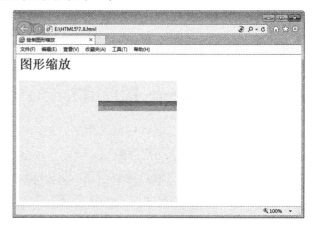

图 7-8　图形缩放

7.4.3　案例 9——旋转图形

变换操作并不限于缩放和平移，还可以使用函数 context.rotate(angle) 来旋转图像，甚至可以直接修改底层变换矩阵以完成一些高级操作，如剪裁图像的绘制路径。例如，context.rotate(1.57) 表示旋转角度参数以弧度为单位。

rotate() 方法默认地从左上端的（0,0）开始旋转，通过指定一个角度，改变画布坐标和 Web 浏览器中的 <canvas> 元素的像素之间的映射，使得任意后续绘图在画布中都显示为旋转，但它并没有旋转 <canvas> 元素本身。需要注意的是，这个角度是用弧度指定的。

【例 7.9】旋转图形（实例文件：ch07\7.9.html）

```
<!DOCTYPE html>
<html>
<head>
<title>绘制旋转图像</title>
<script>
    function draw(id)
```

```
        {
                var canvas=document.getElementById(id);
                if(canvas==null)
                return false;
                var context=canvas.getContext('2d');
                context.fillStyle="#eeeeff";
                context.fillRect(0,0,400,300);
                context.translate(200,50);
                context.fillStyle='rgba(255,0,0,0.25)';
                for(var i=0;i<50;i++){
                        context.rotate(Math.PI/10);
                        context.fillRect(0,0,100,50);
                }
        }
</script>
</head>
<body onload="draw('canvas');">
<h1> 旋转图形 </h1>
<canvas id="canvas" width="400" height="300" />
</body>
</html>
```

上面代码中，使用 rotate 方法在 for 循环中，对多个图形进行旋转，其旋转角度相同。

在 IE 浏览器中浏览效果如图 7-9 所示，在显示页面上多个矩形以中心弧度为原点，进行旋转。

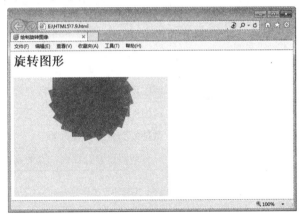

图 7-9 旋转图形

7.5 绘制其他样式的图形

使用 canvas 标记的其他属性还可以绘制其他样式的图形，如将绘制的基本形状进行组合、绘制带有阴影的图形、绘制文字等。

7.5.1 案例 10——图形组合

在前面介绍的知识中，可以将一个图形画在另一个之上，大多数情况下这样是不够的。但是，我们可以利用 globalCompositeOperation 属性来改变这些限制。不仅可以在已有图形后面再画新图形，还可以用来遮盖、清除（比 clearRect 方法强劲得多）某些区域。其语法格式如下所示。

```
globalCompositeOperation = type
```

上面代码表示设置不同形状的组合类型，其中 type 表示方的图形是已经存在的 canvas 内容，圆的图形是新的形状，其默认值为 source-over，表示在 canvas 内容上面画新的形状。

属性值 type 具有 12 个含义，其具体含义如表 7-6 所示。

表 7-6 属性值 type 的含义

属 性 值	说　明
source-over(default)	这是默认设置，新图形会覆盖在原有内容之上
destination-over	会在原有内容之下绘制新图形
source-in	新图形仅仅出现与原有内容重叠的部分。其他区域都变成透明的
destination-in	原有内容中与新图形重叠的部分会被保留，其他区域都变成透明的
source-out	结果是只有新图形中与原有内容不重叠的部分会被绘制出来
destination-out	原有内容中与新图形不重叠的部分会被保留
source-atop	新图形中与原有内容重叠的部分会被绘制，并覆盖于原有内容之上
destination-atop	原有内容中与新内容重叠的部分会被保留，并会在原有内容之下绘制新图形
lighter	两图形中重叠部分作加色处理
darker	两图形中重叠的部分作减色处理
xor	重叠的部分会变成透明
copy	只有新图形会被保留，其他都被清除掉

【例 7.10】图形组合（实例文件：ch07\7.10.html）

```
<!DOCTYPE html>
<html>
<head>
<title>绘制图形组合</title>
<script>
function draw(id)
{
 var canvas=document.getElementById(id);
   if(canvas==null)
  return false;
   var context=canvas.getContext('2d');
```

```
    var oprtns=new Array(
        "source-atop",
         "source-in",
        "source-out",
      "source-over",
        "destination-atop",
      "destination-in",
        "destination-out",
        "destination-over",
         "lighter",
        "copy",
        "xor"
     );
    var i=10;
     context.fillStyle="blue";
    context.fillRect(10,10,60,60);
     context.globalCompositeOperation=oprtns[i];
    context.beginPath();
    context.fillStyle="red";
    context.arc(60,60,30,0,Math.PI*2,false);
    context.fill();
}
</script>
</head>
<body onload="draw('canvas');">
<h1>图形组合</h1>
<canvas id="canvas" width="400" height="300" />
</body>
</html>
```

在上面的代码中，首先创建了一个 oprtns 数组，用于存储 type 的 12 个值，然后绘制了一个矩形，并使用 content 上下文对象设置了图形的组合方式，即采用新图形显示其他被清除的方式，最后使用 arc 绘制了一个圆。

在 IE 浏览器中浏览效果如图 7-10 所示，在显示页面上绘制了一个矩形和圆，但矩形和圆接触的地方，以空白显示。

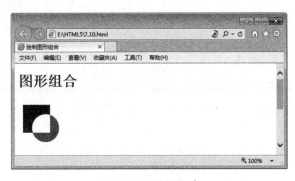

图 7-10　图形组合

7.5.2 案例 11——绘制带阴影的图形

在画布 canvas 上绘制带有阴影效果的图形非常简单，只需要设置几个属性即可。这几个属性分别为 shadowOffsetX、shadowOffsetY、shadowBlur 和 shadowColor，shadowColor 表示阴影颜色，其值和 CSS 颜色值一致；shadowBlur 表示设置阴影模糊程度；此值越大，阴影越模糊；shadowOffsetX 和 shadowOffsetY 属性表示阴影的 x 和 y 偏移量，单位是像素。

【例 7.11】绘制带阴影的图形（实例文件：ch07\7.11.html）

```
<!DOCTYPE html>
<html>
  <head>
  <title>绘制阴影效果图形</title>
  </head>
<body>
    <canvas id="my_canvas" width="200" height="200" style="border:1px solid #ff0000"></canvas>
    <script type="text/javascript">
        var elem = document.getElementById("my_canvas");
        if (elem && elem.getContext) {
            var context = elem.getContext("2d");
            //shadowOffsetX 和 shadowOffsetY: 阴影的 x 和 y 偏移量，单位是像素
            context.shadowOffsetX = 15;
            context.shadowOffsetY = 15;
            //hadowBlur: 设置阴影模糊程度。此值越大，阴影越模糊。其效果和 Photoshop
                          的高斯模糊滤镜相同
            context.shadowBlur = 10;
            //shadowColor: 阴影颜色。其值和 CSS 颜色值一致
            //context.shadowColor = 'rgba(255, 0, 0, 0.5)';  或下面的
                十六进制的表示方法
            context.shadowColor = '#f00';
            context.fillStyle = '#00f';
            context.fillRect(20, 20, 150, 100);
        }
    </script>
  </body>
</html>
```

在 IE 浏览器中浏览效果如图 7-11 所示，在显示页面上显示了一个蓝色矩形，其阴影为红色矩形。

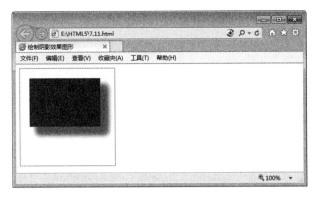

图 7-11　带有阴影的图形

7.5.3　案例 12——绘制文字

在画布中绘制字符串（文字）的方式，与操作其他路径对象的方式相同，可以描绘文本轮廓和填充文本内部，所有能够应用于其他图形的变换和样式都能用于文本。

文本绘制功能由两个函数组成，如表 7-7 所示。

表 7-7　绘制文字的方法

方　法	说　明
fillText(text,x,y,maxwidth)	绘制带 fillStyle 填充的文字，文本参数以及用于指定文本位置的坐标参数。maxwidth 是可选参数，用于限制字体大小，它会将文本字体强制收缩到指定尺寸
strokeText(text,x,y,maxwidth)	绘制只有 strokeStyle 边框的文字，其参数含义和上一个方法相同
measureText	该函数会返回一个度量对象，其包含了在当前 context 环境下指定文本的实际显示宽度

为了保证文本在各浏览器中都能正常显示，在绘制上下文里有以下字体属性。

☆ font 可以是 CSS 字体规则中的任何值，包括字体样式、字体变种、字体大小与粗细、行高和字体名称。

☆ textAlign 控制文本的对齐方式。它类似于（但不完全相同）CSS 中的 text-align。可能的取值为 start、end、left、right 和 center。

☆ textBaseline 控制文本相对于起点的位置，可以取值有 top、hanging、middle、alphabetic、ideographic 和 bottom。对于简单的英文字母，可以放心地使用 top、middle 或 bottom 作为文本基线。

【例 7.12】绘制文字（实例文件：ch07\7.12.html）

```
<!DOCTYPE html>
<html>
  <head>
```

```
    <title>Canvas</title>
  </head>
  <body>
    <canvas id="my_canvas" width="200" height="200" style="border:1px solid #ff0000">
</canvas>
    <script type="text/javascript">
        var elem = document.getElementById("my_canvas");
        if (elem && elem.getContext)  {
            var context = elem.getContext("2d");
            context.fillStyle   = '#00f';
            //font: 文字字体，同 CSSfont-family 属性
            context.font = 'italic  30px 微软雅黑 ';
            // 斜体 30 像素微软雅黑字体
            //textAlign: 文字水平对齐方式。可取属性值：start、end、left、right、
                center。默认值:start
            context.textAlign = 'left';
            // 文字竖直对齐方式。可取属性值：top、hanging、middle、alphabetic、
                ideographic、bottom。默认值：alphabetic
            context.textBaseline = 'top';
            // 要输出的文字内容，文字位置坐标，第四个参数为可选项——最大宽度。如
                果需要的话，浏览器会缩减文字以让它适应指定宽度
            context.fillText  (' 祖国生日快乐 !', 0, 0,50);       // 有填充
            context.font = 'bold 30px sans-serif';
            context.strokeText(' 祖国生日快乐 !', 0, 50,100);   // 只有文字边框
        }
    </script>
  </body>
</html>
```

在 IE 浏览器中浏览效果如图 7-12 所示，在显示页面上显示了一个画布边框，画布中显示了两个不同的字符串，第一个字符串以斜体显示，其颜色为蓝色；第二个字符串字体颜色为浅黑色，加粗显示。

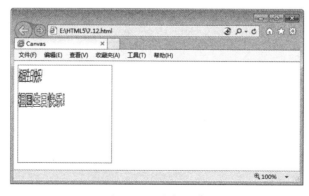

图 7-12　绘制文字

7.6　使用图像

画布 canvas 有一项引入图像功能，它可以用于图片合成或制作背景等，而目前仅可以在图像中加入文字。只要是 Geck 支持的图像（如 PNG、GIF、JPEG 等）都可以引入 canvas 中，而且其他的 canvas 元素也可以作为图像的来源。

7.6.1　案例 13——绘制图像

在画布 canvas 上绘制图像，需要先有一张图片。这张图片可以是已经存在的 <img> 元素或通过 JS 创建。无论采用哪种方式，都需要在绘制 canvas 之前，完全加载这张图片。浏览器通常会在页面脚本执行的同时异步加载图片。如果试图在图片未完全加载之前就将其呈现到 canvas 上，那么 canvas 将不会显示任何图片。

捕获和绘制图形完全是通过 drawImage 方法完成的，它可以接受不同的 HTML 参数，具体含义如表 7-8 所示。

表 7-8　绘制图像的方法

方　法	说　明
drawIamge(image,dx,dy)	接受一个图片，并将之画到 canvas 中。给出的坐标（dx,dy）代表图片的左上角。例如，坐标（0,0）将把图片画到 canvas 的左上角
drawIamge(image,dx,dy,dw,dh)	接受一个图片，将其缩放为宽度 dw 和高度 dh，然后把它画到 canvas 上的 (dx,dy) 位置
drawIamge(image,sx,sy,sw,sh,dx,dy,dw,dh)	接受一个图片，通过参数（sx,sy,sw,sh）指定图片裁剪的范围，缩放到 (dw,dh) 的大小，最后把它画到 canvas 上的 (dx,dy) 位置

【例 7.13】绘制图像（实例文件：ch07\7.13.html）

```
<!DOCTYPE html>
<html>
<head><title>绘制图像</title></head>
<body>
<canvas id="canvas" width="300" height="200" style="border:1px solid blue">
Your browser does not support the canvas element.
</canvas>
<script type="text/javascript">
window.onload=function(){
    var ctx=document.getElementById("canvas").getContext("2d");
    var img=new Image();
    img.src="01.jpg";
```

```
    img.onload=function(){
        ctx.drawImage(img,0,0);
    }
}
</script>
</body>
</html>
```

在上面代码中，使用窗口的 onload 加载事件，即页面被加载时执行函数。在函数中，创建上下文对象 ctx，并创建 Image 对象 img；然后使用 img 对象的属性 src 设置图片来源，最后使用 drawImage 画出当前的图像。

在 IE 浏览器中浏览效果如图 7-13 所示，在显示页面上绘制了一幅图像，并在画布中显示。

图 7-13　绘制图像

7.6.2　案例 14——图像平铺

使用画布 canvas 绘制图像有很多用处，其中一个用处就是将绘制的图像作为背景图片使用。在做背景图片时，如果显示图片的区域大小不能直接设定，通常将图片以平铺的方式显示。

HTML5 Canvas API 支持图片平铺，此时需要调用 createPattern 函数，即调用 createPattern 函数来替代之前的 drawImage 函数。函数 createPattern 的语法格式如下所示。

```
createPattern(image,type)
```

其中 image 表示要绘制的图像，type 表示平铺的类型，其具体含义如表 7-9 所示。

表 7-9　图像平铺的类型

属 性 值	说　明
no-repeat	不平铺
repeat-x	横方向平铺
repeat-y	纵方向平铺
repeat	全方向平铺

【例 7.14】图像平铺（实例文件：ch07\7.14.html）

```
<!DOCTYPE html>
< html>
<head>
<title>绘制图像平铺</title>
</head>
<body onload="draw('canvas');">
<h1>图形平铺</h1>
<canvas id="canvas" width="400" height="300"></canvas>
<script>
    function draw(id){
        var canvas=document.getElementById(id);
        if(canvas==null){
            return false;
        }
        var context=canvas.getContext('2d');
        context.fillStyle="#eeeeff";
        context.fillRect(0,0,400,300);
        image=new Image();
        image.src="01.jpg";
        image.onload=function(){
            var ptrn=context.createPattern(image,'repeat');
            context.fillStyle=ptrn;
            context.fillRect(0,0,400,300);
        }
    }
</script>
</body>
</html>
```

上面代码中,使用 fillRect 创建了一个宽度为 400,高度为 300,左上角坐标位置为(0,0)的矩形,下面创建了一个 Image 对象,src 表示链接一个图像源,然后使用 createPattern 绘制一幅图像,其方式是以完全平铺,并将这幅图像作为一个模式填充到矩形中。最后绘制这个矩形,此矩形大小完全覆盖原来的图形。

在 IE 浏览器中浏览效果如图 7-14 所示,在显示页面上绘制了一幅图像,图像以平铺的方式充满整个矩形。

图 7-14　图像平铺

7.6.3　案例 15——图像裁剪

在处理图像时经常会遇到裁剪的需求，即在画布上裁剪出一块区域，这块区域是在裁剪动作 clip 之前，由绘图路径设定的，可以是方形、圆形、五角星和其他任何可以绘制的形状。所以，裁剪路径其实就是绘图路径，只不过这个路径不是用来绘图的，而是设定显示区域和遮挡区域的一个分界线。

完成对图像的裁剪，可能要用到 clip 方法。clip 方法表示给 canvas 设置一个剪辑区域，在调用 clip 方法之后的代码只对这个设定的剪辑区域有效，不会影响其他地方，这个方法在进行局部更新时很有用。默认情况下，剪辑区域是一个左上角坐标 (0, 0)，宽和高分别等于 canvas 元素的宽和高的矩形。

【例 7.15】图像裁剪（实例文件：ch07\7.15.html）

```
<!DOCTYPE html>
< html>
<head>
<title>绘制图像裁剪</title>
<script type="text/javascript" src="script.js"></script>
</head>
<body onload="draw('canvas');">
<h1>图像裁剪实例</h1>
<canvas id="canvas" width="400" height="300"></canvas>
<script>
    function draw(id){
        var canvas=document.getElementById(id);
        if(canvas==null){
            return false;
        }
        var context=canvas.getContext('2d');
        var gr=context.createLinearGradient(0,400,300,0);
        gr.addColorStop(0,'rgb(255,255,0)');
        gr.addColorStop(1,'rgb(0,255,255)');
        context.fillStyle=gr;
        context.fillRect(0,0,400,300);
        image=new Image();
        image.onload=function(){
            drawImg(context,image);
        };
        image.src="01.jpg";
    }
    function drawImg(context,image){
        create8StarClip(context);
        context.drawImage(image,-50,-150,300,300);
    }
    function create8StarClip(context){
```

```
                var n=0;
                var dx=100;
                var dy=0;
                var s=150;
                context.beginPath();
                context.translate(100,150);
                var x=Math.sin(0);
                var y=Math.cos(0);
                var dig=Math.PI/5*4;
                for(var i=0;i<8;i++){
                        var x=Math.sin(i*dig);
                        var y=Math.cos(i*dig);
                        context.lineTo(dx+x*s,dy+y*s);
                }
                context.clip();
        }
</script>
</body>
</html>
```

上面代码中，创建了三个 JavaScript 函数，其中 create8StarClip 函数完成了多边图形的创建，其中以此图形作为裁剪的依据。drawImg 函数表示绘制一个图形，其图形带有裁剪区域。draw 函数完成对画布对象的获取，并定义一个线性渐变，然后创建了一个 Image 对象。

在 IE 浏览器中浏览效果如图 7-15 所示，在显示页面上绘制一个五边形，图像作为五边形的背景显示，从而实现对图像的裁剪。

图 7-15　图像裁剪

7.6.4　案例 16——像素处理

在电脑屏幕上可以看到色彩斑斓的图像，其实这些图像都是由一个个像素点组成的。一个像素点对应着内存中的一组连续的二进制位，由于是二进制位，每个位上的取值当然只能是 0 或 1 了，所以，这组连续的二进制位就可以由 0 和 1 排列组合出很多种情况，而每一种排列组合就决定了这个像素的一种颜色。

每个像素点是由四个字节组成的。这四个字节代表的含义如下：第一个字节决定像素的红色值；第二个字节决定像素的绿色值；第三个字节决定像素的蓝色值；第四个字节决定像素的透明度值。

在画布中，可以使用 ImageData 对象来保存图像像素值，它有 width、height 和 data 三个属性，其中 data 属性就是一个连续数组，图像的所有像素值其实是保存在 data 里面的。

data 属性保存像素值的方法：

```
imageData.data[index*4 +0]
imageData.data[index*4 +1]
imageData.data[index*4 +2]
imageData.data[index*4 +3]
```

上面取出了 data 数组中连续相邻的四个值，这四个值分别代表了图像中第 index+1 个像素的红色、绿色、蓝色和透明度值的大小。需要注意的是，index 从 0 开始，图像中总共有 width × height 个像素，数组中总共保存了 width × height × 4 个数值。

画布对象有三种方法用来创建、读取和设置 ImageData 对象，如表 7-10 所示。

表 7-10　图像像素处理的方法

方　法	说　明
createImageData(width, height)	在内存中创建一个指定大小的 ImageData 对象（即像素数组），对象中的像素点都是黑色透明的，即 rgba(0, 0, 0, 0)
getImageData(x, y, width, height)	返回一个 ImageData 对象，这个 IamgeData 对象中包含了指定区域的像素数组
putImageData(data, x, y)	将 ImageData 对象绘制到屏幕的指定区域

【例 7.16】图像像素处理（实例文件：ch07\7.16.html）

```
<!DOCTYPE html>
< html>
<head>
<title>图像像素处理</title>
<script type="text/javascript" src="script.js"></script>
</head>
<body onload="draw('canvas');">
<h1>像素处理示例</h1>
<canvas id="canvas" width="400" height="300"></canvas>
<script>
    function draw(id){
        var canvas=document.getElementById(id);
        if(canvas==null){
            return false;
        }
        var context=canvas.getContext('2d');
```

```
        image=new Image();
        image.src="01.jpg";
        image.onload=function(){
            context.drawImage(image,0,0);
            var imagedata=context.getImageData(0,0,image.width,image.height);
            for(var i=0,n=imagedata.data.length;i<n;i+=4){
                imagedata.data[i+0]=255-imagedata.data[i+0];
                imagedata.data[i+1]=255-imagedata.data[i+2];
                imagedata.data[i+2]=255-imagedata.data[i+1];
            }
            context.putImageData(imagedata,0,0);
        };
    }
</script>
</body>
</html>
```

在上面的代码中，使用 getImageData 方法获取一个 ImageData 对象，并包含相关的像素数组。在 for 循环中，对像素值重新赋值，最后使用 putImageData 将处理过的图像在画布上绘制出来。

在 IE 浏览器中浏览效果如图 7-16 所示，在显示页面上显示了一个图像，图像明显经过像素处理，显示没有原来清晰。

图 7-16　像素处理

7.7 图形的保存与恢复

在画布对象上绘制图形或图像时，可以将这些图形或图像的状态进行改变，即永久保存图形或图像。

7.7.1 案例 17——保存与恢复状态

在画布对象中，有两个方法管理绘制状态的当前栈，save 方法是把当前的状态压入栈中，而 restore 则从栈顶弹出状态。绘制状态不会覆盖对画布所做的每件事情。其中 save 方法用来保存 canvas 的状态。save 之后可以调用 canvas 的平移、缩放、旋转、裁剪等操作。restore 方法用来恢复 canvas 之前保存的状态，防止 save 后对 canvas 执行的操作影响后续的绘制。save和 restore 要配对使用（restore 可以比 save 少，但不能多），如果 restore 调用次数比 save 多，会引发错误。

【例 7.17】保存与恢复图像的状态（实例文件：ch07\7.17.html）

```
<!DOCTYPE html>
<html>
<head><title>保存与恢复</title></head>
<body>
<canvas id="myCanvas" width="500" height="400" style="border:1px solid blue">
Your browser does not support the canvas element.
</canvas>
<script type="text/javascript">
var c=document.getElementById("myCanvas");
var ctx=c.getContext("2d");
ctx.fillStyle = "rgb(0,0,255)";
ctx.save();
ctx.fillRect(50,50,100,100);
ctx.fillStyle = "rgb(255,0,0)";
ctx.save();
ctx.fillRect(200,50,100,100);
ctx.restore()
ctx.fillRect(350,50,100,100);
ctx.restore();
ctx.fillRect(50, 200, 100, 100);
</script>
</body>
</html>
```

在上面的代码中，绘制了四个矩形，在绘制第一个之前，定义当前矩形的显示颜色，并将此样式压入栈中，然后创建矩形。在绘制第二个矩形之前，重新定义了矩形的显示颜色，并使用 save 将此样式压入栈中，然后创建矩形。在绘制第三个矩形之前，使用 restore 恢复当前显示颜色，即调用栈中的最上层颜色，绘制矩形。在绘制第四个矩形之前，继续使用restore 方法，调用最后一个栈中元素来定义矩形颜色。

在 IE 浏览器中浏览效果如图 7-17 所示，在显示页面上绘制了四个矩形，第一个和第四个矩形显示为蓝色，第二个和第三个矩形显示为红色。

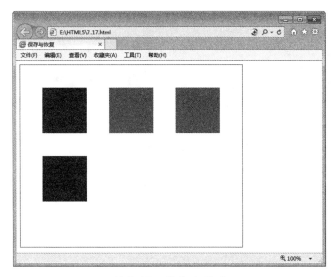

图 7-17　恢复和保存

7.7.2　案例 18——保存文件

当绘制出漂亮的图形时，有时需要保存这些劳动成果。这时可以将当前的画布元素（而不是 2D 环境）的当前状态导出到数据 URL。导出很简单，可以利用 toDataURL 方法完成，它可以不同的图片格式来调用。目前 PNG 格式才是规范定义的格式，其他浏览器还支持其他的格式。

目前 Firefox 和 Opera 浏览器只支持 PNG 格式，Safari 浏览器支持 GIF、PNG 和 JPG 格式。大多数浏览器支持读取 base64 编码内容。URL 的格式如下所示。

```
data:image/png;base64,iVBORw0KGgoAAAANSUhEUgAAAfQAAAH0CAYAAADL1t
```

它以一个 data 开始，然后是 mine 类型，之后是编码和 base64，最后是原始数据。这些原始数据就是画布元素所要导出的内容，并且浏览器能够将数据编码为真正的资源。

【例 7.18】保存图像文件（实例文件：ch07\7.18.html）

```html
<!DOCTYPE html>
<html>
<body>
<canvas id="myCanvas" width="500" height="500" style="border:1px solid blue">
Your browser does not support the canvas element.
</canvas>
<script type="text/javascript">
var c=document.getElementById("myCanvas");
var cxt=c.getContext("2d");
cxt.fillStyle='rgb(0,0,255)';
cxt.fillRect(0,0,cxt.canvas.width,cxt.canvas.height);
cxt.fillStyle="rgb(0,255,0)";
```

```
cxt.fillRect(10,20,50,50);
window.location=cxt.canvas.toDataURL(image/png);
</script>
</body>
</html>
```

在上面的代码中，使用 canvas.toDataURL 语句将当前绘制的图像保存到 URL 数据中。

在 IE 浏览器中浏览效果如图 7-18 所示，在显示页面中无任何数据显示，并且提示无法显示该页面。此时需要注意的是鼠标指向的位置，即地址栏中的 URL 数据。

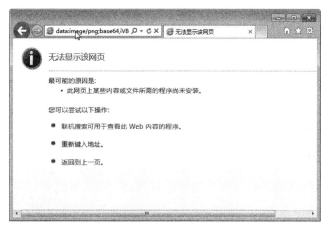

图 7-18　保存图形

7.8 综合案例1——绘制火柴棒人物

火柴棒人在漫画中是最常见的一种图形，通过简单的几个笔画，就可以绘制一个传神的动漫人物。使用 canvas 和 JavaScript 同样可以绘制一个火柴棒人物，具体步骤如下。

步骤 1 分析需求。

一个火柴棒人，由脸部和身躯两部分组成。脸部是一个圆形，其中包括眼睛和嘴；身躯由几条直线组成，包括手和腿等。实际上此案例就是绘制圆形、弧度和直线的组合。实例完成后，效果如图 7-19 所示。

图 7-19　火柴棒人

步骤 2 实现 HTML 页面，定义画布 canvas。

```
<!DOCTYPE html>
<html>
<title>绘制火柴棒人</title>
<body>
<canvas id="myCanvas" width="500" height="300" style="border:1px solid blue">
Your browser does not support the canvas element.
</canvas>
</body>
</html>
```

在浏览器 IE9.0 中浏览效果如图 7-20 所示，页面显示了一个画布边框。

图 7-20　定义画布边框

步骤 3 实现头部轮廓绘制。

```
<script type="text/javascript">
var c=document.getElementById("myCanvas");
var cxt=c.getContext("2d");
cxt.beginPath();
cxt.arc(100,50,30,0,Math.PI*2,true);
cxt.fill();
</script>
```

这样产生一个实心的、填充的头部，即圆形。在 arc 函数中，x 和 y 的坐标为（100，50），半径为 30 像素，另两个参数为弧度的开始和结束，第 6 个参数表示绘制弧形的方向，即顺时针和逆时针方向。

在 IE9.0 中浏览效果如图 7-21 所示，页面显示了实心圆，其颜色为黑色。

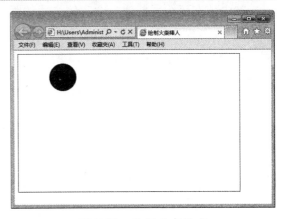

图 7-21　绘制头部轮廓

步骤 4 绘制笑脸。

```
cxt.beginPath();
cxt.strokeStyle='#c00';
cxt.lineWidth=3;
cxt.arc(100,50,20,0,Math.PI,false);
cxt.stroke();
```

此处使用 beginPath 方法，表示重新绘制，并设定线条宽度，然后绘制一个弧形，这个弧形是从嘴部开始的。

在 IE9.0 中浏览效果如图 7-22 所示，页面上显示了一个半圆式的笑脸。

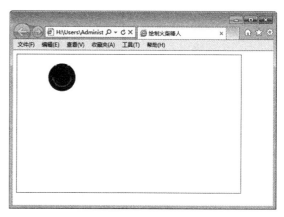

图 7-22　绘制笑脸

步骤 5 绘制眼睛。

```
cxt.beginPath();
cxt.fillStyle="#c00";
cxt.arc(90,45,3,0,Math.PI*2,true);
cxt.fill();
cxt.moveTo(113,45);
cxt.arc(110,45,3,0,Math.PI*2,true);
cxt.fill();
cxt.stroke();
```

首先填充弧线，创建一个实体样式的眼睛，用 arc 绘制左眼，然后用 moveTo 绘制右眼。在 IE9.0 中浏览效果如图 7-23 所示，页面显示了一双眼睛。

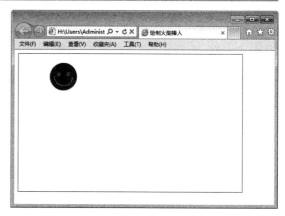

图 7-23　绘制眼睛

步骤 6 绘制身躯。

```
cxt.moveTo(100,80);
cxt.lineTo(100,150);
cxt.moveTo(100,100),
cxt.lineTo(60,120);
cxt.moveTo(100,100);
cxt.lineTo(140,120);
cxt.moveTo(100,150);
cxt.lineTo(80,190);
cxt.moveTo(100,150);
cxt.lineTo(140,190);
cxt.stroke();
```

上面代码以 moveTo 作为开始坐标，以 lineTo 为终点，绘制不同的直线，这些直线的坐标位置需要在不同地方汇集，两只手在坐标位置（100，100）处交叉，两只脚在坐标位置（100，150）处交叉。

在 IE9.0 中浏览效果如图 7-24 所示，页面显示了一个火柴棒人，相比上一个图形，多了一个身躯。

图 7-24 绘制身躯

7.9 综合案例2——绘制商标

绘制商标是 canvas 画布的用途之一，可以绘制 adidas 和 nike 商标。nike 的图标比 adidas 的图标复杂得多，adidas 都是由直线组成的，而 nike 多了曲线。本实例操作步骤如下。

步骤 1 分析需求。

要绘制两条曲线，需要找到曲线的参考点（参考点决定了曲线的曲率），这需要慢慢地移动，然后再看效果。quadraticCurveTo(30,79,99,78) 函数有两组坐标，第一组坐标为控制点，决定曲线的曲率；第二组坐标为终点。

步骤 2 构建 HTML，实现 canvas 画布。

```
<!DOCTYPE html>
<html>
<head>
<title> 绘制商标 </title>
</head>
<body>
<canvas id="nike" width="375px" height="132px" style="border:1px solid #000;">
</canvas>
</body>
</html>
```

在 IE9.0 中浏览效果如图 7-25 所示，此时只显示一个画布边框，还没有绘制内容。

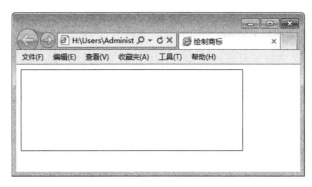

图 7-25　定义画布边框

步骤 **3**　实现基本图形。

```
<script>
function drawAdidas(){
    // 取得 convas 元素及其绘图上下文
    var canvas=document.getElementById('nike');
    var context=canvas.getContext('2d');
    // 保存当前绘图状态
    context.save();
    // 开始绘制打钩的轮廓
    context.beginPath();
    context.moveTo(53,0);
    // 绘制上半部分曲线，第一组坐标为控制点，决定曲线的曲率，第二组坐标为终点
    context.quadraticCurveTo(30,79,99,78);
    context.lineTo(371,2);
    context.lineTo(74,134);
    context.quadraticCurveTo(-55,124,53,0);
    // 用红色填充
    context.fillStyle="#da251c";
    context.fill();
    // 用 3 像素深红线条描边
    context.lineWidth=3;
```

```
    // 连接处平滑
    context.lineJoin='round';
    context.strokeStyle="#d40000";
    context.stroke();
    // 恢复原有绘图状态
    context.restore();
}
window.addEventListener("load",drawAdidas,true);
</script>
```

在 IE9.0 中浏览效果如图 7-26 所示，显示了一个商标图案，颜色为红色。

图 7-26 绘制商标

7.10 高手甜点

甜点 1：定义 canvas 的宽度和高度时，是否可以在 CSS 属性中定义？

答：在添加一个 canvas 标记的时候，会在 canvas 的属性里填写要初始化的 canvas 的高度和宽度，代码如下。

```
<canvas width="500" height="400">Not Supported!</canvas>
```

如果把高度和宽度写在了 CSS 里面，结果发现在绘图的时候坐标获取出现差异，canvas.width 和 canvas.height 分别是 300 和 150，和预期的不一样。这是因为 canvas 要求这两个属性必须和 canvas 标记一起出现。

甜点 2：画布中 stroke 和 fill 二者的区别是什么？

答：HTML5 中将图形分为两大类：第一类称作 stroke，就是轮廓、勾勒或者线条，总之，图形是由线条组成的；第二类称作 fill，就是填充区域。上下文对象中有两个绘制矩形的方法，可以让我们很好地理解这两大类图形的区别：一个是 strokeRect，另一个是 fillRect。

7.11 跟我练练手

练习 1：绘制基本形状。

练习 2：绘制渐变图形。

练习 3：绘制其他样式的图形。

练习 4：练习使用图像。

练习 5：图形的保存与恢复。

练习 6：绘制火柴棒人物。

练习 7：绘制商标。

第 8 章

获取地理位置

根据访问者访问网站的方式，有多种获取地理位置的方法，本章主要介绍如何利用 Geolocation API 来获取地理位置。

本章要点（已掌握的在方框中打钩）

☐ 掌握 Geolocation API 获取地理位置的方法
☐ 掌握目前浏览器对地理定位的支持情况
☐ 掌握在网页中调用 Google 地图的方法

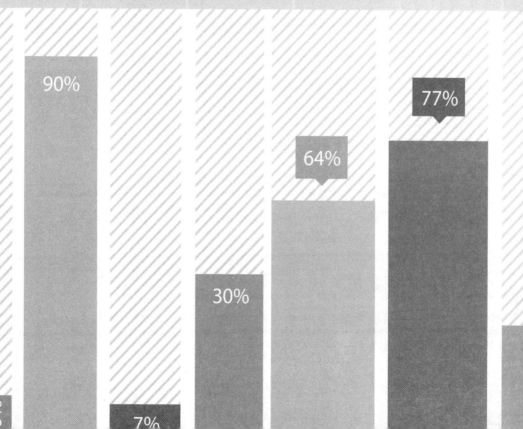

8.1 Geolocation API获取地理位置

在 HTML5 网页代码中，通过一些有用的 API，可以查找访问者当前的位置。

8.1.1 地理定位的原理

由于访问者浏览网站的方式不同，可以通过下列方式确定其位置。

（1）如果网站浏览者使用电脑上网，通过获取浏览者的 IP 地址，从而确定其具体位置。

（2）如果网站浏览者通过手机上网，通过获取浏览者的手机信号接收塔，从而确定其具体位置。

（3）如果网站浏览者的设备上具有 GPS 硬件，通过获取 GPS 发出的载波信号，可以获取其具体位置。

（4）如果网站浏览者通过无线上网，可以通过无线网络连接获取其具体位置。

> ▶ 提示　API 是应用程序的编程接口，是一些预先定义的函数，目的是提供应用程序与开发人员基于某软件或硬件的以访问一组例程的能力，而又无须访问源码，或理解内部工作机制的细节。

8.1.2 获取定位信息的方法

在了解地理定位的原理后，下面介绍获取定位信息的方法，根据访问者访问网站的方式，可以通过下列方法确定其地理位置。

☆ 利用 IP 地址定位。

☆ 利用 GPS 功能定位。

☆ 利用 wi-fi 定位。

☆ 利用 wi-fi 和 GPRS 联合定位。

☆ 利用用户自定义定位数据定位。

使用上述的哪种方法定位取决于浏览器和设备的功能，然后，浏览器确定位置并将其传输回地理位置，但需要注意的是，无法保证返回的位置是设备的实际地理位置，因为这涉及隐私问题，并不是每个人都想与您共享其位置。

8.1.3 常用地理定位方法

通过地理定位，可以确定用户的当前位置，并能获取用户地理位置的变化情况。其中，最常用的就是 API 中的 getCurrentpositong 方法。

getCurrentpositong 方法的语法格式如下。

```
void getCurrentPosition(successCallback, errorCallback, options);
```

其中，successCallback 参数是指在位置成功获取时用户想要调用的函数名称，errorCallback 参数是指在位置获取失败时用户想要调用的函数名称，options 参数指出地理定位时的属性设置。

 访问用户位置是耗时的操作，同时出于隐私问题，还要取得用户的同意。

如果地理定位成功，新的 Position 对象将调用 displayOnMap 函数，显示设备的当前位置。

那么 Positon 对象的含义是什么呢？作为地理定位的 API，Positon 对象包含位置确定时的时间戳 (timestamp) 和包含位置的坐标（coords），具体语法格式如下。

```
Interface position
{
readonly attribute Coordinates coords;
readonly attribute DOMTimeStamp timestamp;
};
```

8.1.4　案例 1——判断浏览器是否支持 HTML5 获取地理位置信息

在用户试图使用地理定位之前，应该先确保浏览器是否支持 HTML5 获取地理位置信息。具体代码如下。

```
function init()
if (navigator.geolocation) {
// 获取当前地理位置信息
navigator.geolocation.getCurrentPosition(onSuccess, onError, options);
} else {
alert(" 你的浏览器不支持 HTML5 来获取地理位置信息。");
}
```

该代码解释如下。

1.　onSuccess

该函数是获取当前位置信息成功时执行的回调函数。

在 onSuccess 回调函数中，用到了参数 position，代表一个具体的 position 对象，表示当前位置，其具有如下属性。

☆　latitude：当前地理位置的纬度。

☆　longitude：当前地理位置的经度。

☆　altitude：当前位置的海拔高度（不能获取时为 null）。

☆　accuracy：获取到的纬度和经度的精度（以米为单位）。

☆ altitudeAccurancy：获取到的海拔高度的经度（以米为单位）。

☆ heading：设备的前进方向。用面朝正北方向的顺时针旋转角度来表示（不能获取时为 null）。

☆ speed：设备的前进速度（以米 / 秒为单位，不能获取时为 null）。

☆ timestamp：获取地理位置信息时的时间。

 2. onError

该函数是获取当前位置信息失败时所执行的回调函数。

在 onError 回调函数中，用到了 error 参数，其具有如下属性。

☆ code：错误代码，有如下值。

● 用户拒绝了位置服务（属性值为 1）；

● 获取不到位置信息（属性值为 2）；

● 获取信息超时错误（属性值为 3）。

☆ message：字符串，包含了具体的错误信息。

 3. Options

options 是一些可选熟悉列表。在 options 参数中，可选属性如下。

☆ enableHighAccuracy：是否要求高精度的地理位置信息。

☆ timeout：设置超时时间（单位为毫秒）。

☆ maximumAge：对地理位置信息进行缓存的有效时间（单位为毫秒）。

8.1.5 案例 2——指定纬度和经度坐标

对于地理定位成功后，将调用 displayOnMap 函数，其代码如下。

```
function displayOnMap(position)
{
var latitude=positon.coords.latitude;
var longitude=postion.coords.longitude;
}
```

其中第一行函数从 Position 对象获取 coordinates 对象，主要由 API 传递给程序调用。第三行和第四行中定义了两个变量，latitude 和 longitude 属性存储在定义的两个变量中。

为了在地图上显示用户的具体位置，可以利用地图网站的 API。下面以百度地图为例进行讲解，则需要使用 Baidu Maps Javascript API。在使用此 API 前，需要在 HTML5 页面中添加一个引用，具体代码如下。

```
<--baidu maps API>
<script type="text/javascript"scr="http://api.map.baidu.com/api?key=*&v=1.0
```

```
&services=true">
</script>
```

其中 * 代码注册到 key。注册 key 的方法是：在 "http：//openapi.baidu.com/map/index. html" 网页中，注册百度地图 API，然后输入需要内置百度地图页面的 URL 地址，生成 API 密钥，然后将 key 文件复制保存。

虽然已经包含了 Baidu Maps Javascript，但是页面中还不能显示内置的百度地图，还需要添加 HTML。然而地图从程序转化为对象，还需要加入以下源代码。

```
<script type="text/javascript"scr="http://api.map.baidu.com/api?key=*&v=1.0
&services=true">
</script>
<div style="width:600px;height:220px;border:1px solid gary;margin-top:15px;"
id="container">
</div>
<script type="text/javascript">
var map = new BMap.Map("container");
map.centerAndZoom(new BMap.Point(***,***),17);
map.addControl(new BMap.NavigationControl());
map.addControl(new BMap.ScaleControl());
map.addControl(new BMap.OverviewMapControl());
var local = new BMap.LocalSearch(map,
{
enderOptions:{map: map}
}
);
local.search("输入搜索地址");
</script>
```

上述代码分析如下。

（1）其中前 2 行主要是把 baidu map API 程序植入源码中。

（2）第 3 行在页面中设置一个标签，包括宽度和长度，用户可以自己调整；border=1px 是定义外框的宽度为 1 像素，solid 为实线，gray 为边框显示颜色，margin-top 为该标签与上部的距离。

（3）第 7 行为地图中自己位置的坐标。

（4）第 8 到 10 行为植入地图缩放控制工具

（5）第 11 ～ 16 行为地图中自己的位置，只需在 local search 后填入自己的位置名称即可。

8.1.6 案例 3——获取当前位置的经度与纬度

获取当前位置的纬度和经度，操作步骤如下。

步骤 1 打开记事本文件，在其中输入如下代码。

```
<!DOCTYPE html>
<html>
<head>
<title>纬度和经度坐标</title>
<style>
body {background-color:#fff;}
</style>
</head>
<body>
<p id="geo_loc"><p>
<script>
function getElem(id) {
    return typeof id === 'string' ? document.getElementById(id) : id;
}

function show_it(lat, lon) {
    var str = '您当前的位置，纬度：' + lat + '，经度：' + lon;
    getElem('geo_loc').innerHTML = str;
}
if (navigator.geolocation) {
    navigator.geolocation.getCurrentPosition(function(position) {
        show_it(position.coords.latitude, position.coords.longitude);
    },
function(err) {
        getElem('geo_loc').innerHTML = err.code + "|" + err.message;
    });
} else {
    getElem('geo_loc').innerHTML = "您当前使用的浏览器不支持 Geolocation 服务";
}
</script>
</body>
</html>
```

步骤 2 使用Opera浏览器打开网页文件，由于使用 HTML 定位功能首先要由用户允许位置共享才可获取地理位置信息，所以弹出如图 8-1 所示提示框，选择"总是允许"，单击【确定】按钮。

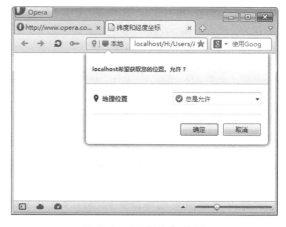

图 8-1 程序运行结果

步骤 3 弹出地理位置共享条款对话框，勾选接受条款，并单击【接受】按钮，如图 8-2 所示。

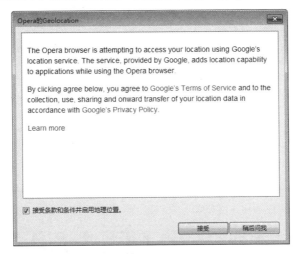

图 8-2 程序运行结果

步骤 4 在页面中显示了当前页面打开时所处的地理位置，其位置为使用者的 IP 或 GPS 定位地址，如图 8-3 所示。

图 8-3 程序运行结果

> **提示** 每次使用浏览器打开网页时都会提醒是否允许地理位置共享，为了安全，用户应当妥善使用地址共享功能。

8.2 目前浏览器对地理定位的支持情况

不同的浏览器版本对地理定位技术的支持情况是不一样的，表 8-1 是常见浏览器对地理定位的支持情况。

表 8-1　浏览器对地理定位技术的支持情况

浏览器名称	支持 Web 地理定位技术的版本
Internet Explorer	Internet Explorer 9 及更高版本
Firefox	Firefox 3.5 及更高版本
Opera	Opera 10.6 及更高版本
Safari	Safari 5 及更高版本
Chrome	Chrome 5 及更高版本
Android	Android 2.1 及更高版本

8.3 综合案例——在网页中调用Google地图

本实例介绍如何在网页中调用 Google 地图，以获取当前设备物理地址的经度与纬度。
具体操作步骤如下。

步骤 1 调用 Google Map，代码如下。

```
<!DOCTYPE html>
<head>
<title>获取当前位置并显示在 google 地图上 </title>
<script type="text/javascript" src="http:   //maps.google.com/maps/api/js?sensor=false"></script>
<script type="text/javascript">
```

步骤 2 获取当前地理位置，代码如下。

```
navigator.geolocation.getCurrentPosition(function (position) {
var coords = position.coords;
//console.log(position);
```

步骤 3 设定地图参数，代码如下。

```
var latlng = new google.maps.LatLng(coords.latitude, coords.longitude);
var myOptions = {
zoom: 14,                                      // 设定放大倍数
center: latlng,                                // 将地图中心点设定为指定的坐标点
mapTypeId: google.maps.MapTypeId.ROADMAP       // 指定地图类型
};
```

步骤 4 创建地图，并在页面中显示，代码如下。

```
var map = new google.maps.Map(document.getElementById("map"), myOptions);
```

步骤 5 在地图上创建标记，代码如下。

```
var marker = new google.maps.Marker({
position: latlng,                          // 将前面设定的坐标标注出来
map: map                                   // 将该标注设置在刚才创建的 map 中
});
```

步骤 6 创建窗体内的提示内容，代码如下。

```
var infoWindow = new google.maps.InfoWindow({
content: " 当前位置: <br/>经度: " + latlng.lat() + "<br/>纬度: " + latlng.lng()
  // 提示窗体内的提示信息
});
```

步骤 7 打开提示窗口，代码如下。

```
infoWindow.open(map, marker);
},
```

步骤 8 根据需要再编写其他相关代码，如处理错误的方法和打开地图的大小等。查看此时页面相应的 HTML 源代码如下。

```
<!DOCTYPE html>
<head>
<title> 获取当前位置并显示在 google 地图上 </title>
<script type="text/javascript" src="http://maps.google.com/maps/api/js?sensor=false">
</script>
<script type="text/javascript">
function init() {
if (navigator.geolocation) {
// 获取当前地理位置
navigator.geolocation.getCurrentPosition(function (position) {
var coords = position.coords;
//console.log(position);
// 指定一个 google 地图上的坐标点，同时指定该坐标点的横坐标和纵坐标
var latlng = new google.maps.LatLng(coords.latitude, coords.longitude);
var myOptions = {
zoom: 14,                                  // 设定放大倍数
center: latlng,                            // 将地图中心点设定为指定的坐标点
mapTypeId: google.maps.MapTypeId.ROADMAP   // 指定地图类型
};
// 创建地图，并在页面 map 中显示
```

```
var map = new google.maps.Map(document.getElementById("map"), myOptions);
// 在地图上创建标记
var marker = new google.maps.Marker({
position: latlng,                       // 将前面设定的坐标标注出来
map: map                                // 将该标注设置在刚才创建的 map 中
});
// 标注提示窗口
var infoWindow = new google.maps.InfoWindow({
content: "当前位置：<br/>经度：" + latlng.lat() + "<br/>纬度：" + latlng.lng()
// 提示窗体内的提示信息
});
// 打开提示窗口
infoWindow.open(map, marker);
},
function (error) {
// 处理错误
switch (error.code) {
case 1:
alert("位置服务被拒绝。");
break;
case 2:
alert("暂时获取不到位置信息。");
break;
case 3:
alert("获取信息超时。");
break;
default:
alert("未知错误。");
break;
}
});
} else {
alert("你的浏览器不支持 HTML5 来获取地理位置信息。");
}
}
</script>
</head>
<body onload="init()">
<div id="map" style="width: 800px; height: 600px"></div>
</body>
</html>
```

步骤 9 保存网页后，即可查看最终效果，如图 8-4 所示。

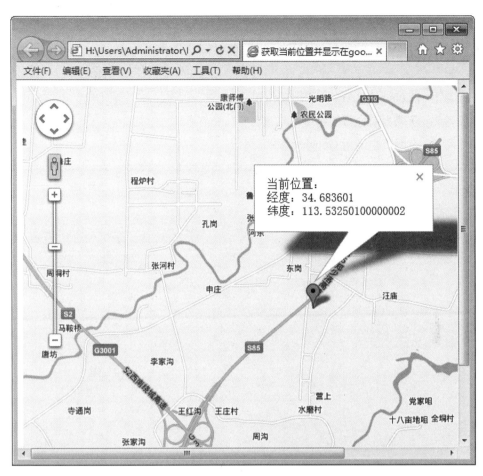

图 8-4　程序运行结果

8.4 高手甜点

甜点 1：使用 HTML5 Geolocation API 获得的用户地理位置一定精准吗？

答：不一定精准，因为该特性可能侵犯用户的隐私，除非用户同意，否则用户位置信息是不可用的。

甜点 2：地理位置 API 可以在国际空间站上使用吗？可以在月球上或者其他星球上用吗？

答：地理位置标准是这样阐述的："地理坐标参考系的属性值来自大地测量系统（World Geodetic System (2d) [WGS84]）。不支持其他参考系。"国际空间站位于地球轨道上，所以宇航员可以使用经纬度和海拔来描述其位置。但是，大地测量系统是以地球为中心的，因此也就不能使用这个系统来描述月球或者其他星球的位置了。

8.5 跟我练练手

练习 1：Geolocation API 获取地理位置。

练习 2：获取当前位置的经度与纬度。

练习 3：在网页中调用 Google 地图。

Web 通信新技术

第 9 章

本章主要学习 Web 通信新技术。其中包括跨 ● **本章要点（已掌握的在方框中打钩）**
文档消息传输的实现和 Web Sockets 实时通信技术。
通过本章的学习，可以更好地完成跨域数据的通信， □ 掌握跨文档消息的传输
以及 Web 即时通信应用的实现，如 Web QQ 等。 □ 掌握 Web Sockets API 的使用
□ 掌握编写简单 Web Socket 服务器的方法

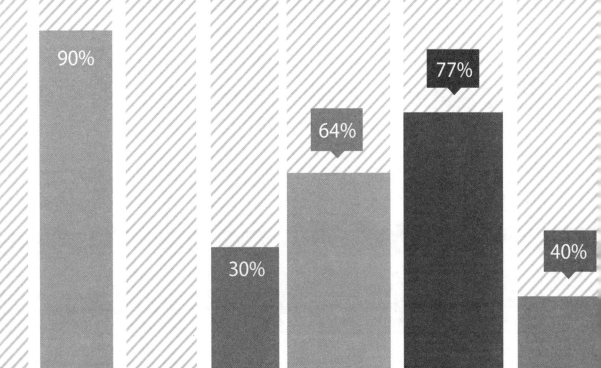

9.1 跨文档消息传输

利用跨文档消息传输功能，可以在不同域、端口或网页文档之间进行消息的传递。

9.1.1 跨文档消息传输的基本知识

利用跨文档消息传输可以实现跨域的数据推动，使服务器端不再被动地等待客户端的请求，只要客户端与服务器端建立一次连接之后，服务器端就可以在需要的时候，主动地将数据推送到客户端，直到客户端显示关闭这个连接。

HTML5 提供了在网页文档之间互相接收与发送消息的功能。使用这个功能，只要获取到网页所在页面对象的实例，不仅同域的 Web 网页之间可以互相通信，甚至可以实现跨域通信。

想要接收从其他的文档发过来的消息，就必须对文档对象的 message 时间进行监视，实现代码如下。

```
window.addEventListener("me3ssage", function(){…}, false)
```

想要发送消息，可以使用 window 对象的 postMessage 方法来实现，具体代码如下。

```
otherWindow.postMessage(message, targetOrigin)
```

> **说明** postMessage 是 HTML5 为了解决跨文档通信，特别引入的一个新的 API，目前支持这个 API 的浏览器有：IE（8.0 以上）、Firefox、Opera、Safari 和 Chrome。

postMessage 允许页面中的多个 iframe/window 的通信，postMessage 也可以实现 ajax 直接跨域，不通过服务器端代理。

9.1.2 案例 1——跨文档通信应用测试

下面来介绍一个跨文档通信的应用案例，其中主要使用 postMessage 的方法来实现该案例。具体操作方法如下。

需要创建两个文档来实现跨文档的访问，名称分别为 9.1.html 和 9.2.html。

步骤 1 打开记事本文件，在其中输入以下代码，以创建用于实现信息发送的 9.1.html 文档。

```
<!DOCTYPE HTML>
<html>
<head>
  <title>跨域文档通信1</title>
  <meta charset="utf-8"/>
</head>
```

```
<script type="text/javascript">
  window.onload = function() {
    document.getElementById('title').innerHTML = '页面在 ' + document.location.host + ' 域中,
且每过 1 秒向 9.2.html 文档发送一个消息！ ';
// 定时向另外一个不确定域的文件发送消息
setInterval(function(){
    var message = ' 消息发送测试！    ' + (new Date().getTime());
window.parent.frames[0].postMessage(message, '*');
},1000);
  };
</script>
<body>
<div id="title"></div>
</body>
</html>
```

步骤 2　保存记事本文件，然后使用浏览器打开该文件，最终的效果如图 9-1 所示。

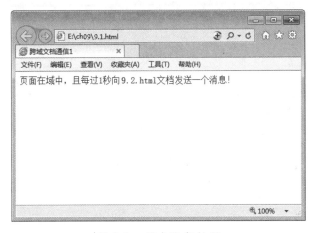

图 9-1　程序运行结果

步骤 3　打开记事本文件，在其中输入以下代码，以创建用于实现信息监听的 9.2.html 文档。

```
<!DOCTYPE HTML>
<html>
<head>
  <title>跨域文档通信 2</title>
  <meta charset="utf-8"/>
</head>

<script type="text/javascript">
  window.onload = function() {

    document.getElementById('title').innerHTML = '页面在 ' + document.location.host + ' 域中,
      且每过 1 秒向 9.1.html 文档发送一个消息！ ';
      // 定时向另外一个不同域的 iframe 发送消息
```

```
    setInterval(function(){
        var message = '消息发送测试!    ' + (new Date().getTime());
            window.parent.frames[0].postMessage(message, '*');
    },1000);

    var onmessage = function(e) {
      var data = e.data,p = document.createElement('p');
        p.innerHTML = data;
      document.getElementById('display').appendChild(p);
    };
    // 监听 postMessage 消息事件
    if (typeof window.addEventListener != 'undefined') {
      window.addEventListener('message', onmessage, false);
    } else if (typeof window.attachEvent != 'undefined') {
      window.attachEvent('onmessage', onmessage);
    }

  };

</script>

<body>
<div id="title"></div>
<br>
<div id="display"></div>
</body>
</html>
```

步骤 4 在 IE 浏览器中运行 9.2.html 文件，效果如图 9-2 所示。

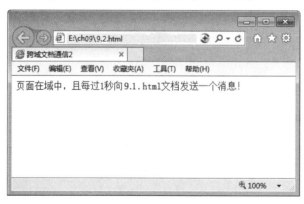

图 9-2 程序运行结果

在 9.1.html 文件中的 "window.parent.frames[0].postMessage(message, '*');" 语句中的 "*"表示不对访问的域进行判断。如果要加入特定域的限制，可以将代码改为 "window.parent.frames[0].postMessage(message, 'url');" 其中的 url 必须为完整的网站域名格式。而在信息监听接收方的 onmessage 中需要追加一个判断语句 "if(event.origin !== 'url') return;"。

> **提示**　由于在实际通信时，应当实现双向的通信，所以在编写代码时，每一个文档
> 中都应该具有发送信息和监听接收信息的模块。

9.2 Web Sockets API

HTML5 中有一个很实用的新特性——WebSockets。使用 WebSockets 可以在没 AJAX 请求的情况下与服务器端对话。

9.2.1 WebSocket API 的概念

WebSocket API 是下一代客户端 - 服务器的异步通信方法。该通信取代了单个的 TCP 套接字，使用 ws 或 wss 协议，可用于任意的客户端和服务器程序。WebSocket 目前由 W3C 进行标准化。WebSocket 已经受到 Firefox 4、Chrome 4、Opera 10.7 以及 Safari 5 等浏览器的支持。

WebSocket API 最成功之处在于服务器和客户端可以在给定的时间内的任意时刻，相互推送信息。WebSocket 并不限于以 Ajax(或 XHR) 方式通信，因为 Ajax 技术需要客户端发起请求，而 WebSocket 服务器和客户端可以彼此相互推送信息；XHR 受到域的限制，而 WebSocket 允许跨域通信。

Ajax 技术很方便的一点是没有设计要使用的方式。WebSocket 为指定目标创建，用于双向推送消息。

9.2.2 Web Sockets 通信基础

 1.　Web Sockets 的产生背景

随着即时通信系统的普及，基于 Web 的实时通信也随之得到普及，如新浪微博的评论、私信的通知、腾讯的 Web QQ 等，如图 9-3 所示。

图 9-3　腾讯 Web QQ 页面

在 Web Socket 出现之前，一般通过两种方式来实现 Web 的实时应用：轮询机制和流技术，而其中的轮询机制又可分为普通轮询和长轮询 (Coment)，分别介绍如下。

☆ 轮询：这是最早的一种实现实时 Web 应用的方案。客户端以一定的时间间隔向服务端发出请求，以频繁请求的方式来保持客户端和服务器端的同步。这种同步方案的缺点是，当客户端以固定频率向服务器发起请求时，服务器端的数据可能并没有更新，这样会带来很多无谓的网络传输，所以这是一种非常低效的实时方案。

☆ 长轮询：是对定时轮询的改进和提高，目的是降低无效的网络传输。当服务器端没有数据更新时，连接会保持一段时间周期，直到数据或状态改变或时间过期，通过这种机制来减少无效的客户端和服务器间的交互。当然，如果服务端的数据变更非常频繁，这种机制和定时轮询比较起来性能没有本质上的提高。

☆ 流：就是在客户端的页面使用一个隐藏的窗口向服务端发出一个长连接的请求。服务器端接到这个请求后做出回应并不断更新连接状态以保证客户端和服务器端的连接不过期。通过这种机制可以将服务器端的信息源源不断地推向客户端。这种机制在用户体验上有一些问题，需要针对不同的浏览器设计不同的方案来改进用户体验，同时这种机制在并发比较大的情况下，对服务器端的资源是一个极大的考验。

上述三种方式看来都不是真实的实时通信技术，只是相对地模拟出来实时的效果，这种效果的实现对于编程人员来说无疑增加了复杂性，对于客户端和服务器端的实现都需要复杂的 HTTP 链接设计来模拟双向的实时通信。这种复杂的实现方法也制约了应用系统的扩展性。

基于上述弊端，在 HTML5 中增加了实现 Web 实时应用的技术——Web Socket。Web Socket 通过浏览器提供的 API 真正实现了具备像 C/S 架构下的桌面系统的实时通信能力。其原理是使用 JavaScript 调用浏览器的 API 发出一个 WebSocket 请求至服务器，经过一次握手，和服务器建立了 TCP 通信，因为它本质上是一个 TCP 连接，所以数据传输的稳定性较强和数据传输量较小。由于 HTML5 中 WebSockets 的实用，使其具有 "Web TCP" 的称号。

 ## 2. WebSocket 技术的实现方法

WebSocket 技术本质上是一个基于 TCP 的协议技术。其建立通信链接的操作步骤如下。

步骤 1 为了建立一个 WebSocket 连接，客户端的浏览器首先要向服务器发起一个 HTTP 请求，这个请求和平常的 HTTP 请求有所差异，除了包含一般的头信息外，还有一个附加的信息 "Upgrade: WebSocket"，表明这是一个申请协议升级的 HTTP 请求。

步骤 2 服务器端解析这些附加的头信息，经过验证后，产生应答信息返回给客户端。

步骤 3 客户端接收返回的应答信息，建立与服务器端的 WebSocket 连接，之后双方就可以通过这个连接通道自由地传递信息，并且这个连接会持续存在，直到客户端或者服务器端的某一方主动地关闭连接。

WebSocket 技术目前还是属于比较前沿的技术，其版本更新较快，目前的最新版本基本上可以被 Chrome、FireFox、Opera 和 IE（9.0 以上）等浏览器支持。

在建立实时通信时，客户端发到服务器的内容如下。

```
GET /chat HTTP/1.1
Host: server.example.com
Upgrade: websocket
Connection: Upgrade
Sec-WebSocket-Key: dGhlIHNhbXBsZSBub25jZQ==
Origin: http://example.com
Sec-WebSocket-Protocol: chat, superchat8.Sec-WebSocket-Version: 13
```

从服务器返回到客户端的内容如下。

```
HTTP/1.1 101 Switching Protocols
Upgrade: websocket
Connection: Upgrade
Sec-WebSocket-Accept: s3pPLMBiTxaQ9kYGzzhZRbK+xOo=
Sec-WebSocket-Protocol: chat
```

> **◉ 说明**　其中的"Upgrade:WebSocket"表示这是一个特殊的 HTTP 请求，请求的目的就是要将客户端和服务器端的通信协议从 HTTP 协议升级到 WebSocket 协议。其中客户端的 Sec-WebSocket-Key 和服务器端的 Sec-WebSocket-Accept 就是重要的握手认证信息，实现握手后才可进一步地进行信息的发送和接收。

9.2.3　案例 2——服务器端使用 Web Sockets API

在实现 Web Sockets 实时通信时，需要使客户端和服务器端建立链接，需要配置相应的内容，一般构建链接握手时，客户端的内容浏览器都可以代替完成，主要实现的是服务器端的内容，下面来看一下 Web Sockets API 的具体使用方法。

服务器端需要编程人员自己来实现，目前市场上可直接使用的开源方法比较多，主要有以下五种。

　☆　Kaazing WebSocket Gateway：是一个 Java 实现的 WebSocket Server；

　☆　mod_pywebsocket：是一个 Python 实现的 WebSocket Server；

　☆　Netty：是一个 Java 实现的网络框架，其中包括了对 WebSocket 的支持；

　☆　node.js：是一个 Server 端的 JavaScript 框架，提供了对 WebSocket 的支持；

　☆　WebSocket4Net：是一个 .net 的服务器端实现。

除了以上开源的方法外，自己也可以编写一个简单的服务器端。其中服务器端需要实现握手、接收和发送三个内容。

下面就来详细介绍一下操作方法。

1. 握手

在实现握手时需要通过 Sec-WebSocket 信息来实现验证。使用 Sec-WebSocket-Key 和一个随机值构成一个新的 key 串，然后将新的 key 串 SHA1 编码，生成一个由多组两位 16 进制数构成的加密串；最后再把加密串进行 base64 编码，生成最终的 key，这个 key 就是 Sec-WebSocket- Accept。

实现 Sec-WebSocket-Key 运算的实例代码如下。

```
/// <summary>
/// 生成 Sec-WebSocket-Accept
/// </summary>
/// <param name="handShakeText"> 客户端握手信息 </param>
/// <returns>Sec-WebSocket-Accept</returns>
private static string GetSecKeyAccetp(byte[] handShakeBytes,int bytesLength)
{
    string handShakeText = Encoding.UTF8.GetString(handShakeBytes, 0, bytesLength);
    string key = string.Empty;
    Regex r = new Regex(@"Sec\-WebSocket\-Key:(.*?)\r\n");
    Match m = r.Match(handShakeText);
    if (m.Groups.Count != 0)
    {
key = Regex.Replace(m.Value, @"Sec\-WebSocket\-Key:(.*?)\r\n", "$1").Trim();
    }
    byte[] encryptionString = SHA1.Create().ComputeHash(Encoding.ASCII.GetBytes
    (key + "258EAFA5-E914-47DA-95CA-C5AB0DC85B11"));
    return Convert.ToBase64String(encryptionString);
}
key = Regex.Replace(m.Value, @"Sec\-WebSocket\-Key:(.*?)\r\n", "$1").Trim();
    }
    byte[] encryptionString = SHA1.Create().ComputeHash(Encoding.ASCII.GetBytes
    (key + "258EAFA5-E914-47DA-95CA-C5AB0DC85B11"));
    return Convert.ToBase64String(encryptionString);
}
```

2. 接收

如果握手成功，将会触发客户端的 onopen 事件，进而解析接收的客户端信息。在进行数据信息解析时，会将数据以字节和比特的方式拆分，并按照以下规则进行解析。

☆ 第 1byte：

● 1bit: frame-fin，x0 表示该 message 后续还有 frame；x1 表示是 message 的最后一个 frame；

● 3bit: 分别是 frame-rsv1、frame-rsv2 和 frame-rsv3，通常都是 x0；

● 4bit: frame-opcode，x0 表示是延续 frame；x1 表示文本 frame；x2 表示二进制 frame；x3-7 保留给非控制 frame；x8 表示关 闭连接；x9 表示 ping；xA 表示 pong；xB-F 保留给控制 frame 。

☆ 第 2byte
● 1bit: Mask，1 表示该 frame 包含掩码；0，表示无掩码；
● 7bit、7bit+2byte、7bit+8byte: 7bit 取整数值，若在 0 ～ 145 之间，则是负载数据长度；若是 146，表示后两个 byte 取无符号 16 位整数值，是负载长度；147 表示后 8 个 byte，取 64 位无符号整数值，是负载长度 。

☆ 第 3 ～ 6byte：这里假定负载长度在 0 ～ 145 之间，并且 Mask 为 1，则这 4 个 byte 是掩码。

☆ 第 7 ～ end byte：长度是上面取出的负载长度，包括扩展数据和应用数据两部分，通常没有扩展数据；若 Mask 为 1，则此数据需要解码，解码规则为 1 ～ 4byte 掩码循环和数据 byte 做异或操作。

实现数据解析的代码如下。

```
/// <summary>
/// 解析客户端数据包
/// </summary>
/// <param name="recBytes">服务器接收的数据包</param>
/// <param name="recByteLength">有效数据长度</param>
/// <returns></returns>
private static string AnalyticData(byte[] recBytes, int recByteLength)
{
    if (recByteLength < 2) { return string.Empty; }
    bool fin = (recBytes[0] & 0x80) == 0x80;              // 1bit，1 表示最后一帧
    if (!fin){
return string.Empty;                                      // 超过一帧暂不处理
    }
    bool mask_flag = (recBytes[1] & 0x80) == 0x80;        // 是否包含掩码
    if (!mask_flag){
return string.Empty;                                      // 不包含掩码的暂不处理
    }
    int payload_len = recBytes[1] & 0x7F;                 // 数据长度
    byte[] masks = new byte[4];
    byte[] payload_data;
    if (payload_len == 146){
Array.Copy(recBytes, 4, masks, 0, 4);
payload_len = (UInt16)(recBytes[2] << 8 | recBytes[3]);
payload_data = new byte[payload_len];
Array.Copy(recBytes, 8, payload_data, 0, payload_len);
    }else if (payload_len == 147){
Array.Copy(recBytes, 10, masks, 0, 4);
byte[] uInt64Bytes = new byte[8];
```

```
for (int i = 0; i < 8; i++){
    uInt64Bytes[i] = recBytes[9 - i];
}
UInt64 len = BitConverter.ToUInt64(uInt64Bytes, 0);
payload_data = new byte[len];
for (UInt64 i = 0; i < len; i++){
    payload_data[i] = recBytes[i + 14];
}
    }else{
Array.Copy(recBytes, 2, masks, 0, 4);
payload_data = new byte[payload_len];
Array.Copy(recBytes, 6, payload_data, 0, payload_len);
    }
    for (var i = 0; i < payload_len; i++){
payload_data[i] = (byte)(payload_data[i] ^ masks[i % 4]);
    }
    return Encoding.UTF8.GetString(payload_data);56.}
```

3. 发送数据

服务器端接收并解析了客户端发来的信息后，要返回回应信息，服务器端发送的数据以 0x81 开头，紧接发送内容的长度，最后是内容的 byte 数组。

实现数据发送的代码如下。

```
/// <summary>
/// 打包服务器数据
/// </summary>
/// <param name="message">数据</param>
/// <returns>数据包</returns>
private static byte[] PackData(string message)
{
    byte[] contentBytes = null;
    byte[] temp = Encoding.UTF8.GetBytes(message);
    if (temp.Length < 146){
contentBytes = new byte[temp.Length + 2];
contentBytes[0] = 0x81;
contentBytes[1] = (byte)temp.Length;
Array.Copy(temp, 0, contentBytes, 2, temp.Length);
    }else if (temp.Length < 0xFFFF){
contentBytes = new byte[temp.Length + 4];
contentBytes[0] = 0x81;
contentBytes[1] = 146;
contentBytes[2] = (byte)(temp.Length & 0xFF);
contentBytes[3] = (byte)(temp.Length >> 8 & 0xFF);
Array.Copy(temp, 0, contentBytes, 4, temp.Length);
    }else{
```

```
// 暂不处理超长内容
    }
    return contentBytes;
}
```

9.2.4　案例 3——客户端使用 Web Sockets API

一般浏览器提供的 API 就可以用来实现客户端的握手操作了，在应用时直接使用 javascript 来调用即可。

客户端调用浏览器 API，实现握手操作的 JavaScript 代码如下。

```
var wsServer = 'ws://localhost:8888/Demo';      // 服务器地址
var websocket = new WebSocket(wsServer);         // 创建 WebSocket 对象
websocket.send("hello");                         // 向服务器发送消息
alert(websocket.readyState);                     // 查看 websocket 当前状态
websocket.onopen = function (evt) {              // 已经建立连接
};
websocket.onclose = function (evt) {             // 已经关闭连接
};
websocket.onmessage = function (evt) {           // 收到服务器消息，使用 evt.data 提取
};
websocket.onerror = function (evt) {             // 产生异常
};
```

9.3　综合案例——编写简单的Web Socket 服务器

在 9.2 节中介绍了 Web Socket API 的原理及基本使用方法，提到在实现通信时关键要配置的是 Web Socket 服务器，下面就来介绍一下简单的 Web Socket 服务器编写方法。

为了实现操作，这里配合编写一个客户端文件，以测试服务器的实现效果。

步骤 1　首先编写客户端文件，其文件代码如下。

```
<html>
<head>
<meta charset="UTF-8">
    <title>Web sockets test</title>
    <script src="jquery-min.js" type="text/javascript"></script>
    <script type="text/javascript">
        var ws;
        function ToggleConnectionClicked() {
```

```
            try {
            ws = new WebSocket("ws://192.168.1.101:1818/chat");// 连接服务器
ws.onopen = function(event){alert(" 已经与服务器建立了连接 \r\n 当前连接状态: "+this.
readyState);};
ws.onmessage = function(event){alert(" 接收到服务器发送的数据: \r\n"+event.data);};
ws.onclose = function(event){alert(" 已经与服务器断开连接 \r\n 当前连接状态: "+this.
readyState);};
ws.onerror = function(event){alert("WebSocket 异常! ");};
                } catch (ex) {
            alert(ex.message);
}
        };
        function SendData() {
try{
ws.send("jane");
}catch(ex){
alert(ex.message);
}
        };
function seestate(){
alert(ws.readyState);
}
    </script>
</head>
<body>
  <button id='ToggleConnection' type="button" onclick='ToggleConnectionClicked();'>
与服务器建立连接 </button><br /><br />
    <button id='ToggleConnection' type="button" onclick='SendData();'>发送信息
我的名字是 jane</button><br /><br />
    <button id='ToggleConnection' type="button" onclick='seestate();'>查看当前状态
</button><br /><br />
</body>
</html>
```

效果如图 9-4 所示。

图 9-4　程序运行结果

> **提示**　其中 ws.onopen、ws.onmessage、ws.onclose 和 ws.onerror 对应了四种状态的提示信息。在连接服务器时，需要在代码中指定服务器的链接地址，测试时将 IP 地址改为本机 IP 即可。

步骤 2　服务器程序可以使用 .net 等实现编辑，编辑后服务器端的主程序代码如下。

```csharp
using System;
using System.Net;
using System.Net.Sockets;
using System.Security.Cryptography;
using System.Text;
using System.Text.RegularExpressions;
namespace WebSocket
{
    class Program
    {
        static void Main(string[] args)
        {
            int port = 2828;
            byte[] buffer = new byte[1024];
            IPEndPoint localEP = new IPEndPoint(IPAddress.Any, port);
            Socket listener = new Socket(localEP.Address.AddressFamily,
            SocketType.Stream, ProtocolType.Tcp);
            try{
                listener.Bind(localEP);
                listener.Listen(10);
                Console.WriteLine("等待客户端连接....");
                Socket sc = listener.Accept();                // 接收一个连接
                Console.WriteLine("接收到了客户端: "+sc.RemoteEndPoint.ToString()
                +"连接....");
                // 握手
                int length = sc.Receive(buffer);              // 接收客户端握手信息
                sc.Send(PackHandShakeData(GetSecKeyAccetp(buffer,length)));
                Console.WriteLine("已经发送握手协议了....");
                // 接收客户端数据
                Console.WriteLine("等待客户端数据....");
                length = sc.Receive(buffer);                  // 接收客户端信息
                string clientMsg=AnalyticData(buffer, length);
                Console.WriteLine("接收到客户端数据: " + clientMsg);
                // 发送数据
                string sendMsg = "您好, " + clientMsg;
                Console.WriteLine("发送数据: """+sendMsg+"" 至客户端....");
                sc.Send(PackData(sendMsg));
                Console.WriteLine("演示 Over!");
            }
            catch (Exception e)
```

```
        {
            Console.WriteLine(e.ToString());
        }
    }
    ...
    ...
    ...
    /// <summary>
    /// 打包服务器数据
    /// </summary>
    /// <param name="message">数据</param>
    /// <returns>数据包</returns>
    private static byte[] PackData(string message)
    {
        byte[] contentBytes = null;
        byte[] temp = Encoding.UTF8.GetBytes(message);
        if (temp.Length < 146){
            contentBytes = new byte[temp.Length + 2];
            contentBytes[0] = 0x81;
            contentBytes[1] = (byte)temp.Length;
            Array.Copy(temp, 0, contentBytes, 2, temp.Length);
        }else if (temp.Length < 0xFFFF){
            contentBytes = new byte[temp.Length + 4];
            contentBytes[0] = 0x81;
            contentBytes[1] = 146;
            contentBytes[2] = (byte)(temp.Length & 0xFF);
            contentBytes[3] = (byte)(temp.Length >> 8 & 0xFF);
            Array.Copy(temp, 0, contentBytes, 4, temp.Length);
        }else{
            // 暂不处理超长内容
        }
        return contentBytes;
    }
}
```

中间部分内容省略，编辑后保存服务器文件目录。

步骤 3 测试服务器和客户端的链接通信，首先打开服务器，运行随书光盘 "ch09\9.3\WebSocket-Server\WebSocket\obj\x86\Debug\WebSocket.exe" 文件，提示等待客户端链接，效果如图 9-5 所示。

图 9-5 程序运行结果

步骤 **4** 运行客户端文件（ch09\9.3\WebSocket-Client\index.html），效果如图 9-6 所示。

图 9-6　程序运行结果

步骤 **5** 单击【与服务器建立连接】按钮，服务器端显示已经建立链接，客户端提示连接建立，且状态为 1。效果如图 9-7 所示。

图 9-7　程序运行结果

步骤 **6** 单击【发送消息】按钮，自服务器端返回信息，提示"您好，jane"，效果如图 9-8 所示。

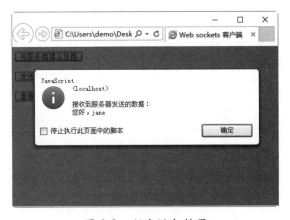

图 9-8　程序运行结果

9.4 高手甜点

甜点 1：WebSockets 将会替代什么？

答：WebSockets 可以替代 Long Polling(PHP 服务端推送技术)。客户端发送一个请求到服务器，现在，服务器端并不会响应还没有准备好的数据，它会保持连接的打开状态直到最新的数据准备就绪发送，之后客户端收到数据，然后发送另一个请求。优点在于减少任一连接的延迟，当一个连接已经打开时就不需要创建另一个新的连接。但 Long-Polling 并不是什么花哨技术，它仍有可能发生请求暂停，因此会需要建立新的连接。

甜点 2：WebSocket 的优势在哪里？

答：它可以实现真正的实时数据通信。众所周知，B/S 模式下应用的是 HTTP 协议，是无状态的，所以不能保持持续的链接。数据交换是通过客户端提交一个 Request 到服务器端，然后服务器端返回一个 Response 到客户端来实现的。而 WebSocket 是通过 HTTP 协议的初始握手阶段然后升级到 Web Socket 协议以支持实时数据通信的。

WebSocket 可以支持服务器主动向客户端推送数据。一旦服务器和客户端通过 WebSocket 建立起链接，服务器便可以主动地向客户端推送数据，而不像普通的 Web 传输方式需要先由客户端发送 Request 才能返回数据，从而增强了服务器的推送能力。

WebSocket 协议设计了轻量级的 Header，除了首次建立链接时需要发送头部和普通 Web 链接类似的数据之外，当建立 WebSocket 链接后，相互沟通的 Header 就会异常简洁，大大减少了冗余的数据传输。

WebSocket 提供了更为强大的通信能力和更为简洁的数据传输平台，能更为方便地完成 Web 开发中的双向通信功能。

9.5 跟我练练手

练习 1：测试跨文档消息传输。

练习 2：编写简单的 Web Socket 服务器。

第10章

构建离线的 Web 应用

网页离线应用程序是实现离线 Web 应用的重要技术，目前已有的离线 Web 应用程序很多。通过本章的学习，读者能够掌握 HTML5 离线应用程序的基础知识，了解离线应用程序的实现方法。

● **本章要点（已掌握的在方框中打钩）**

☐ 了解 HTML5 离线 Web 的应用概述

☐ 掌握使用 HTML5 离线 Web 应用 API 的方法

☐ 掌握使用 HTML5 离线 Web 应用构建应用的方法

☐ 掌握离线定位跟踪的方法

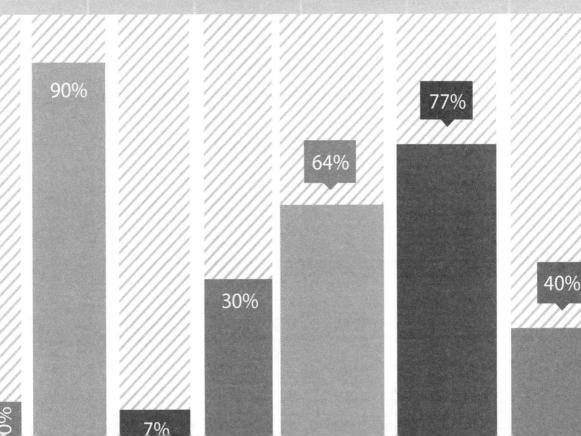

10.1 HTML5 离线 Web 应用概述

在 HTML5 中，新增了本地缓存，也就是 HTML 离线 Web 应用，主要是通过应用程序缓存整个离线网站的 HTML、CSS、Javascript、图像和资源。当服务器没有和互联网建立连接的时候，也可以利用本地缓存中的资源文件来正常运行 Web 应用程序。

如果网站发生了变化，应用程序缓存将重新加载变化的数据文件。

浏览器网页缓存与本地缓存的主要区别如下。

（1）浏览器网页缓存主要是为了加快网页加载的速度，所以会对每一个打开的网页都进行缓存操作，而本地缓存是为整个 Web 应用程序服务的，只缓存那些指定缓存的网页。

（2）在网络连接的情况下，浏览器网页缓存一个页面的所有文件，但是一旦离线，用户单击链接时，将会得到一个错误消息。而本地缓存在离线时，仍然可以正常访问。

（3）对于网页浏览者而言，浏览器网页缓存了哪些内容和资源，这些内容是否安全可靠等都不知道；而本地缓存的页面是编程人员指定的内容，所以在安全方面相对可靠许多。

10.2 使用 HTML5 离线 Web 应用 API

离线 Web 应用较为普遍，下面来详细介绍离线 Web 应用的构成与实现方法。

10.2.1 案例 1——检查浏览器的支持情况

不同的浏览器版本对 Web 离线应用技术的支持情况是不同的，如表 10-1 所示是常见浏览器对 Web 离线应用的支持情况。

表 10-1　浏览器对 Web 离线应用的支持情况

浏览器名称	支持 Web 离线应用技术的版本情况
Internet Explorer	Internet Explorer 9 及更低版本目前尚不支持
Firefox	Firefox 3.5 及更高版本
Opera	Opera 10.6 及更高版本
Safari	Safari 4 及更高版本
Chrome	Chrome 5 及更高版本
Android	Android 2.0 及更高版本

使用离线 Web 应用 API 前最好先检查浏览器是否支持，检查浏览器是否支持的代码如下。

```
if(windows.applicationcache){
// 浏览器支持离线应用 }
```

10.2.2 案例 2——搭建简单的离线应用程序

为了使一个包含 HTML 文档、CSS 样式表和 javascript 脚本文件的单页面应用程序支持离线应用，需要在 HTML5 元素中加入 manifest 特性。具体实现代码如下。

```
<!doctype html>
<html manifest="123.manifest">
</html>
```

执行以上代码可以提供一个存储的缓存空间，但是还不能完成离线应用程序的使用，还需要指明哪些资源可以享用这些缓存空间，即需要提供一个缓冲清单文件。具体实现代码如下。

```
CHCHE MANIFEST
index.html
123.js
123.css
123.gif
```

以上代码中指明了四种类型的资源对象文件构成缓冲清单。

10.2.3 案例 3——支持离线行为

要支持离线行为，首先要能判断网络连接状态，在 HTML5 中引入了一些判断应用程序网络连接是否正常的新的事件。相应地，应用程序的在线状态和离线状态会有不同的行为模式。

用于实现在线状态监测的是 window.navigator 对象的属性。其中 navigator.online 属性是一个标明浏览器是否处于在线状态的布尔属性，当 online 值为 true 时，并不能保证 Web 应用程序在用户的机器上一定能访问相应的服务器；而当其值为 false 时，不管浏览器是否真正联网，应用程序都不会尝试进行网络连接。

监测页面状态是在线还是离线具体代码如下。

```
// 页面加载的时候，设置状态为 online 或 offline
Function loaddemo(){
  If (navigator.online) {
    Log("online");
} else {
```

```
  Log("offline");
}
}
// 添加事件监听器，在线状态发生变化时，触发相应动作
Window.addeventlistener("online",function€{
}, true);

Window.addeventlistener("offline",function(e) {
  Log("offline");
},true);
```

> 💡 **提示**　上述代码可以在 Internet Explorer 浏览器中使用。

10.2.4　案例 4——manifest 文件

客户端的浏览器是如何知道应该缓存哪些文件呢？这就需要依靠 manifest 文件来管理。manifest 文件是一个简单文本文件，在该文件中以清单的形式列举了需要被缓存或不需要被缓存的资源文件的名称以及这些资源文件的访问路径。

manifest 文件把指定的资源文件类型分为 3 类，分别是"CACHE""NETWORK"和"FALLBACK"，含义分别如下。

（1）CACHE：该类别指定需要被缓存在本地的资源文件。这里需要特别注意的是，如果为某个页面指定需要本地缓存的资源文件时，不需要把这个页面本身指定在 CACHE 类型中，因为如果一个页面具有 manifest 文件，浏览器会自动对这个页面进行本地缓存。

（2）NETWORK：该类别为不进行本地缓存的资源文件，这些资源文件只有当客户端与服务器端建立连接时才能访问。

（3）FALLBACK：该类别中指定两个资源文件，其中一个资源文件为能够在线访问时使用的资源文件，另一个资源文件为不能在线访问时使用的备用资源文件。

下面是一个简单的 manifest 文件的内容。

```
CACHE MANIFEST
# 文件的开头必须是 CACHE MANIFEST
CACHE:
10.1.html
myphoto.jpg
10.php
NETWORK:
http://www.baidu.com/xxx
feifei.php
FALLBACK:
online.js locale.js
```

上述代码含义分析如下。

（1）指定资源文件，文件路径可以是相对路径，也可以是绝对路径。指定时每个资源文件为独立的一行。

（2）第一行必须是 CACHE MANIFEST，此行的作用告诉浏览器需要对本地缓存中的资源文件进行具体设置。

（3）每一个类型都必须出现，而且同一个类别可以重复出现。如果文件开头没有指定类别而直接书写资源文件的时候，浏览器把这些资源文件视为 CACHE 类别。

（4）在 manifest 文件中，注释行以"#"开始，主要用于一些必要的说明或解释。

为单个网页添加 manifest 文件时，需要在 Web 应用程序页面上的 HTML 元素的 manifest 属性中指定 manifest 文件的 URL 地址。具体代码如下。

```
<html manifest="123.manifest">
</html>
```

添加上述代码后，浏览器就能够正常地阅读该文本文件了。

> **提示**　用户可以为每一个页面单独指定一个 mainifest 文件，也可以对整个 Web 应用程序指定一个总的 manifest 文件。

上述操作完成后，即可实现资源文件缓存到本地。当对本地缓存区的内容进行修改时，只需修改 manifest 文件。文件被修改后，浏览器可以自动检查 manifest 文件，并自动更新本地缓存区中的内容。

10.2.5　案例 5——Application Cache API

传统的 Web 程序中浏览器也会对资源文件进行 cache，但是并不是很可靠，有时起不到预期的效果。而 HTML5 中的 Application Cache 支持离线资源的访问，为离线 Web 应用的开发提供了可能。

使用 Application Cache API 的好处有以下几点。

（1）用户可以在离线时继续使用。

（2）缓存到本地，节省带宽，加速用户体验的反馈。

（3）减轻服务器的负载。

Application Cache API 是一个操作应用缓存的接口，是 windows 对象的直接子对象 window.applicationcache。window.applicationcache 对象可触发一系列与缓存状态相关的事件。具体事件如表 10-2 所示。

表 10-2   window.applicationcache 对象事件

事　件	接　口	触发条件	后续事件
checking	Event	用户代理检查更新或在第一次尝试下载 manifest 文件的时候，本事件往往是事件队列中第一个被触发的	noupdate, downloading, obsolete, error
noupdate	Event	检测出 manifest 文件没有更新	无
downloading	Event	用户代理发现更新并且正在获取资源，或者第一次下载 manifest 文件列表中列举的资源	progress, error, cached, updateready
progress	ProgressEvent	用户代理正在下载 manifest 文件中的需要缓存的资源	progress, error, cached, updateready
cached	Event	manifest 中列举的资源已经下载完成，并且已经缓存	无
updateready	Event	manifest 中列举的文件已经重新下载并更新成功，接下来 JS 可以使用 swapCache() 方法更新到应用程序中	无
obsolete	Event	manifest 的请求出现 404 或者 410 错误，应用程序缓存被取消	无

此外，没有可用更新或者发生错误时，还有一些表示更新状态的事件：

```
Onerror
Onnoupdate
onprogress
```

该对象有一个数值型属性 window.applicationcache.status，代表了缓存的状态。缓存状态共有 6 种，如表 10-3 所示。

表 10-3   缓存的状态

数值型属性	缓存状态	含　义
0	UNCACHED	未缓存
1	IDLE	空闲
2	CHECKING	检查中
3	DOWNLOADING	下载中
4	UPDATEREADY	更新就绪
5	OBSOLETE	过期

window.applicationcache 有三个方法，如表 10-4 所示。

表 10-4   window.applicationcache 方法说明

方　法　名	描　述
update()	发起应用程序缓存下载进程

（续表）

方 法 名	描 述
abort()	取消正在进行的缓存下载
swapcache()	切换成本地最新的缓存环境

提示 调用 update() 方法会请求浏览器更新缓存。包括检查新版本的 manifest 文件并下载必要的新资源。如果没有缓存或者缓存已过期，则会抛出错误。

10.3 实例2——使用HTML5离线Web 应用构建应用

下面结合上述内容的学习来构建一个离线 Web 应用程序，具体内容如下。

10.3.1 案例 6——创建记录资源的 manifest 文件

首先要创建一个缓冲清单文件 123.manifest，文件中列出了应用程序需要缓存的资源。具体代码如下。

```
CACHE MANIFEST
# javascript
./offline.js
#./123.js
./log.js

#stylesheets
./CSS.css

#images
```

10.3.2 案例 7——创建构成界面的 HTML 和 CSS

下面来实现网页结构，其中需要指明程序中用到的 javascript 文件和 css 文件，并且还要调用 manifest 文件。具体代码如下。

```
<!DOCTYPE html >
<html lang="en" manifest="123.manifest">
<head>
<title>创建构成界面的 HTML 和 CSS</title>
```

```
<script src="log.js"></script>
<script src="offline.js"></script>
<script src="123.js"></script>
<link rel="stylesheet" href="CSS.css" />
</head>

<body>
    <header>
    <h1>Web 离线应用</h1>
  </header>
  <section>
    <article>
     <button id="installbutton">check for updates</button>
     <h3>log</h3>
     <div id="info">
     </div>
     </article>
  </section>
</body>
</html>
```

> ▶ **注意** 　上述代码中有两点需要注意：其一，因为使用了 manifest 特性，所以 HTML
> 元素不能省略（为了使代码简洁，HTML5 中允许省略不必要的 HTML 元素）。其
> 二，代码中引入了按钮，其功能是允许用户手动安装 Web 应用程序，以支持离线
> 情况。

10.3.3　案例 8——创建离线的 JavaScript

在网页设计中经常会用到 javascript 文件，该文件通过 <script> 标签引入网页。在执行离线 Web 应用时，这些 javascript 文件也会一并被存储到缓存中。

```
<offline.js>
/*
 *记录 window.applicationcache 触发的每一个事件
 */

window.applicationcache.onchecking =
function(e) {
    log("checking for application update");
  }
window.applicationcache.onupdateready =
function(e) {
    log("application update ready");
  }
```

```
window.applicationcache.onobsolete =
function(e) {
    log("application obsolete");
  }
window.applicationcache.onnoupdate =
function(e) {
    log("no application update found");
  }
window.applicationcache.oncached =
function(e) {
    log("application cached");
  }
window.applicationcache.ondownloading =
function(e) {
    log("downloading application update");
  }
window.applicationcache.onerror =
function(e) {
    log("online");
  }, true);
/*
 * 将 applicationcache 状态代码转换成消息
 */
 showcachestatus = function(n) {
    statusmessages = ["uncached","idle","checking","downloading","update ready","
obsolete"];
    return statusmessages[n];
}
install = function(){
    log("checking for updates");
    try {
      window.applicationcache.update();
    } catch (e) {
      applicationcache.onerror();
    }
  }
onload = function(e) {
     // 检测所需功能的浏览器支持情况
    if(!window.applicationcache) {
      log("html5 offline applications are not supported in your browser.");
      return;
    }
    if(!window.localstorage) {
      log("html5 local storage not supported in your browser.");
      return;
    }
    if(!navigator.geolocation) {
```

```
        log("html5 geolocation is not supported in your browser.");
         return;
      }
     log("initial cache status: " + showcachestatus(window.applicationcache.status));
     document.getelementbyid("installbutton").onclick = checkfor;
}
<log.js>
log = function() {
     var p = document.createelement("p");
     var message = array.prototype.join.call(arguments," ");
   p.innerhtml = message
   document.getelementbyid("info").appendchild(p);
}
```

10.3.4 案例 9——检查 applicationCache 的支持情况

applicationCache 对象并非所有浏览器都支持，所以在编辑时需要加入浏览器支持性检测功能，并提醒浏览者页面无法访问是浏览器兼容问题。具体代码如下。

```
onload = function(e) {
  // 检测所需功能的浏览器支持情况
  if (!window.applicationcache) {
      log(" 您的浏览器不支持 HTML5 Offline Applications ");
    return;
  }
  if (!window.localStorage) {
      log(" 您的浏览器不支持 HTML5 Local Storage ");
    return;
  }
if (!window.WebSocket) {
      log(" 您的浏览器不支持 HTML5 WebSocket ");
    return;
  }
if (!navigator.geolocation) {
      log(" 您的浏览器不支持 HTML5 Geolocation ");
    return;
  }
  log("lnitial cache status:" + showCachestatus(window.applicationcache.status));
 document.getelementbyld("installbutton").onclick = install;
}
```

10.3.5 案例 10——为 Update 按钮添加处理函数

下面来设置 Update 按钮的行为函数，该函数功能为执行更新应用缓存，具体代码如下。

```
Install = function() {
    Log("checking for updates");
    Try {
            Window.applicationcache.update();
    } catch (e) {
            Applicationcache.onerror():
    }
}
```

> **说明**　单击按钮后将检查缓存区，并更新需要更新的缓存资源。当所有可用更新都
> 下载完毕之后，将向用户界面返回一条应用程序安装成功的提示信息，然后用户就可
> 以在离线模式下运行了。

10.3.6　案例 11——添加 Storage 功能代码

当应用程序处于离线状态时，需要将数据更新写入本地存储，本实例使用 Storage 实现该功能，因为当上传请求失败后可以通过 Storage 得到恢复。如果应用程序遇到某种原因导致网络错误，或者应用程序被关闭的时候，数据会被存储以便下次再进行传输。

实现 Storage 功能的具体代码如下。

```
Var storelocation =function(latitude, longitude){
//加载 localstorage 的位置列表
Var locations = json.pares(localstorage.locations || "[]");
//添加地理位置数据
Locations.push({"latitude" : latitude, "longitude" : longitude});
//保存新的位置列表
Localstorage。Locations = json.stringify(locations);
```

由于 localstorage 可以将数据存储在本地浏览器中，特别适用于具有离线功能的应用程序，所以本实例中使用了它来保存坐标。本地存储中的缓存数据在网络连接恢复正常后，应用程序会自动与远程服务器进行数据同步。

10.3.7　案例 12——添加离线事件处理程序

对于离线 Web 应用程序，在使用时要结合当前状态执行特定的事件处理程序，本实例中的离线事件处理程序设计如下。

（1）如果应用程序在线，事件处理函数会存储并上传当前坐标。

（2）如果应用程序离线，事件处理函数只存储不上传。

（3）当应用程序重新连接到网络后，事件处理函数会在 UI 上显示在线状态，并在后台上传之前存储的所有数据。

具体实现代码如下。

```
Window.addeventlistener("online", function(e){
  Log("online");
}, true);
Window.addeventlistener("offline", function(e) {
  Log("offline");
}, true);
```

网络连接状态在应用程序没有真正运行的时候可能会发生改变。例如，用户关闭了浏览器，刷新页面或跳转到了其他网站。为了应对这些情况，离线应用程序在每次页面加载时都会检查与服务器的连接状况。如果连接正常，会尝试与远程服务器同步数据。

```
If(navigator.online){
  Uploadlocations();
}
```

在 IE 浏览器中浏览效果如图 10-1 所示。

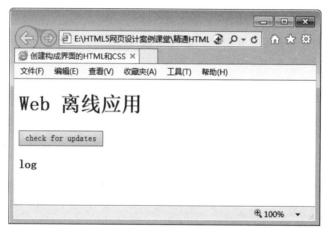

图 10-1　程序运行结果

10.4　高手甜点

甜点 1：不同的浏览器可以读取同一个 Web 中存储的数据吗？

答：在 Web 存储时，不同的浏览器将存储在不同的 Web 存储库中。例如，如果用户使用的是 IE 浏览器，那么 Web 存储工作时，将所有数据存储在 IE 的 Web 存储库中，如果用户再使用火狐浏览器访问该站点，将不能读取 IE 浏览器存储的数据，可见每个浏览器的存储是分开并独立工作的。

甜点 2：离线存储站点时是否需要浏览者同意？

答：和地理定位类似，在网站使用 manifest 文件时，浏览器会提供一个权限提示，提示用户是否将离线设为可用，但不是每一个浏览器都支持这样的操作。

10.5 跟我练练手

练习 1：使用 HTML5 离线 Web 应用 API。

练习 2：使用 HTML5 离线 Web 应用构建应用。

练习 3：使用 HTML5 的离线定位跟踪技术。

第 **2** 篇

CSS3 美化网页

CSS3 概述与基本语法

第 11 章

一个美观、大方、简约的页面以及高访问量的网站，是网页设计者所追求的。然而，仅通过HTML5 实现是非常困难的，HTML 语言仅仅定义了网页结构，对于文本样式而没有过多涉及，这就需要一种技术对页面布局、字体、颜色、背景和其他图文效果的实现提供更加精确的控制，这种技术就是 CSS3。

● **本章要点（已掌握的在方框中打钩）**

☐ 了解什么是 CSS3

☐ 掌握编辑和浏览 CSS3 的方法

☐ 掌握在 HTML5 中使用 CSS3 的方法

☐ 掌握使用 CSS3 标签选择器的方法

☐ 掌握选择器声明的方法

☐ 掌握制作炫彩网站 Logo 的方法

☐ 掌握制作学生信息统计表的方法

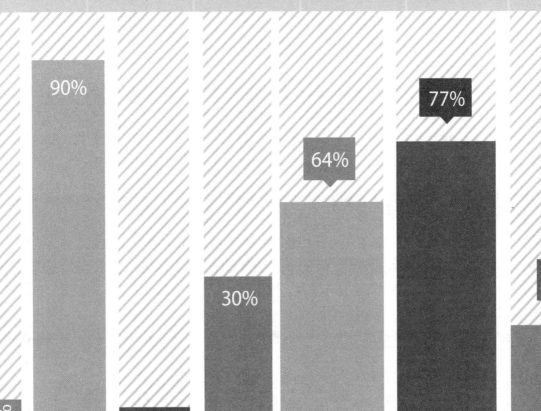

11.1 CSS3 概述

CSS3 最大优势是在后期维护中，如果一些外观样式需要修改，只需要修改相应的代码即可。

11.1.1 CSS3 功能

随着互联网的快捷发展，对页面效果诉求越来越强烈，只依赖 HTML 这种结构化标记实现样式，已经不能满足网页设计者的需要了，其表现有以下几个方面。

（1）维护困难，为了修改某个特殊标记格式，需要花费很多时间，尤其对整个网站而言，后期修改和维护成本更高。

（2）标记不足，HTML 本身标记就十分少，很多标记都是为网页内容服务，而关于内容样式标记，例如文字间距、段落缩进很难在 HTML 中找到。

（3）网页过于臃肿，由于没有同意对各种风格样式进行控制，HTML 页面往往体积过大，占用很多宝贵的宽度。

（4）定位困难，在整体布局页面时，HTML 对于各个模块的位置调整显得捉襟见肘，过多的 table 标记会导致页面的复杂和后期维护的困难。

基于以上情况，就需要寻找一种可以将结构化标记与丰富的页面表现相结合的技术，CSS 样式技术应运而生。

CSS（Cascading Style Sheet），称为层叠样式表，也可以称为 CSS 样式表或样式表，其文件扩展名为 .css。CSS 是用于增强或控制网页样式，并允许将样式信息与网页内容分离的一种标记性语言。

引用样式表的目的是将"网页结构代码"和"网页样式风格代码"分离开，从而使网页设计者可以对网页布局进行更多的控制。利用样式表，可以将整个站点上所有网页都指向某个 CSS 文件，设计者只需要修改 CSS 文件中的某一行，整个网页上对应的样式都会随之发生改变。

11.1.2 浏览器与 CSS3

CSS3 制定完成之后，具有很多新功能，即新样式。但这些新样式在浏览器中不能获得完全支持。主要在于各个浏览器对 CSS3 很多细节处理上存在差异，例如，某个标记的属性被有的浏览器支持，而有的浏览器不支持，或者虽然两种浏览器都支持，但是其显示效果不一样。

各主流浏览器，为了自己产品的利益和推广，定义了很多私有属性，以便加强页面显示样式和效果，导致现在每个浏览器都存在大量的私有属性。虽然使用私有属性，可以快速构建效果，但对网页设计者而言是一个很大的麻烦，设计一个页面，就需要考虑在不同浏览器上的显示效果，一个不注意就会导致同一个页面在不同浏览器上显示效果不一致。甚至有的浏览器不同版本之间，也具有不同的属性。

如果所有浏览器都支持 CSS3 样式，那么网页设计者只需要使用一种统一标记，就会在不同浏览器上显示统一样式效果。

当 CSS3 被所有浏览器接受和支持时，整个网页设计将会变得非常容易，其布局更加合理，样式更加美观，整个 Web 页面显示也会焕然一新。虽然现在 CSS3 还没有完全普及，各个浏览器对 CSS3 支持还处于发展阶段，但 CSS3 是一个新的，具有发展潜力很高的技术，在样式修饰方面，是其他技术无可替代的。此时学习 CSS3 技术，才能保证技术不落伍。

11.1.3 CSS3 基础语法

CSS3 样式表是由若干条样式规则组成的，这些样式规则可以应用到不同的元素或文档来定义它们显示的外观。每一条样式规则由三部分构成：选择符（selector）、属性（property）和属性值（value），基本格式如下。

```
selector{property: value}
```

（1）selector 选择符可以采用多种形式，可以为文档中的 HTML 标记，例如 <body><table><p> 等，但是也可以是 XML 文档中的标记。

（2）property 属性则是选择符指定的标记所包含的属性。

（3）value 指定了属性的值。如果定义选择符的多个属性，则属性和属性值为一组，组与组之间用分号（;）隔开。基本格式如下。

```
selector{property1: value1; property2: value2;…}
```

下面就给出一条样式规则，如下所示。

```
p{color:red}
```

该样式规则的选择符为 p，为段落标记 <p> 提供样式，color 为指定文字颜色属性，red 为属性值。此样式表示标记 <p> 指定的段落文字为红色。

如果要为段落设置多种样式，则可以使用下列语句。

```
p{font-family:"隶书"; color:red; font-size:40px; font-weight:bold}
```

11.1.4 CSS3 常用单位

CSS3 中常用的单位包括颜色单位与长度单位两种，利用这些单位可以完成网页元素的搭配与网页布局的设定，如网页图片颜色的搭配、网页表格长度的设定等。

 颜色单位

通常使用颜色用于设定字体以及背景的颜色显示，在 CSS3 中颜色设置的方法很多，有命名颜色、RGB 颜色、十六进制颜色、网络安全色，较之于以前版本，CSS3 新增了 HSL 色彩模式、HSLA 色彩模式、RGBA 色彩模式。

1）命名颜色

CSS3 中可以直接用英文单词命名与之相应的颜色，这种方法的优点是简单、直接、容易掌握。此处预设了 16 种颜色以及这 16 种颜色的衍生色，这 16 种颜色是 CSS3 规范推荐的，而且一些主流的浏览器都能够识别它们，如表 11-1 所示。

表 11-1　CSS 推荐颜色

颜　色	名　称	颜　色	名　称
aqua	水绿	black	黑
blue	蓝	fuchsia	紫红
gray	灰	green	绿
lime	浅绿	maroon	褐
navy	深蓝	olive	橄榄
purple	紫	red	红
silver	银	teal	深青
white	白	yellow	黄

这些颜色最初来源于基本的 Windows VGA 颜色，而且浏览器还可以识别这些颜色。例如，在 CSS 定义字体颜色时，便可以直接使用这些颜色的名称。

```
p{color:red}
```

直接使用颜色的名称，简单、直接而且不容易忘记。但是，除了这 16 种颜色外，还可以使用其他 CSS 预定义颜色。多数浏览器大约能够识别 140 多种颜色名，其中包括这 16 种颜色，例如，orange、PaleGreen 等。

> **提示**　在不同的浏览器中，命名颜色种类也是不同的，即使使用了相同的颜色名，它们的颜色也有可能存在差异，所以，虽然每一种浏览器都命名了大量的颜色，但是这些颜色大多数在其他浏览器上是不能被识别的，而真正通用的标准颜色只有 16 种。

2）RGB 颜色

如果要使用十进制表示颜色，则需要使用 RGB 颜色。十进制表示颜色，最大值为 255，最小值为 0。要使用 RGB 颜色，必须使用 rgb(R,G,B)，R、G、B 分别表示红、绿、蓝的十进制值，通过这三个值的变化结合，便可以形成不同的颜色。例如，rgb(255,0,0) 表示红色，rgb(0,255,0) 表示绿色，rgb(0,0,255) 则表示蓝色。黑色表示为 rgb(0,0,0)，则白色可以表示为

rgb(255,255,255)。

RGB 设置方法一般分为两种：百分比设置和直接用数值设置，例如将 p 标记设置颜色，有两种方法。

```
p{color:rgb(123,0,25)}
p{color:rgb(45%,0%,25%)}
```

这两种方法里，都是用三个值表示"红""绿"和"蓝"三种颜色。这三种基本色的取值范围都是 0 ～ 255。通过定义这三种基本色分量，可以定义出各种各样的颜色。

3）十六进制颜色

当然，除了 CSS 预定义的颜色外，设计者为了使页面色彩更加丰富，则可以使用十六进制颜色和 RGB 颜色。十六进制颜色的基本格式为 #RRGGBB，其中 R 表示红色，G 表示绿色，B 表示蓝色。而 RR、GG、BB 最大值为 FF，表示十进制中的 255，最小值为 00，表示十进制中的 0。例如，#FF0000 表示红色，#00FF00 表示绿色，#0000FF 表示蓝色。#000000 表示黑色，那么白色的表示就是 #FFFFFF，而其他颜色分别是通过这三种基本色的结合而形成的。例如，#FFFF00 表示黄色，#FF00FF 表示紫红色。

对于浏览器不能识别的颜色名称，就可以使用需要颜色的十六进制值或 RGB 值。如表 11-2 所示，列出了几种常见的预定义颜色值的十六进制值和 RGB 值。

表 11-2　颜色对照表

颜 色 名	十六进制值	RGB 值
红色	#FF0000	rgb(255,0,0)
橙色	#FF6600	rgb(255,102,0)
黄色	#FFFF00	rgb(255,255,0)
绿色	#00FF00	rgb(0,255,0)
蓝色	#0000FF	rgb(0,0,255)
紫色	#800080	rgb(128,0,128)
紫红色	#FF00FF	rgb(255,0,255)
水绿色	#00FFFF	rgb(0,255,255)
灰色	#808080	rgb(128,128,128)
褐色	#800000	rgb(128,0,0)
橄榄色	#808000	rgb(128,128,0)
深蓝色	#000080	rgb(0,0,128)
银色	#C0C0C0	rgb(192,192,192)
深青色	#008080	rgb(0,128,128)
白色	#FFFFFF	rgb(255,255,255)
黑色	#000000	rgb(0,0,0)

4）网络安全色

网络安全色由 216 种颜色组成，被认为在任何操作系统和浏览器中都是相对稳定的，也就是说显示的颜色是相同的，因此，这 216 种颜色被称为是"网络安全色"。这 216 种颜色都是由红、绿、蓝三种基本色从 0、51、102、153、204、255 这六个数值中取值，组成的 $6 \times 6 \times 6$ 种颜色。

5）HSL 色彩模式

CSS3 新增加了 HSL 颜色表现方式。HSL 色彩模式是工业界的一种颜色标准，它通过对色调 (H)、饱和度 (S)、亮度 (L) 三个颜色通道的改变以及它们相互之间的叠加来获得各种颜色。这个标准几乎包括了人类视力可以感知的所有颜色，在屏幕上可以重现 16 777 216 种颜色，是目前运用最广的颜色系统之一。

在 CSS3 中，HSL 色彩模式的表示语法如下。

```
hsl(<length> , <percentage> , <percentage>)
```

hsl() 函数的三个参数如表 11-3 所示。

表 11-3　HSL 函数属性说明表

属性名称	说　明
length	表示色调（Hue）。Hue 衍生于色盘，取值可以为任意数值，其中 0（或 360，或 –360）表示红色，60 表示黄色，120 表示绿色，180 表示青色，240 表示蓝色，300 表示洋红，当然可以设置其他数值来确定不同的颜色
percentage	表示饱和度 (Saturation)，表示该色彩被使用了多少，即颜色的深浅程度和鲜艳程度。取值为 0% 到 100% 之间的值，其中 0% 表示灰度，即没有使用该颜色；100% 的饱和度最高，即颜色最鲜艳
percentage	表示亮度 (Lightness)。取值为 0% 到 100% 之间的值，其中 0% 最暗，显示为黑色，50% 表示均值，100% 最亮，显示为白色

其使用示例如下所示：

```
p{color:hsl(0,80%,80%);}
p{color:hsl(80,80%,80%);}
```

6）HSLA 色彩模式

HSLA 也是 CSS3 新增颜色模式，HSLA 色彩模式是 HSL 色彩模式的扩展，在色相、饱和度、亮度三要素的基础上增加了不透明度参数。使用 HSLA 色彩模式，设计师能够更灵活地设计不同的透明效果。其语法格式如下。

```
hsla(<length> , <percentage> , <percentage> , <opacity>)
```

其中前 3 个参数与 hsl() 函数的参数的意义和用法相同，第 4 个参数 <opacity> 表示不透明度，取值在 0 到 1 之间。

使用示例如下所示。

```
p{color:hsla(0,80%,80%,0.9);}
```

7）RGBA 色彩模式

RGBA 也是 CSS3 新增颜色模式，RGBA 色彩模式是 RGB 色彩模式的扩展，在红、绿、蓝三原色的基础上增加了不透明度参数。其语法格式如下所示。

```
rgba(r, g , b , <opacity>)
```

其中 r、g、b 分别表示红色、绿色和蓝色三种原色所占的比重。r、g、b 的值可以是正整数或者百分数，正整数值的取值范围为 0 ~ 255，百分数值的取值范围为 0.0% ~ 100.0%，超出范围的数值将被截至其最接近的取值极限。注意，并非所有浏览器都支持使用百分数值。第四个参数 <opacity> 表示不透明度，取值在 0 到 1 之间。

使用示例如下所示。

```
p{color:rgba(0,23,123,0.9);}
```

 长度单位

为保证页面元素能够在浏览器中完全显示，又要布局合理，就需要设定元素间的间距，及元素本身的边界等，这都离不开长度单位的使用。在 CSS3 中，长度单位可以被分为两类：绝对单位和相对单位。

1）绝对单位

绝对单位用于设定绝对位置。主要有下列五种绝对单位。

（1）英寸（in）。英寸对于中国设计而言，使用比较少，它主要是国外常用的量度单位。1 英寸等于 2.54 厘米，而 1 厘米等于 0.394 英寸。

（2）厘米（cm）。厘米是常用的长度单位。它可以用来设定距离比较大的页面元素框。

（3）毫米（mm）。毫米可以用来比较精确地设定页面元素距离或大小。10 毫米等于 1 厘米。

（4）磅（pt）。磅一般用来设定文字的大小。它是标准的印刷量度，广泛应用于打印机、文字程序等。72 磅等于 1 英寸，也就是说等于 2.54 厘米。另外英寸、厘米和毫米也可以用来设定文字的大小。

（5）pica（pc）。pica 是另一种印刷量度。1pica 等于 12 磅，该单位也不被经常使用。

2）相对单位

相对单位是指在量度时需要参照其他页面元素的单位值。使用相对单位所量度的实际距离可能会随着这些单位值的改变而改变。CSS3 提供了三种相对单位：em、ex 和 px。

（1）em。在 CSS3 中，em 用于给定字体的 font-size 值，例如，一个元素字体大小为 12pt，那么 1em 就是 12pt，如果该元素字体大小改为 15pt，则 1em 就是 15pt。简单来说，无论字体大小是多少，1em 总是字体的大小值。em 的值总是随着字体大小的变化而变化。

例如，分别设定页面元素 h1、h2 和 p 的字体大小为 20pt，15pt 和 10pt，各元素的左边距为 1em，样式规则如下。

```
h1{font-size:20pt}
h2{font-size:15pt}
p{font-size:10pt}
h1,h2,p{margin-left:1em}
```

对于 h1，1em 等于 20pt；对于 h2，1em 等于 15pt；对于 p，1em 等于 10pt，所以 em 的值会随着相应元素字体大小的变化而变化。

另外，em 值有时还相对于其上级元素的字体大小。例如，上级元素字体大小为 20pt，设定其子元素字体大小为 0.5em，则子元素显示出的字体大小则为 10pt，

（2）ex。ex 是以给定字体的小写字母"x"高度作为基准，对于不同的字体来说，小写字母"x"高度是不同的，所有 ex 单位的基准也不同。

（3）px。px 也称为像素，这是目前使用最为广泛的一种单位，1 像素相当于屏幕上的一个小方格，通常是看不出来的。由于显示器大小不同，它的每个小方格的大小也是有所差异的，所以像素单位的标准也不都是一样的。在 CSS3 的规范中是假设 90px=1 英寸，但是在通常的情况下，浏览器都会使用显示器的像素值来做标准。

11.2　编辑和浏览 CSS3

CSS3 文件是纯文本格式文件，可以使用一些简单纯文本编辑工具，如记事本等。该工具适合于初学者，但也可以选择专业的 CSS3 编辑工具，例如 Dreamweaver 等，但专业工具软件通常占有空间较大，不便于打开。

11.2.1　案例 1——手工编写 CSS3

使用记事本编写 CSS3，和使用记事本编写 HTML 文档基本一样。首先需要打开一个记事本，然后在里面输入相应的 CSS3 代码即可，具体步骤如下。

步骤 1　打开记事本，输入 HTML 代码，如图 11-1 所示。

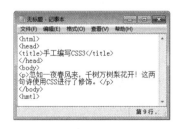

图 11-1　输入 HTML 代码

步骤 2　添加 CSS 代码，修饰 HTML 元素。在 head 标记中间，添加 CSS 样式代码。从窗口中可以看出，在 head 标记中间，添加了一个 style 标记，即 CSS 样式标记。在 style 标记中间，对 p 样式进行了设定，设置段落居中显示并且颜色为红色，如图 11-2 所示。

步骤 3 运行网页文件。网页编辑完成后，使用 IE 11.0 打开，可以看到段落在页面中间以红色字体显示，如图 11-3 所示。

图 11-2　添加样式　　　　　　　　　图 11-3　CSS 样式显示窗口

11.2.2　案例 2——Dreamweaver 编写 CSS

除了使用记事本手工编写 CSS 代码外，还可以使用专用的 CSS 编辑器，例如 Dreamweaver 的 CSS 编辑器和 Visual Studio 的 CSS 编辑器，这些编辑器有语法着色，带输入提示，甚至有自动创建 CSS 的功能，因此深受开发人员的喜爱。

使用 Dreamweaver 创建 CSS 步骤如下。

步骤 1 创建 HTML 文档。使用 Dreamweaver 创建 HTML 文档，此处创建了一个名称为 11.2.html 的文档，如图 11-4 所示。

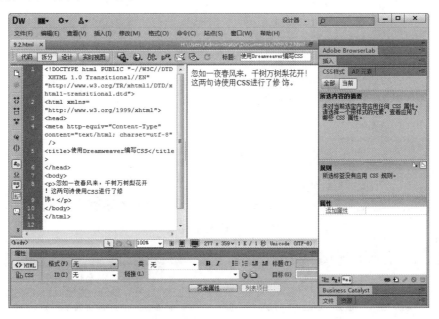

图 11-4　网页显示窗口

步骤 2 添加 CSS 样式。在设计模式中，选中"忽如一夜春风来……"段落后，右击并在打开的快捷菜单中选择【CSS 样式】→【新建】菜单命令，弹出【新建 CSS 规则】对话框，在【为 CSS 规则选择上下文选择器类型】下拉列表框中选择【标签（重新定义 HTML 元素）】选项，如图 11-5 所示。

步骤 3 选择完成后，单击【确定】按钮，打开【p 的 CSS 规则定义】对话框，在其中设置相关的类型，如图 11-6 所示。

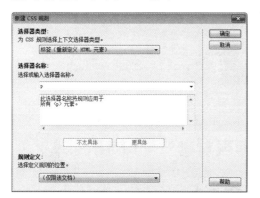

图 11-5 【新建 CSS 规则】对话框   图 11-6 【p 的 CSS 规则定义】对话框

步骤 4 单击【确定】按钮，即可完成 p 样式的设置。设置完成，HTML 文档内容发生变化，如图 11-7 所示。从代码模式窗口中，可以看到在 head 标记中增加了一个 style 标记，用来放置 CSS 样式。其样式用来修饰段落 p。

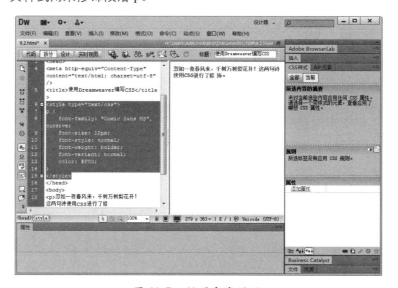

图 11-7 设置完成显示

步骤 5 运行 HTML 文档。在 IE 浏览器中预览该网页，其显示结果如图 11-8 所示，可以看到字体颜色设置为浅红色，大小为 12px，字体较粗。

图 11-8 CSS 样式显示

11.3 在 HTML5 中使用 CSS3 的方法

CSS3 样式表能很好地控制页面显示，以达到分离网页内容和样式代码的效果。利用 CSS3 样式表控制 HTML5 页面达到良好的样式效果，其方式通常包括行内样式、内嵌样式、链接样式和导入样式。

11.3.1 案例 3——行内样式

行内样式是所有样式中比较简单、直观的方法，就是直接把 CSS 代码添加到 HTML5 的标记中，即作为 HTML5 标记的属性标记存在。通过这种方法，可以很简单地对某个元素单独定义样式。

使用行内样式方法是直接在 HTML5 标记中使用 style 属性，该属性的内容就是 CSS3 的属性和值，例如：

```
<p style="color:red"> 段落样式 </p>
```

【例 11.1】（实例文件：ch11\11.1.html）

```
<!DOCTYPE html>
<html>
<head>
<title> 行内样式 </title>
</head>
<body>
<p style="color:red;font-size:20px;text-decoration:underline;text-align:center">
此段落使用行内样式修饰 </p>
<p style="color:blue;font-style:italic"> 正文内容 </p>
</body>
</html>
```

在 IE 浏览器中浏览效果如图 11-9 所示，可以看到 2 个 p 标记中都使用了 style 属性，并且设置了 CSS 样式，各个样式之间互不影响，分别显示各自的样式效果。第 1 个段落设置为红色字体，居中显示，带有下划线。第二个段落设置为蓝色字体，斜体显示。

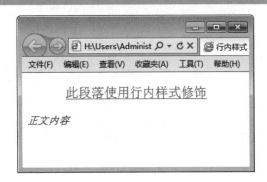

图 11-9　行内样式显示

> **注意** 尽管行内样式简单，但这种方法不常使用，因为如此添加无法完全发挥样式表"内容结构和样式控制代码"分离的优势。而且这种方式也不利于样式的重用，如果需要为每一个标记都设置 style 属性，后期维护成本高，网页容易臃肿，故不推荐使用。

11.3.2 案例4——内嵌样式

内嵌样式就是将 CSS 样式代码添加到 <head> 与 </head> 之间，并且用 <style> 和 </style> 标记进行声明。这种写法虽然没有完全实现页面内容和样式控制代码完全分离，但可以设置一些比较简单的样式，并统一页面样式。

其格式如下所示。

```
<head>
  <style type="text/css" >
    p
    {
      color:red;
      font-size:12px;
    }
  </style>
</head>
```

> **技巧** 有些较低版本的浏览器不能识别 <style> 标记，因而不能正确地将样式应用到页面显示上，而是直接将标记中的内容以文本的形式显示。为了解决此类问题，可以使用 HMTL 注释将标记中的内容隐藏。如果浏览器能够识别 <style> 标记，则标记内被注释的 CSS 样式定义代码依旧能够发挥作用。

```
<head>
  <style type="text/css" >
  <!--
    p
    {
      color:red;
      font-size:12px;
    }
  -->
  </style>
</head>
```

【例 11.2】（实例文件：ch11\11.2.html）

```
<!DOCTYPE html>
<html>
<head>
<title> 内嵌样式 </title>
<style type="text/css">
p{
        color:orange;
        text-align:center;
        font-weight:bolder;
        font-size:25px;
}
</style>
</head><body>
<p> 此段落使用内嵌样式修饰 </p>
<p> 正文内容 </p>
</body>
</html>
```

在 IE 中浏览效果如图 11-10 所示，可以看到 2 个 p 标记中都被 CSS 样式修饰，其样式保持一致，段落居中、加粗并以橙色字体显示。

图 11-10　内嵌样式显示

> **注意**　在上面的例子中，所有 CSS 编码都在 style 标记中，便于后期维护，较之于行内样式页面得到了瘦身。但如果一个网站拥有很多页面，对于不同页面 p 标记都希望采用同样风格时，内嵌方式就显得有点麻烦。因而此种方法只适用于特殊页面设置单独的样式风格。

11.3.3　案例 5——链接样式

链接样式是 CSS 中使用频率最高，也是最实用的方法。它很好地将"页面内容"和"样式风格代码"分离成两个文件或多个文件，实现了页面框架 HTML5 代码和 CSS3 代码的完全分离，使前期制作和后期维护都十分方便。

链接样式是指在外部定义 CSS 样式表并形成以 .css 为扩展名的文件，然后在页面中通过 <link> 链接标记链接到页面中，同时该链接语句必须放在页面的 <head> 标记区，如下所示。

```
<link rel="stylesheet" type="text/css" href="1.css" />
```

（1）rel 指定链接到样式表，其值为 stylesheet。

（2）type 表示样式表类型为 CSS 样式表

（3）href 指定了 CSS 样式表所在位置，此处表示当前路径下名称为 1.css 文件。

这里使用的是相对路径。如果 HTML 文档与 CSS 样式表没有在同一路径下，则需要指定样式表的绝对路径或引用位置。

【例 11.3】（实例文件：ch11\11.3.html）

```
<!DOCTYPE html>
<html>
<head>
<title>链接样式</title>
<link rel="stylesheet" type="text/css" href="11.5.css" />
</head><body>
<h1>CSS3 的学习 </h1>
<p>此段落使用链接样式修饰 </p>
</body>
</html>
```

【例 11.4】（实例文件：ch11\11.4.css）

```
h1{text-align:center;}
p{font-weight:29px;text-align:center;font-style:italic;}
```

在 IE 浏览器中浏览效果如图 11-11 所示，标题和段落以不同样式显示，标题居中显示，段落以斜体居中显示。

链接样式最大的优势就是将 CSS3 代码和 HTML5 代码完全分离，并且同一个 CSS 文件能被不同的 HTML 所链接使用。

图 11-11　链接样式显示

> **提示**　在设计整个网站时，可以将所有页面链接到同一个 CSS 文件中，使用相同的样式风格。如果整个网站需要修改样式，只修改 CSS 文件即可。

11.3.4　案例 6——导入样式

导入样式和链接样式基本相同，都是创建一个单独的 CSS 文件，然后引入 HTML5 文件中，只不过语法和运作方式有差别。采用导入样式的样式表，在 HTML5 文件初始化时，会被导入 HTML5 文件内，作为文件的一部分，类似于内嵌效果。而链接样式是在 HTML 标记需要样式风格时才以链接方式引入。

导入外部样式表是指在内部样式表的 <style> 标记中，使用 @import 导入一个外部样式表，例如：

```
<head>
  <style type="text/css" >
  <!--
  @import "1.css"
  --> </style>
</head>
```

导入外部样式表相当于将样式表导入内部样式表中，其方式更有优势。导入外部样式表必须在样式表的开始部分，其他内部样式表的上面。

【例 11.5】（实例文件：ch11\11.5.html）

```
<!DOCTYPE html>
<html>
<head>
<title>导入样式</title>
<style>
@import "11.6.css"
</style>
</head>
<body>
<h1>CSS 学习</h1>
<p>此段落使用导入样式修饰</p>
</body>
</html>
```

【例 11.6】（实例文件：ch11\11.6.css）

```
h1{text-align:center;color:#0000ff}
p{font-weight:bolder;text-decoration:underline;font-size:20px;}
```

在 IE 浏览器中浏览效果如图 11-12 所示，标题和段落以不同样式显示，标题居中显示，颜色为蓝色，段落以大小 20px 并加粗显示。

图 11-12　导入样式显示

导入样式与链接样式相比，最大的优点就是可以一次导入多个 CSS 文件，其格式如下所示。

```
<style>
@import "11.6.css"
@import "test.css"
</style>
```

11.3.5 案例 7——优先级问题

如果同一个页面采用了多种 CSS 使用方式，如行内样式、链接样式和内嵌样式，且共同作用于同一个标记，就会出现优先级问题，即最终显示哪种样式设置效果。例如，内嵌设置字体为宋体，链接样式设置为红色，那么二者会同时生效，但如果同时设置字体颜色，情况就会复杂。

 1. 行内样式和内嵌样式比较

例如，有这样一种情况。

```
<style>
.p{color:red}
</style>
<p style = " color:blue ">段落应用样式</p>
```

在样式定义中，段落标记 <p> 匹配了两种样式规则，一种使用内嵌样式定义颜色为红色，另一种使用 p 行内样式定义颜色为蓝色，而在页面代码中，该标记使用了类选择符。但是，标记内容最终会以哪一种样式显示呢？

【例 11.7】（实例文件：ch11\11.7.html）

```
<!DOCTYPE html>
<html>
<head>
<title>优先级比较</title>
<style>
.p{color:red}
</style>
</head>
<body>
<p style = " color:blue ">优先级测试</p>
</body>
</html>
```

在 IE 浏览器中浏览效果如图 11-13 所示，段落以蓝色字体显示，可以知道行内样式优先级大于内嵌样式优先级。

图 11-13　优先级测示

 2.　内嵌样式和链接样式比较

以相同例子测试内嵌样式和链接样式优先级，将设置颜色样式代码单独放在一个 CSS 文件中，使用链接样式引入。

【例 11.8】（实例文件：ch11\11.8.html）

```
<!DOCTYPE html>
<html>
<head>
<title>优先级比较</title>
<link href="11.8.css" type="text/css" rel="stylesheet">
<style>p{color:red}
</style></head>
<body>
<p> 优先级测试 </p>
</body>
</html>
```

【例 11.9】（实例文件：ch11\11.9.css）

```
p{color:yellow}
```

在 IE 浏览器中浏览效果如图 11-14 所示，段落以红色字体显示。

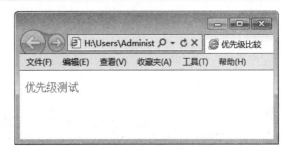

图 11-14　优先级测试

从上面代码中可以看出，内嵌样式和链接样式同时对段落 p 修饰，段落显示红色字体。可以知道，内嵌样式优先级大于链接样式优先级。

3. 链接样式和导入样式比较

现在进行链接样式和导入样式测试，分别创建两个 CSS 文件，一个作为链接，另一个作为导入。

【例 11.10】（实例文件：ch11\11.10.html）

```
<!DOCTYPE html>
<html>
<head>
<title>优先级比较</title>
<style>
@import "11.9_2.css"
</style>
<link href="11.9_1.css" type="text/css" rel="stylesheet">
</head><body>
<p>优先级测试</p>
</body>
</html>
```

【例 11.11】（实例文件：ch11\11.11_1.css）

```
p{color:green}
```

【例 11.12】（实例文件：ch11\11.12_2.css）

```
p{color:purple}
```

在 IE 浏览器中浏览效果如图 11-15 所示，段落以绿色显示。从结果中可以看出，此时链接样式优先级大于导入样式优先级。

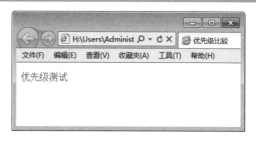

图 11-15　优先级测试

11.4　CSS3 的常用选择器

选择器（selector）也被称为选择符，所有 HTML5 语言中的标记都是通过不同的 CSS3 选择器进行控制的。选择器不只是 HMTL5 文档中的元素标记，还可以是类、ID 或是元素的某种状态。根据 CSS 选择符用途可以把选择器分为标签选择器、类选择器、ID 选择器、全局选择器、组合选择器、继承选择器和伪类选择器等。

11.4.1　案例 8——标签选择器

HTML5 文档是由多个不同标记组成的，而 CSS3 选择器就是声明哪些标记采用了样式。例如 p 选择器，就是用于声明页面中所有 <p> 标记的样式风格。同样也可以通过 h1 选择器来声明页面中所有 <h1> 标记的 CSS 风格。

标签选择器最基本的形式如下所示。

```
tagName{property:value}
```

> **注意**　其中 tagName 表示标记名称，例如 p、h1 等 HTML 标记；property 表示 CSS3 属性；value 表示 CSS3 属性值。

【例 11.13】（实例文件：ch11\11.12.html）

```
<!DOCTYPE html>
<html>
<head>
<title>标签选择器</title>
<style>
p{color:blue;font-size:20px;}
</style>
</head>
<body>
<p>此处使用标签选择器控制段落样式</p>
</body>
</html>
```

在 IE 浏览器中浏览效果如图 11-16 所示，可以看到段落以蓝色字体显示，大小为 20px。

如果在后期维护中需要调整段落颜色，只需要修改 color 属性值即可。

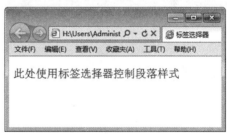

图 11-16　标签选择器显示

> **注意**　CSS3 语言对于所有属性和值都有相对严格的要求，如果声明的属性在 CSS3 规范中没有，或者某个属性值不符合属性要求，都不能使 CSS 语句生效。

11.4.2　案例 9——类选择器

在一个页面中使用标签选择器，会控制该页面中所有此标记显示样式。如果需要为此类标记中其中一个标记重新设定，此时仅使用标签选择器是不能达到效果的，还需要使用类（class）选择器。

类选择器用来为一系列标记定义相同的呈现方式，常用语法格式如下所示。

```
. classValue {property:value}
```

classValue 是选择器的名称，具体名称由 CSS 制定者自己命名。

【例 11.14】（实例文件：ch11\11.13.html）

```
<!DOCTYPE html>
<html>
<head>
<title>类选择器</title>
<style>
.aa{
    color:blue;
    font-size:20px;
}
.bb{
    color:red;
    font-size:22px;
}
</style></head><body>
<h3 class=bb>学习类选择器</h3>
<p class="aa">此处使用类选择器aa控制段落样式</p>
<p class="bb">此处使用类选择器bb控制段落样式</p>
</body>
</html>
```

在 IE 浏览器中浏览效果如图 11-17 所示，可以看到第一个段落以蓝色字体显示，大小为 20px，第二个段落以红色字体显示，大小为 22px，标题同样以红色字体显示，大小为 22px。

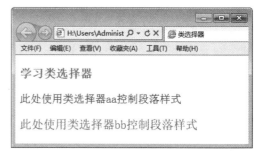

图 11-17　类选择器显示

11.4.3　案例 10——ID 选择器

ID 选择器和类选择器类似，都是针对特定属性的属性值进行匹配。ID 选择器定义的是某一个特定的 HTML 元素，一个网页文件中只能有一个元素使用某一 ID 的属性值。

定义 ID 选择器的基本语法格式如下所示。

```
#idValue{property:value}
```

在上述语法格式中，idValue 是选择器名称，可以由 CSS 定义者自己命名。

【例 11.15】（实例文件：ch11\11.14.html）

```
<!DOCTYPE html>
<html>
<head>
<title>ID 选择器 </title>
<style>
#fontstyle{
    color:blue;
    font-weight:bold;
}
#textstyle{
    color:red;
    font-size:22px;
}
</style>
</head>
<body>
<h3 id=textstyle> 学习 ID 选择器 </h3>
<p id=textstyle> 此处使用 ID 选择器 aa 控制段落样式 </p>
<p id=fontstyle> 此处使用 ID 选择器 bb 控制段落样式 </p>
</body>
</html>
```

在 IE 浏览器中浏览效果如图 11-18 所示，可以看到第一个段落以红色字体显示，大小为 22px，第二个段落以红色字体显示，大小为 22px，标题同样以蓝色字体显示，大小为 20px。

图 11-18　ID 选择器显示

11.4.4　案例 11——全局选择器

如果想要一个页面中所有 HTML 标记使用同一种样式，可以使用全局选择器。全局选择器，顾名思义就是对所有 HTML 元素起作用。其语法格式如下。

```
*{property:value}
```

其中 "*" 表示对所有元素起作用，property 表示 CSS3 属性名称，value 表示属性值。使用示例如下所示。

```
*{margin:0; padding:0;}
```

【例 11.16】（实例文件：ch11\11.15.html）

```
<!DOCTYPE html>
<html>
<head>
<title>全局选择器</title>
<style>
*{
  color:red;
  font-size:30px
}
</style></head>
<body>
<p>使用全局选择器修饰</p>
<p>第一段</p>
<h1>第一段标题</h1>
</body>
</html>
```

在 IE 浏览器中浏览效果如图 11-19 所示，可以看到两个段落和标题都是以红色字体显示，大小为 30px。

图 11-19　全局选择器显示

11.4.5　案例 12——组合选择器

将多种选择器进行搭配，可以构成一种复合选择器，也称为组合选择器。组合选择器只是一种组合形式，并不算是一种真正的选择器，但在实际中经常使用。使用示例如下所示。

```
.orderlist li {xxxx}
.tableset td {}
```

在使用的时候一般用在重复出现并且样式相同的一些标签里，例如 li 列表、td 单元格和 dd 自定义列表等，例如：

```
h1.red {color: red}
<h1 class="red"></h1>
```

【例 11.17】（实例文件：ch11\11.16.html）

```
<!DOCTYPE html>
<html>
<head>
<title> 组合选择器 </title>
<style>
p{
  color:red
}
p .firstPar{
  color:blue
}
.firstPar{
  color:green
}
</style></head><body>
<p> 这是普通段落 </p>
<p class="firstPar"> 此处使用组合选择器 </p>
<h1 class="firstPar"> 我是一个标题 </h1>
</body>
</html>
```

在 IE 浏览器中浏览效果如图 11-20 所示，可以看到第一个段落颜色为红色，采用的是 p 标签选择器，第二个段落显示的是蓝色，采用的是 p 和类选择器二者组合的选择器，标题 H1 以绿色字体显示，采用的是类选择器。

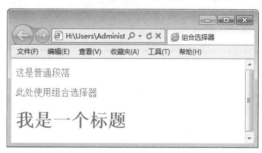

图 11-20 组合选择器显示

11.4.6 案例 13——继承选择器

继承选择器规则是，子标记在没有定义的情况下所有的样式是继承父标记的，当子标记重复定义了父标记已经定义过的声明时，子标记就执行后面的声明；与父标记不冲突的地方仍然沿用父标记的声明。CSS 的继承是指子孙元素继承祖先元素的某些属性。

使用示例如下所示。

```
<div class="test">
<span><img src="xxx" alt="示例图片 "/></span>
</div>
```

对于上面层而言，如果其修饰样式为下面代码。

```
.test span img {border:1px blue solid;}
```

则表示该选择器先找到 class 为 test 的标记，再从其子标记里查找 span 标记，再从 span 的子标记中找到 IMG 标记。也可以采用下面的形式。

```
div span img {border:1px blue solid;}
```

可以看出其规律是从左往右，依次细化，最后锁定要控制的标记。

【例 11.18】（实例文件：ch11\11.17.html）

```
<!DOCTYPE html>
<html>
<head>
<title>继承选择器</title>
<style type="text/css">
h1{color:red; text-decoration:underline;}
h1 strong{color:#004400; font-size:40px;}
</style>
</head>
<body>
<h1>测试 CSS 的<strong>继承</strong>效果</h1>
<h1>此处使用继承<font>选择器</font>了么？</h1>
</body>
</html>
```

在 IE 浏览器中浏览效果如图 11-21 所示，可以看到第一个段落颜色为红色，但是"继承"两个字使用绿色显示，并且大小为 40px，除了这两个设置外，其他的 CSS 样式都是继承父标记 <h1> 的样式，例如下划线设置。第二个标题中，虽然使用了 font 标记修饰选择器，但其样式都是继承于父类标记 h1。

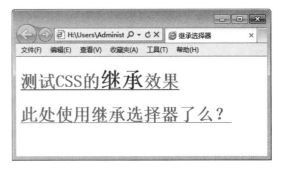

图 11-21 继承选择器显示

11.4.7 案例 14——伪类选择器

伪类选择器也是选择器的一种，伪类选择符定义的样式最常应用在标记 <a> 上，它表示链接 4 种不同的状态：未访问链接（link）、已访问链接（visited）、激活链接（active）和鼠标停留在链接上（hover）。

> **注意**　标记 <a> 可以只具有一种状态（:link），或者同时具有两种或者三种状态。例如，任何一个有 HREF 属性的 a 标签，在没有任何操作时都已经具备了 :link 的条件，也就是满足了有链接属性这个条件；如果访问过的 a 标记，同时会具备 :link :visited 两种状态。把鼠标移到访问过的 a 标记上时，a 标记就同时具备了 :link :visited :hover 三种状态。

使用示例如下所示。

```
a:link{color:#FF0000; text-decoration:none}
a:visited{color:#00FF00; text-decoration:none}
a:hover{color:#0000FF; text-decoration:underline}
a:active{color:#FF00FF; text-decoration:underline}
```

> **提示**　上面的样式表示该链接未访问时颜色为红色且无下划线，访问后是绿色且无下划线，激活链接时为蓝色且有下划线，鼠标放在链接上为紫色且有下划线。

【例 11.19】（实例文件：ch11\11.18.html）

```
<!DOCTYPE html>
<html>
<head>
<title>伪类</title>
<style>
a:link {color: red}              /* 未访问的链接 */
a:visited {color: green}         /* 已访问的链接 */
a:hover {color:blue}             /* 鼠标移动到链接上 */
a:active {color: orange}         /* 选定的链接 */
</style>
</head>
<body>
<a href="">链接到本页</a>
<a href="http://www.sohu.com">搜狐</a>
</body>
</html>
```

在 IE 浏览器中浏览效果如图 11-22 所示，可以看到两个超级链接，第一个超级链接是鼠标停留在上方时，显示颜色为蓝色，另一个是访问过后，显示颜色为绿色。

图 11-22　伪类选择器显示

11.5 选择器声明

使用 CSS3 选择器可以控制 HTML5 标记样式，其中每个选择器属性可以一次声明多个，即创建多个 CSS 属性修饰 HTML 标记，实际上也可以将选择器声明多个，并且任何形式的选择器（如标记选择器、class 类别选择器、ID 选择器等）都是合法的。

11.5.1 案例 15——集体声明

有时在一个页面中，不同种类标记样式需要保持一致，例如 p 标记和 h1 字体需要保持一致，此时 p 标记和 h1 标记可以共同使用类选择器，除此之外，还可以使用集体声明方法。集体声明就是在声明各种 CSS 选择器时，如果某些选择器的风格是完全相同的，或者部分相同，可以将风格相同的 CSS 选择器同时声明。

【例 11.20】（实例文件：ch11\11.19.html）

```
<!DOCTYPE html>
<html>
<head>
<title>集体声明</title>
<style type="text/css">
 h1,h2,p{
 color:red;
font-size:20px;
font-weight:bolder;
}
</style>
</head>
<body>
<h1>此处使用集体声明</h1>
<h2>此处使用集体声明</h2>
<p>此处使用集体声明</p>
</body>
</html>
```

在 IE 浏览器中浏览效果如图 11-23 所示，可以看到网页上标题 1、标题 2 和段落都以红色字体加粗显示，大小为 20px。

图 11-23　集体声明显示

11.5.2　案例 16——多重嵌套声明

在 CSS3 控制 HTML5 标记样式时，还可以使用层层递进的方式，即嵌套方式，对指定位置的 HTML 标记进行修饰，例如当 <p> 与 </p> 之间包含 <a></a> 标记时，就可以使用这种方式对 HMTL 标记进行修饰。

【例 11.21】（实例文件：ch11\11.20.html）

```
<!DOCTYPE html>
<html>
<head>
<title>多重嵌套声明</title>
<style>
p{font-size:20px;}
p a{color:red;font-size:30px;font-weight:bolder;}
</style></head><body>
<p>这是一个多重嵌套 <a href="">测试 </a></p>
</body>
</html>
```

在 IE 浏览器中浏览效果如图 11-24 所示，可以看到在段落中，超级链接显示红色字体，大小为 30px，其原因是使用了嵌套声明。

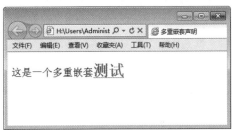

图 11-24　多重嵌套声明显示

11.6　综合实例 1——制作炫彩网站 Logo

使用 CSS，可以给网页中的文字设置不同的字体样式，下面就来制作一个网站的文字 Logo。具体步骤如下所示。

步骤 1　分析需求。

本实例要求简单，使用标记 h1 创建一个标题文字，然后使用 CSS 样式对标题文字进行修饰，可以从颜色、字号、字体、背景、边框等方面入手。实例完成后，其效果如图 11-25 所示。

步骤 2　构建 HTML 页面。

创建 HTML 页面，完成基本框架并创建标题，其代码如下所示。

```
<html>
<head>
<title>炫彩 Logo</title>
</head>
<body>
<body>
<h1>
<span class=c1>缤 </span>
<span class=c2>纷 </span>
<span class=c3>夏 </span>
<span class=c4>衣 </span></h1>
</body>
</html>
```

在 IE 浏览器中浏览效果如图 11-26 所示，可以看到标题 h1 在网页中显示，没有任何修饰。

图 11-25　五彩标题显示

图 11-26　标题显示

步骤 **3**　使用内嵌样式。

如果要对 h1 标题进行修饰，需要添加 CSS，此处使用内嵌样式，在 <head> 标记中添加 CSS，其代码如下所示。

```
<style>
h1 {}
</style>
```

在 IE 浏览器中浏览效果如图 11-27 所示，可以看到此时没有任何变化，只是在代码中引入了 <style> 标记。

步骤 **4**　改变颜色、字体和字号。

添加 CSS 代码，改变标题样式，其样式在颜色、字体和字号上面设置，其代码如下所示。

```
h1 {
font-family: Arial, sans-serif;
font-size: 50px;
color: #369;
}
```

在 IE 浏览器中浏览效果如图 11-28 所示，可以看到字号大小为 24 像素，颜色为浅蓝色，字体为 Arial。

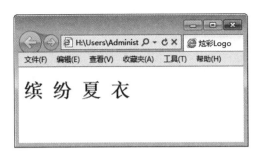

图 11-27 引入 style 标记

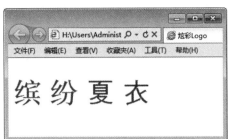

图 11-28 添加文本修饰标记

步骤 5 添加底线。

为 h1 标题加入底线，其代码如下所示。

```
padding-bottom: 4px;
border-bottom: 2px solid #ccc;
```

在 IE 浏览器中浏览效果如图 11-29 所示，可以看到"缤纷夏衣"文字下面添加了一条底纹，边框和文字距离是 4 像素。

步骤 6 添加背景。

使用 CSS 样式为标记 <h1> 添加背景，其代码如下所示。

```
background: url(01.jpg) repeat-x bottom;
```

在 IE 浏览器中浏览效果如图 11-30 所示，可以看到"缤纷夏衣"文字下面添加了一个背景图片，图片在水平（X）轴方向进行平铺。

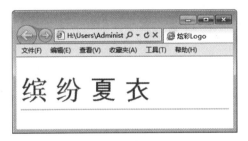

图 11-29 添加底纹

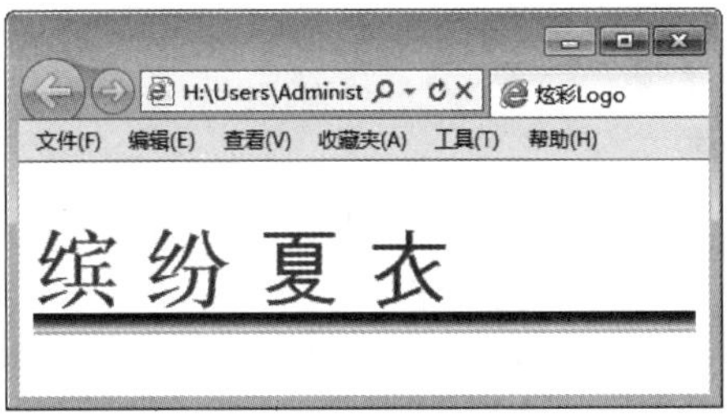

图 11-30 添加背景

步骤 7 定义标题宽度。

使用 CSS 属性，将背景缩短，使其正好符合四个字体的宽度，其代码如下。

```
width:250px;
```

在 IE 浏览器中浏览效果如图 11-31 所示，可以看到"缤纷夏衣"文字下面背景图缩短，正好和标题宽度相同。

步骤 8 定义字体颜色。

在 CSS 样式中，为每个字体定义颜色，其代码如下。

```
.c1{
    color:#B3EE3A;
}
.c2{
    color:#71C671;
}
.c3{
    color:#00F5FF;
}
.c4{
    color:#00EE00;
}
```

在 IE 浏览器中浏览效果如图 11-32 所示，可以看到每个字体显示不同颜色。

图 11-31　定义宽度

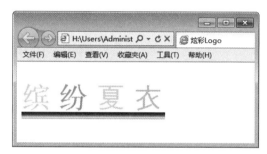

图 11-32　定义字体颜色

11.7 综合案例 2——制作学生信息统计表

本实例将介绍在 HTML5 中使用 CSS3 的方法中的优先级问题，来制作一个学生统计表。
具体的操作步骤如下。

步骤 1 打开记事本，在其中输入如下代码。

```
<!DOCTYPE HTML>
<html>
<head>
<title>学生信息统计表</title>
<style type="text/css">
<!--
    #dataTb
    {
        font-family:宋体 , sans-serif;
        font-size:20px;
        background-color:#66CCCC;
```

```
        border-top:1px solid #000000;
        border-left:1px solid #FF00BB;
        border-bottom:1px solid #FF0000;
        border-right:1px solid #FF0000;
        }
        table
        {
          font-family: 楷体_GB2312, sans-serif;
          font-size:20px;
          background-color:#EEEEEF;
        border-top:1px solid #FFFF00;
        border-left:1px solid #FFFF00;
        border-bottom:1px solid #FFFF00;
        border-right:1px solid #FFFF00;
        }
            .tbStyle
        {
          font-family: 隶书 , sans-serif;
          font-size:16px;
          background-color:#EEEEEF;
        border-top:1px solid #000FFF;
        border-left:1px solid #FF0000;
        border-bottom:1px solid #0000FF;
        border-right:1px solid #000000;
        }
//-->
</style>
</head>
<body>
  <form name="frmCSS" method="post" action="#">
      <table width="400" align="center" border="1" cellspacing="0" id="dataTb" class=
      "tbStyle">
            <tr>
                    <th>学号 </th>
                    <th> 姓名 </th>
                    <th> 班级 </th>
            </tr>
            <tr>
                    <td>001</td>
                    <td> 张三 </td>
                    <td> 信科 0401</td>
                            </tr>
            <tr>
                    <td>002</td>
                    <td> 李四 </td>
                    <td> 电科 0402</td>
                        </tr>
```

```
            <tr>
                <td>003</td>
                <td>王五</td>
                <td>计科0405</td>

            </tr>
        </table>
    </form>
</body>
</html>
```

步骤 **2** 保存网页，在 IE 浏览器中浏览效果，如图 11-33 所示。

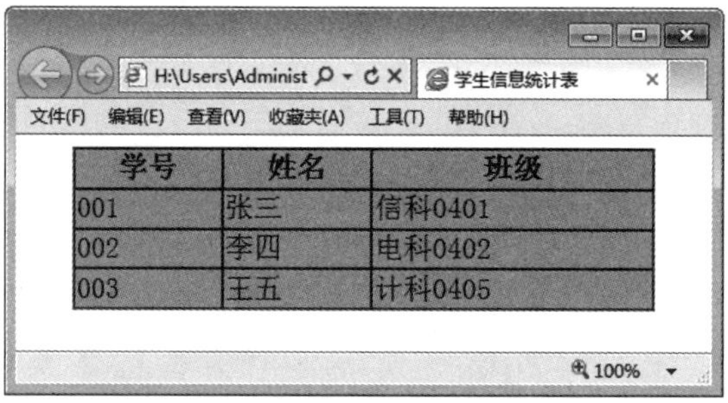

图 11-33　最终效果

11.8 高手甜点

甜点 1：CSS 定义字体在不同浏览器大小不一样？

答：例如使用 font-size:14px 定义的宋体文字，在 IE 下，实际高是 16px，下空白是 3px，在 Firefox 浏览器下，实际高是 17px、上空白是 1px、下空白是 3px。其解决办法是在文字定义时设定 line-height，并确保所有文字都有默认的 line-height 值。

甜点 2：CSS 在网页制作中一般有四种用法，在使用时该采用哪种用法？

答：当有多个网页要用到的CSS,采用外连CSS文件的方式,这样网页的代码大大减少,修改起来非常方便；只在单个网页中使用的 CSS，采用文档头部方式；只在一个网页一两个地方才用到的 CSS，采用行内插入方式。

甜点 3：CSS 的行内样式、内嵌样式和链接样式可以在一个网页中混用吗？

答：三种用法可以混用，且不会造成混乱。这就是它被称为"层叠样式表"的原因，浏览器在显示网页时是这样处理的：先检查有没有行内插入式 CSS，有便执行，针对本句的其他 CSS 就不必理会了；其次检查内嵌方式的 CSS，有便执行；在前两者都没有的情况下再检查外连文件方式的 CSS。因此可看出，三种 CSS 的执行优先级是：行内样式、内嵌样式、链接样式。

甜点 4：如何下载网页中的 CSS 文件？

选择网页上面的【查看】→【源文件】菜单命令，如果有 CSS，可以直接复制下来，如果没有，可以查找是否有类似于这种连接的代码，例如。

```
<link href="/index.css" rel="stylesheet" type="text/css">
```

这个 CSS 文件可以通过打开网址后面直接加 "/index.css"，然后按 Enter 键即可。

11.9　跟我练练手

练习 1：使用两种方法编写 CCS3 样式表。

练习 2：练习使用 CSS3 常用选择器。

练习 3：练习声明选择器。

练习 4：制作一个包含炫彩网站 Logo 的例子。

练习 5：制作一个学生信息统计表页面的例子。

第12章

使用 CSS3 美化
网页字体与段落

网站、博客一般使用文字或图片来阐述观点，其中文字是传递信息的主要手段。而美观大方的网站或者博客，需要使用 CSS 样式修饰。设置文本样式是 CSS 技术的基本功能，通过 CSS 文本标记语言，可以设置文本的样式和粗细等。

● **本章要点（已掌握的在方框中打钩）**

☐ 掌握美化网页文字的方法
☐ 掌握设置文本高级样式的方法
☐ 掌握美化文本段落的方法
☐ 掌握设置网页标题的方法
☐ 掌握制作新闻页面的方法

40%

0%

90%

7%

30%

64%

77%

40%

12.1 美化网页文字

在 HTML 中，CSS 字体属性用于定义文字的字体、大小、粗细等。常见的字体属性包括字体、字号、字体风格、字体颜色等。

12.1.1 案例 1——设置文字的字体

font-family 属性用于指定文字字体类型，例如宋体、黑体、隶书、Times New Roman 等，即在网页中展示字体不同的形状。具体的语法如下所示。

```
{font-family : name}
{font-family : cursive | fantasy | monospace | serif | sans-serif}
```

从语法格式上可以看出，font-family 有两种声明方式。第一种方式，使用 name 字体名称，按优先顺序排列，以逗号隔开，如果字体名称包含空格，则使用引号括起，在 CSS3 中，比较常用的是第一种声明方式。第二种声明方式使用所列出的字体序列名称。如果使用 fantasy 序列，将提供默认字体序列。

【例 12.1】（实例文件：ch12\12.1.html）

```
<!DOCTYPE html>
<html>
<style type=text/css>
p{font-family:黑体 }
</style>
<body>
<p align=center> 天行健，君子应自强不息。</p>
</body>
</html>
```

在 IE 浏览器中浏览效果如图 12-1 所示，可以看到文字居中并以黑体显示。

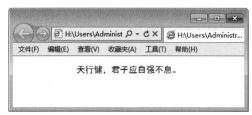

图 12-1　字体显示

> **提示**　在设计页面时，一定要考虑字体的显示问题，为了保证页面达到预计的效果，最好提供多种字体类型，而且最好以最基本的字体类型作为最后一个。

其样式设置如下所示。

```
p
{
    font-family:华文彩云，黑体，宋体
}
```

注意　当 font-family 属性值中的字体类型由多个字符串和空格组成，例如 Times New Roman，那么，该值就需要使用双引号引起来。

```
p
{
    font-family: "Times New Roman"
}
```

12.1.2　案例 2——设置文字的字号

在 CSS3 新规定中，通常使用 font-size 设置文字大小。其语法格式如下所示。

```
{font-size : 数值 | inherit | xx-small | x-small | small | medium | large | x-large |
xx-large | larger | smaller | length}
```

其中，通过数值来定义字体大小，如用 font-size:10px 的方式定义字体大小为 12 个像素。此外，还可以通过 medium 之类的参数定义字体的大小，其参数含义如表 12-1 所示。

表 12-1　font-size 参数列表

参　数	说　明
xx-small	绝对字体尺寸。根据对象字体进行调整。最小
x-small	绝对字体尺寸。根据对象字体进行调整。较小
small	绝对字体尺寸。根据对象字体进行调整。小
medium	默认值。绝对字体尺寸。根据对象字体进行调整。正常
large	绝对字体尺寸。根据对象字体进行调整。大
x-large	绝对字体尺寸。根据对象字体进行调整。较大
xx-large	绝对字体尺寸。根据对象字体进行调整。最大
larger	相对字体尺寸。相对于父对象中字体尺寸进行相对增大。使用成比例的 em 单位计算
smaller	相对字体尺寸。相对于父对象中字体尺寸进行相对减小。使用成比例的 em 单位计算
length	百分数或由浮点数字和单位标识符组成的长度值，不可为负值。其百分比取值是基于父对象中字体的尺寸

【例 12.2】（实例文件：ch12\12.2.html）

```
<!DOCTYPE html>
<html>
<body>
<div style="font-size:10pt">上级标记大小
  <p style="font-size:small">小 </p>
  <p style="font-size:larger">大 </p>
    <p style="font-size:x-small">小 </p>
  <p style="font-size:x-larger">大 </p>
    <p style="font-size:50%">子标记 </p>
    <p style="font-size:25pt">子标记 </p>
</div>
</body>
</html>
```

在 IE 浏览器中浏览效果如图 12-2 所示，可以看到网页中文字被设置成不同的大小，其设置方式采用了绝对数值、关键字和百分比等形式。

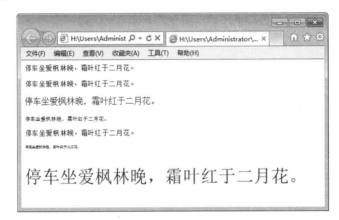

图 12-2　字号大小显示

在上面例子中，font-size 字体大小为 50% 时，其比较对象是上一级标签中的 10pt。

同样我们还可以使用 inherit 值，直接继承上级标记的字体大小。例如：

```
<div style="font-size:50pt">上级标记
  <p style="font-size: inherit ">继承 </p>
</div>
```

12.1.3　案例 3——设置字体风格

font-style 通常用来定义字体风格，即字体的显示样式。在 CSS3 新规定中，语法格式如下所示。

```
font-style : normal | italic | oblique |inherit
```

其属性值有四个，具体含义如表 12-2 所示。

表 12-2　font-style 参数表

属 性 值	含 义
normal	默认值。浏览器显示一个标准的字体样式
italic	浏览器会显示一个斜体的字体样式
oblique	将没有斜体变量的特殊字体，浏览器会显示一个倾斜的字体样式
inherit	规定应该从父元素继承字体样式

【例 12.3】（实例文件：ch12\12.3.html）

```
<!DOCTYPE html>
<html>
<body>
  <p style="font-style:italic">梅花香自苦寒来</p>
  <p style="font-style:normal">梅花香自苦寒来</p>
  <p style="font-style:oblique">梅花香自苦寒来</p>
</body>
</html>
```

在 IE 浏览器中浏览效果如图 12-3 所示，可以看到文字分别显示出不同的样式，例如斜体。

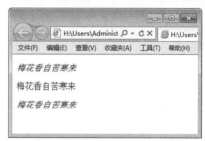

图 12-3　字体风格显示

12.1.4　案例 4——设置加粗字体

通过 CSS3 中的 font-weight 属性可以定义字体的粗细程度，其语法格式如下所示。

```
{font-weight:100-900|bold|bolder|lighter|normal;}
```

font-weight 属性有 13 个有效值，分别是 bold、bolder、lighter、normal。如果没有设置该属性，则使用其默认值 normal。属性值设置为 100 ～ 900，值越大，加粗的程度就越高。其具体含义如表 12-3 所示。

表 12-3　font-weight 属性值

属 性 值	说 明
bold	定义粗体字体
bolder	定义更粗的字体，相对值
lighter	定义更细的字体，相对值
normal	默认，标准字体

浏览器默认的字体粗细是 400，另外也可以通过参数 lighter 和 bolder 使得字体在原有基础上显得更细或更粗。

【例 12.4】（实例文件：ch12\12.4.html）

```
<!DOCTYPE html>
<html>
<body>
  <p style="font-weight:bold">梅花香自苦寒来 (bold)</p>
  <p style="font-weight:bolder">梅花香自苦寒来 (bolder)</p>
  <p style="font-weight:lighter">梅花香自苦寒来 (lighter)</p>
  <p style="font-weight:normal">梅花香自苦寒来 (normal)</p>
  <p style="font-weight:100">梅花香自苦寒来 (100)</p>
  <p style="font-weight:400">梅花香自苦寒来 (400)</p>
  <p style="font-weight:900">梅花香自苦寒来 (900)</p>
</body>
</html>
```

在 IE 浏览器中浏览效果如图 12-4 所示，可以看到文字以不同方式加粗，其中使用了关键字加粗和数值加粗。

图 12-4　字体粗细显示

12.1.5　案例 5——将小写字母转换为大写字母

font-variant 属性设置大写字母的字体显示文本，这意味着所有的小写字母均会被转换为大写，但是所有使用大写字体的字母与其余文本相比，其字体尺寸更小。在 CSS3 中，其语法格式如下所示。

```
font-variant : normal | small-caps |inherit
```

font-variant 有三个属性值，分别是 normal、small-caps 和 inherit。其具体含义如表 12-4 所示。

表 12-4　font-variant 属性值

属 性 值	说　明
normal	默认值。浏览器会显示一个标准的字体
small-caps	浏览器会显示小型大写字母的字体
inherit	规定应该从父元素继承 font-variant 属性的值

【例 12.5】（实例文件：ch12\12.5.html）

```
<!DOCTYPE html>
<html>
<body>
<p style="font-variant:normal">Happy BirthDay to You</p>
<p style="font-variant:small-caps">Happy BirthDay to You</p>
</body>
</html>
```

在 IE 浏览器中浏览效果如图 12-5 所示，可以看到字母以大写形式显示。

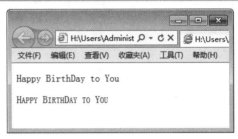

图 12-5　字母大小写转换

通过对两个属性值产生的效果进行比较可以看到，设置为 normal 属性值的文本以正常文本显示，而设置为 small-caps 属性值的文本中有稍大的大写字母，也有小的大写字母，也就是说，使用了 small-caps 属性值的段落文本全部变成了大写，只是大写字母的尺寸不同。

12.1.6 案例 6——设置字体的复合属性

在设计网页时，为了使网页布局合理且文本规范，对字体设计需要使用多种属性，例如定义字体粗细，并定义字体大小。但是，多个属性分别书写相对比较麻烦，而在 CSS3 样式表中提供的 font 属性解决了这一问题。

font 属性可以一次性地使用多个属性的属性值定义文本字体。其语法格式如下所示。

```
{font:font-style font-variant font-weight font-size font-family}
```

font 属性中的属性排列顺序是 font-style、font-variant、font-weight、font-size 和 font-family，各属性的属性值之间使用空格隔开，但是，如果 font-family 属性要定义多个属性值，则需使用逗号（,）隔开。

> **技巧**
>
> 属性排列中，font-style、font-variant 和 font-weight 这三个属性值是可以自由调换的。而 font-size 和 font-family 则必须按照固定的顺序出现，而且还必须都出现在 font 属性中。如果这两者的顺序不对，或缺少一个，那么，整条样式规则可能就会被忽略。

【例 12.6】（实例文件：ch12\12.6.html）

```
<!DOCTYPE html>
<html>
<style type=text/css>
p{
    font:normal small-caps bolder 20pt "Cambria","Times New Roman",宋体
}
</style>
<body>
<p>
众里寻他千百度，蓦然回首，那人却在灯火阑珊处。
</p>
</body>
</html>
```

在 IE 浏览器中浏览效果如图 12-6 所示，可以看到文字被设置成宋体并加粗。

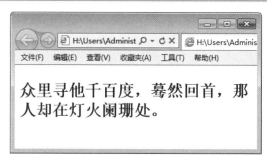

图 12-6　复合属性 font 显示

12.1.7 案例 7——设置字体颜色

在 CSS3 样式中，通常使用 color 属性来设置颜色。其属性值通常使用下面方式设定，如表 12-5 所示。

表 12-5　color 属性值

属 性 值	说　明
color_name	规定颜色值为颜色名称的颜色（例如 red）
hex_number	规定颜色值为十六进制值的颜色（例如 #ff0000）
rgb_number	规定颜色值为 rgb 代码的颜色（例如 rgb(255,0,0)）
inherit	规定应该从父元素继承颜色
hsl_number	规定颜色值为 HSL 代码的颜色（例如 hsl(0,75%,50%)），此为 CSS3 新增加的颜色表现方式
hsla_number	规定颜色只为 HSLA 代码的颜色（例如 hsla(120,50%,50%,1)），此为 CSS3 新增加的颜色表现方式
rgba_number	规定颜色值为 RGBA 代码的颜色（例如 rgba(125,10,45,0.5)），此为 CSS3 新增加的颜色表现方式

【例 12.7】（实例文件：ch12\12.7.html）

```
<!DOCTYPE html>
<html>
<head>
<style type="text/css">
body {color:red}
h1 {color:#00ff00}
p.ex {color:rgb(0,0,255)}
p.hs{color:hsl(0,75%,50%)}
p.ha{color:hsla(120,50%,50%,1)}
p.ra{color:rgba(125,10,45,0.5)}
</style>
</head>
<body>
<h1>《青玉案 元夕》</h1>
<p> 众里寻他千百度，蓦然回首，那人却在灯火阑珊处。
</p>
<p class="ex"> 众里寻他千百度，蓦然回首，那人却在灯火阑珊处。（该段落定义了 class="ex"。
该段落中的文本是蓝色的。）</p>
<p class="hs"> 众里寻他千百度，蓦然回首，那人却在灯火阑珊处。（此处使用了 CSS3 中的新增加的
HSL 函数，构建颜色。）</p>
<p class="ha"> 众里寻他千百度，蓦然回首，那人却在灯火阑珊处。（此处使用了 CSS3 中的新增加的
HSLA 函数，构建颜色。）</p>
<p class="ra"> 众里寻他千百度，蓦然回首，那人却在灯火阑珊处。（此处使用了 CSS3 中的新增加的
RGBA 函数，构建颜色。）</p>
</body>
</html>
```

在 IE 浏览器中浏览效果如图 12-7 所示，可以看到文字以不同颜色显示，并采用了不同的颜色取值方式。

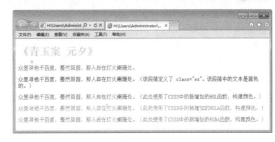

图 12-7　color 属性显示

12.2 设置文本的高级样式

对于一些特殊要求的文本，例如文字阴影效果，字体种类发生变化。如果再使用上面所介绍的 CSS 样式进行定义，其结果就不会得到正确显示，这时就需要一些特定的 CSS 标记来完成这些要求。

12.2.1 案例 8——设置文本阴影效果

在显示字体时，根据要求，需要给出文字的阴影效果，为文字阴影添加颜色以增强网页整体的吸引力。这时就需要用到 CSS3 样式中的 text-shadow 属性，实际上，在 CSS 2.1 中，W3C 就已经定义了 text-shadow 属性，但在 CSS3 中又重新定义了它，并增强了不透明度的效果。其语法格式如下所示。

```
{text-shadow: none|<length> none|[<shadow>,]*<opacity>或none|<color>[,<color>]*}
```

其属性值如表 12-6 所示。

表 12-6　text-shadow 属性值

属 性 值	说　　明
<color>	指定颜色
<length>	由浮点数字和单位标识符组成的长度值，可为负值。指定阴影的水平延伸距离
<opacity>	由浮点数字和单位标识符组成的长度值，不可为负值。指定模糊效果的作用距离。如果仅需要模糊效果，将前两个 length 全部设定为 0

text-shadow 属性有四个属性值，最后两个是可选的，第一个属性值表示阴影的水平位移，可取正负值；第二个属性值表示阴影垂直位移，可取正负值；第三个属性值表示阴影模糊半径，该值可选；第四个属性值表示阴影颜色值，该值可选。如下所示。

```
text-shadow:阴影水平偏移值（可取正负值）；　阴影垂直偏移值（可取正负值）；阴影模糊值；阴影颜色
```

【例 12.8】（实例文件：ch12\12.8.html）

```
<!DOCTYPE html>
<html>
<body>
<p align=center style="text-shadow:0.1em 2px 6px blue;font-size:80px;">这是
TextShadow 的阴影效果 </p>
</body>
</html>
```

在 Firefox 10.0 中浏览效果如图 12-8 所示，可以看到文字居中并带有阴影显示。

图 12-8　阴影显示结果图

通过上面的实例，可以看出阴影偏移由两个 length 值指定到文本的距离。第一个长度值指定到文本右边的水平距离，负值会将阴影放置在文本左边。第二个长度值指定到文本下边的垂直距离，负值会把阴影放置在文本上方。在阴影偏移之后，可以指定一个模糊半径。

12.2.2　案例 9——设置文本溢出效果

text-overflow 属性用来定义当文本溢出时是否显示省略标记，即定义出省略文本的方式，并不具备其他的样式属性定义。要实现溢出时产生省略号的效果还须定义：强制文本在一行内显示（white-space:nowrap）及溢出内容为隐藏（overflow:hidden），只有这样才能实现溢出文本显示省略号的效果。text-overflow 语法如下所示。

```
text-overflow : clip | ellipsis
```

其属性值含义如表 12-7 所示。

表 12-7　text-overflow 属性值

属 性 值	说　明
clip	不显示省略标记（...），而是简单的裁切
ellipsis	当对象内文本溢出时显示省略标记（...）

【例 12.9】（实例文件：ch12\12.9.html）

```
<!DOCTYPE html>
<html>
<body>
<style type="text/css">
 .test_demo_clip{text-overflow:clip; overflow:hidden; white-space:nowrap;
width:200px; background:#ccc;}
 .test_demo_ellipsis{text-overflow:ellipsis; overflow:hidden; white-space:nowrap;
width:200px;
background:#ccc;}
</style>
<h2>text-overflow : clip </h2>
  <div class="test_demo_clip">
  不显示省略标记，而是简单的裁切条
</div>
<h2>text-overflow : ellipsis </h2>
  <div class="test_demo_ellipsis">
  显示省略标记，不是简单的裁切条
</div>
</body>
</html>
```

在 IE 浏览器中浏览效果如图 12-9 所示，可以看到 ellipsis 属性，以省略号形式出现。

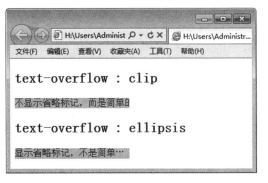

图 12-9　文本省略处理

12.2.3 案例 10——设置文本的控制换行

当在一个指定区域显示一整行文字时，如果文字在一行显示不完时，需要进行换行。如果不进行换行，则会超出指定区域范围，此时我们可以采用 CSS3 中新增加的 word-wrap 文本样式，来控制文本换行。

word-wrap 语法格式如下所示。

```
word-wrap : normal | break-word
```

其属性值含义比较简单，如表 12-8 所示。

表 12-8　word-wrap 属性值

属 性 值	说　明
normal	控制连续文本换行
break-word	内容将在边界内换行。如果需要，词内换行（word-break）也会发生

【例 12.10】（实例文件：ch12\12.10.html）

```
<!DOCTYPE html>
<html >
<body>
<style type="text/css">
    div{ width:300px;word-wrap:break-word;border:1px solid #999999;}
</style>
<div>wordwrapbreakwordwordwrapbreakwordwordwrapbreakwordwordwrapbreakword</div>
<br>
        <div>全中文的情况，全中文的情况，全中文的情况全中文的情况全中文的情况 </div><br>
        <div>This is all English,This is all English,This is all English,
This is all English,</div>
</body>
</html>
```

在 IE 浏览器中浏览效果如图 12-10 所示，可以看到文字在指定位置被控制换行。

图 12-10　文本强制换行

可以看出，word-wrap 属性可以控制换行，当属性取值 break-word 时，将强制换行，中文文本没有任何问题，英文语句也没有任何问题。但是对于长串的英文就不起作用，也就是说，break-word 属性是控制是否断词，而不是断字符。

12.2.4　案例 11——保持字体尺寸不变

有时同一行文字由于所采用字体种类不一样或者修饰样式不一样，导致其字体尺寸，即显示大小不同，整行文字看起来显得杂乱。此时需要 CSS3 的属性标签 font-size-adjust 处理。

font-size-adjust 用来定义整个字体序列中所有字体的大小是否保持同一个尺寸。其语法格式如下所示。

```
font-size-adjust : none | number
```

其属性值含义如表 12-9 所示。

表 12-9　font-size-adjust 属性值

属 性 值	说　明
none	默认值。允许字体序列中每一字体遵守它自己的尺寸
number	为字体序列中所有字体强迫指定同一尺寸

【例 12.11】（实例文件：ch12\12.11 html）

```
<!DOCTYPE html>
<html>
 <style>
   .big { font-family: sans-serif; font-size: 40pt; }
   .a { font-family: sans-serif; font-size: 15pt; font-size-adjust: 1; }
    .b { font-family: sans-serif; font-size: 30pt; font-size-adjust: 0.5; }
 </style>
 <body>
 <p class="big"><span class="b">厚德载物</span></p>
```

```
<p class="big"><span class="a">厚德载物 </span></p>
</body>
</html>
```

在 IE 浏览器中浏览效果如图 12-11 所示，可以看到同一行文字的字体大小相同。

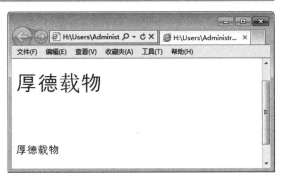

图 12-11　尺寸一致显示

12.3　美化网页中的段落

网页由文字组成，而用来表达同一个意思的多个文字组合可以称为段落。段落是文章的基本单位，同样也是网页的基本单位。段落的放置与效果的显示会直接影响到页面的布局及风格。CSS 样式表提供了文本属性来实现对页面中段落文本的控制。

12.3.1　案例 12——设置单词之间的间隔

单词之间的间隔如果设置合理，一是会给整个网页布局节省空间，二是可以给人赏心悦目的感觉，提高阅读效率。在 CSS 中，可以使用 word-spacing 属性直接定义指定区域或者段落中字符之间的间隔。

word-spacing 属性用于设定词与词之间的间距，即增加或者减少词与词之间的间隔。其语法格式如下所示。

```
word-spacing : normal | length
```

其中属性值 normal 和 length 含义如表 12-10 所示。

表 12-10　单词间隔属性值

属 性 值	说　　明
normal	默认，定义单词之间的标准间隔
length	定义单词之间的固定宽带，可以接受正值或负值

【例 12.12】（实例文件：ch12\12.12.html）

```
<!DOCTYPE html>
<html>
<body>
<p style="word-spacing:normal">Welcome to my home</p>
<p style="word-spacing:15px">Welcome to my home</p>
<p style="word-spacing:15px"> 欢迎来到我家 </p>
</body>
</html>
```

　　在 IE 浏览器中浏览效果如图 12-12 所示，可以看到段落中单词以不同间隔显示。

图 12-12　设定单词间隔显示

> **注意**　从上面显示结果可以看出，word-spacing 属性不能用于设定文字之间的间隔。

12.3.2　案例 13——设置字符之间的间隔

　　在一个网页中，词与词之间可以通过 word-spacing 进行设置，那么字符之间使用什么设置呢？在 CSS3 中，可以通过 letter-spacing 来设置字符文本之间的距离。即在文本字符之间插入多少空间，这里允许使用负值，这会让字母之间更加紧凑。其语法格式如下所示。

```
letter-spacing : normal | length
```

　　其属性值含义如表 12-11 所示。

表 12-11　字符间隔属性值

属 性 值	说　明
normal	默认间隔，即以字符之间的标准间隔显示
length	由浮点数字和单位标识符组成的长度值，允许为负值

　　【例 12.13】（实例文件：ch12\12.13.html）

```
<!DOCTYPE html>
<html>
<body>
<p style=" letter-spacing:normal">Welcome to my home</p>
<p style=" letter-spacing:5px">Welcome to my home</p>
<p style="letter-spacing:1ex"> 这里的字间距是 1ex</p>
```

```
<p style="letter-spacing:-1ex">这里的字间距是 -1ex</p>
<p style="letter-spacing:1em">这里的字间距是 1em</p>
</body>
</html>
```

在 IE 浏览器中浏览效果如图 12-13 所示，可以看到文字间距以不同大小显示。

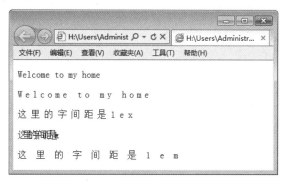

图 12-13　字间距效果显示

> **注意**　从上述代码中可以看出，通过 letter-spacing 定义了多个字间距的效果。特别要注意的是，当设置的字间距是 -1ex 时，文字会粘到一块。

12.3.3　案例 14——设置文字的修饰效果

在 CSS3 中，text-decoration 是文本修饰属性，该属性可以为页面提供多种文本的修饰效果，例如，下划线、删除线、闪烁等。

text-decoration 属性语法格式如下所示。

```
text-decoration:none||underline||overline||line-through||blink
```

其属性值含义，如表 12-12 所示。

表 12-12　text-decoration 属性值

属性值	描　　述
none	默认值，对文本不进行任何修饰
underline	下划线
overline	上划线
line-through	删除线
blink	闪烁

【例 12.14】（实例文件：ch12\12.14.html）

```
<!DOCTYPE html>
<html>
```

```
<body>
  <p style="text-decoration:none">明明知道相思苦，偏偏对你牵肠挂肚！</p>
  <p style="text-decoration:underline">明明知道相思苦，偏偏对你牵肠挂肚！</p>
  <p style="text-decoration:overline">明明知道相思苦，偏偏对你牵肠挂肚！</p>
  <p style="text-decoration:line-through">明明知道相思苦，偏偏对你牵肠挂肚！</p>
  <p style="text-decoration:blink">明明知道相思苦，偏偏对你牵肠挂肚！</p>
</body>
</html>
```

在 IE 浏览器中浏览效果如图 12-14 所示。可以看到段落中出现了下划线、上划线和删除线等。

图 12-14　文本修饰显示

> **注意**　这里需要注意的是：blink 闪烁效果只有 Mozilla 和 Netscape 浏览器支持，而 IE 和其他浏览器（如 Opera）都不支持该效果。

12.3.4　案例 15——设置垂直对齐方式

在 CSS 中，可以直接使用 vertical-align 属性设定垂直对齐方式。该属性定义行内元素的基线相对于该元素所在行的基线的垂直对齐。允许指定负长度值和百分比值，这将使元素降低而不是升高。在表单元格中，该属性会设置单元格框中的单元格内容的对齐方式。

vertical-align 属性语法格式如下所示。

```
{vertical-align:属性值}
```

vertical-align 属性值有 9 个预设值可使用，也可以使用百分比。这 9 个预设值如表 12-13 所示。

表 12-13　vertical-align 属性值

属 性 值	说　　明
baseline	默认。元素放置在父元素的基线上
sub	垂直对齐文本的下标
super	垂直对齐文本的上标
top	把元素的顶端与行中最高元素的顶端对齐

（续表）

属 性 值	说　　明
text-top	把元素的顶端与父元素字体的顶端对齐
middle	把此元素放置在父元素的中部
bottom	把元素的顶端与行中最低的元素的顶端对齐
text-bottom	把元素的底端与父元素字体的底端对齐
length	设置元素的堆叠顺序
%	使用 "line-height" 属性的百分比值来排列此元素。允许使用负值

【例 12.15】（实例文件：ch12\12.15.html）

```html
<!DOCTYPE html>
<html>
<body>
<p>
    世界杯<b style=" font-size:8pt;vertical-align:super">2014</b>！
    中国队<b style="font-size: 8pt;vertical-align: sub">[注]</b>！
    加油! <img src="1.gif" style="vertical-align: baseline">
</p>
<p><img src="2.gif" style="vertical-align:middle"/>
    世界杯! 中国队! 加油! <img src="1.gif" style="vertical-align:top">
</p>
<hr/>
<p ><img src="2.gif" style="vertical-align:middle"/>
    世界杯! 中国队! 加油! <img src="1.gif" style="vertical-align:text-top">
</p>
<p><img src="2.gif" style="vertical-align:middle"/>
    世界杯! 中国队! 加油! <img src="1.gif" style="vertical-align:bottom">
</p>
<hr/>
<p ><img src="2.gif" style="vertical-align:middle"/>
    世界杯! 中国队! 加油! <img src="1.gif" style="vertical-align:text-bottom">
</p>
<p>
    世界杯<b style=" font-size:8pt;vertical-align:100%">2008</b>！
    中国队<b style="font-size: 8pt;vertical-align: -100%">[注]</b>！
    加油! <img src="1.gif" style="vertical-align: baseline">
</p>
</body>
</html>
```

在 IE 浏览器中浏览效果如图 12-15 所示，可以看到文字在垂直方向以不同的对齐方式
显示。

图 12-15 垂直对齐显示

从上面实例中可以看出上下标在页面中的数学运算或注释标号使用的比较多。顶端对齐有两种参照方式，一种是参照整个文本块，另一种是参照文本。底部对齐同顶端对齐方式相同，分别参照文本块和文本块中包含的文本。

> **提示** vertical-align 属性值还能使用百分比来设定垂直高度，该高度具有相对性，是基于行高的值来计算的。而且百分比还能使用正负号，正百分比使文本上升，负百分比使文本下降。

12.3.5 案例 16——转换文本的大小写

根据需要，将小写字母转换为大写字母，或者将大写字母转换成小写字母，在文本编辑中都是很常见的。在 CSS 样式中，其中 text-transform 属性可用于设定文本字体的大小写转换。text-transform 属性语法格式如下所示。

```
text-transform : none | capitalize | uppercase | lowercase
```

其属性值含义，如表 12-14 所示。

表 12-14 text-transform 的属性值

属 性 值	说　　明
none	无转换发生
capitalize	将每个单词的第一个字母转换成大写，其余无转换发生
uppercase	转换成大写
lowercase	转换成小写

因为文本转换属性仅作用于字母型文本，相对来说比较简单。

【例 12.16】（实例文件：ch12\12.16.html）

```
<!DOCTYPE html>
<html>
<body style="font-size:15pt; font-weight:bold">
  <p style="text-transform:none">welcome to home</p>
  <p style="text-transform:capitalize">welcome to home</p>
  <p style="text-transform:lowercase">WELCOME TO HOME</p>
  <p style="text-transform:uppercase">welcome to home</p>
</body>
</html>
```

在 IE 浏览器中浏览效果如图 12-16 所示，可以看到字母以大写字母显示。

图 12-16 大小写字母转换显示窗口

12.3.6 案例 17——设置文本的水平对齐方式

一般情况下，居中对齐适用于标题类文本，其他对齐方式可以根据页面布局来选择使用。根据需要，可以设置多种对齐，例如水平方向上的居中、左对齐、右对齐或者两端对齐等。在 CSS 中，可以通过 text-align 属性进行设置。

text-align 属性用于定义对象文本的对齐方式，与 CSS 2.1 相比，CSS3 增加了 start、end 和 string 属性值。text-align 语法格式如下所示。

```
{ text-align: sTextAlign }
```

其属性值含义，如表 12-15 所示。

表 12-15 text-align 属性值

属 性 值	说 明
start	文本向行的开始边缘对齐
end	文本向行的结束边缘对齐
left	文本向行的左边缘对齐。在垂直方向的文本中，文本在 left-to-right 模式下向开始边缘对齐
right	文本向行的右边缘对齐。在垂直方向的文本中，文本在 left-to-right 模式下向结束边缘对齐

（续表）

属 性 值	说　明
center	文本在行内居中对齐
justify	文本根据 text-justify 的属性设置方法分散对齐。即两端对齐，均匀分布
match-parent	继承父元素的对齐方式，但有个例外：继承的 start 或者 end 值是根据父元素的 direction 值进行计算的，因此计算的结果可能是 left 或者 right
<string>	string 是一个单个的字符，否则，就忽略此设置。按指定的字符进行对齐。此属性可以与其他关键字同时使用，如果没有设置字符，则默认值是 end 方式
inherit	继承父元素的对齐方式

在新增加的属性值中，start 和 end 属性值主要是针对行内元素的，即在包含元素的头部或尾部显示；而 <string> 属性值主要用于表格单元格中，将根据某个指定的字符对齐。

【例 12.17】（实例文件：ch12\12.17.html）

```
<!DOCTYPE html>
<html>
<body>
<h1 style="text-align:center">登幽州台歌</h1>
<h3 style="text-align:left">选自：</h3>
<h3 style="text-align:right">
  <img src="1.gif" />
  唐诗三百首</h3>
<p style="text-align:justify">
  前不见古人
  后不见来者
  （这是一个测试，这是一个测试，这是一个测试，）
</p>
<p style="text-align:start">念天地之悠悠</p>
<p style="text-align:end">独怆然而涕下</p>
</body>
</html>
```

在 IE 浏览器中浏览效果如图 12-17 所示，可以看到文字在水平方向上以不同的对齐方式显示。

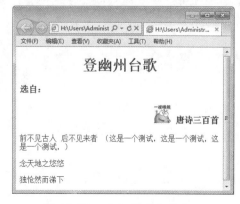

图 12-17　对齐效果显示窗口

▶ **注意** text-align 属性只能用于文本块，而不能直接应用到图像标记 <img>。如果要使图像同文本一样应用对齐方式，那么就必须将图像包含在文本块中。如上例，由于向右对齐方式作用于 <h3> 标记定义的文本块，图像包含在文本块中，所以图像能够同文本一样向右对齐。

▶ **提示** CSS 只能定义两端对齐方式，并按要求显示，但对于具体的两端对齐文本如何分配字体空间以实现文本左右两边均对齐，CSS 并不规定。这就需要设计者自行定义了。

12.3.7 案例 18——设置文本的缩进效果

在普通段落中，通常首行缩进两个字符，用来表示这是一个段落的开始。同样在网页的文本编辑中可以通过指定属性来控制文本缩进。CSS 的 text-indent 属性就是用来设定文本块中首行的缩进。

text-indent 属性语法格式如下所示。

```
text-indent : length
```

其中，length 属性值表示有百分比数字或有由浮点数字和单位标识符组成的长度值，允许为负值。可以这样认为，text-indent 属性可以定义两种缩进方式，一种是直接定义缩进的长度，另一种是定义缩进百分比。使用该属性，HTML 任何标记都可以让首行以给定的长度或百分比缩进。

【例 12.18】（实例文件：ch12\12.18.html）

```
<!DOCTYPE html>
<html>
<body>
<p style="text-indent:10mm">
    此处直接定义长度，直接缩进。
</p>
<p style="text-indent:10%">
   此处使用百分比，进行缩进。
</p>
</body>
</html>
```

在 IE 浏览器中浏览效果如图 12-18 所示，可以看到文字以首行缩进方式显示。

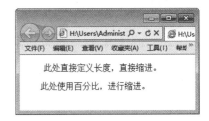

图 12-18　首行缩进显示窗口

如果上级标记定义了 text-indent 属性，那么子标记可以继承其上级标记的缩进长度。

12.3.8　案例 19——设置文本的行高

在 CSS 中，line-height 属性用来设置行间距，即行高。其语法格式如下所示。

```
line-height : normal | length
```

其属性值的具体含义，如表 12-16 所示。

表 12-16　行高属性值

属 性 值	说 明
normal	默认行高，即网页文本的标准行高
length	百分比数字或由浮点数字和单位标识符组成的长度值，允许为负值。其百分比取值是基于字体的高度尺寸

【例 12.19】（实例文件：ch12\12.19.html）

```
<!DOCTYPE html>
<html>
<body>
  <div style="text-indent:10mm;">
    <p style="line-height:50px">
        世界杯（World Cup,FIFA World Cup），国际足联世界杯，世界足球锦标赛是世界上最高
水平的足球比赛，与奥运会、F1 并称为全球三大顶级赛事。
    </p>    <p style="line-height:50%">
        世界杯（World Cup,FIFA World Cup），国际足联世界杯，世界足球锦标赛是世界上最高
水平的足球比赛，与奥运会、F1 并称为全球三大顶级赛事。
    </p>
  </div>
</body>
</html>
```

在 IE 浏览器中浏览效果如图 12-19 所示，可以看到有段文字重叠在一起，即行高设置较小。

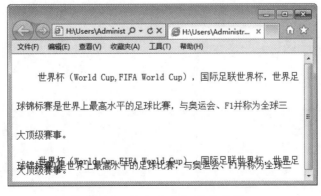

图 12-19　设定文本行高显示窗口

12.3.9 案例 20——文本的空白处理

在 CSS 中，white-space 属性用于设置对象内空格字符的处理方式。与 CSS 2.1 相比，CSS3 新增了两个属性值。white-space 属性对文本的显示有着重要的影响。在标记上应用 white-space 属性可以影响浏览器对字符串或文本间空白的处理方式。

white-space 属性语法格式如下所示。

```
white-space :normal | pre | nowrap | pre-wrap | pre-line
```

其属性值含义，如表 12-17 所示。

表 12-17　空白属性值

属 性 值	说 明
normal	默认。空白会被浏览器忽略
pre	空白会被浏览器保留。其行为方式类似 HTML 中的 <pre> 标签
nowrap	文本不会换行，文本会在同一行上继续，直到遇到 标签为止
pre-wrap	保留空白符序列，但是正常地进行换行
pre-line	合并空白符序列，但是保留换行符
inherit	规定应该从父元素继承 white-space 属性的值

【例 12.20】（实例文件：ch12\12.20.html）

```
<!DOCTYPE html>
<html>
<body>
  <h1 style="color:red; text-align:center;white-space:pre">蜂 蜜 的 功 效 与 作 用! </h1>
  <div >
    <p style="white-space:nowrap;text-indent:10mm">
        蜂蜜，是昆虫蜜蜂从开花植物的花中采得的花蜜在蜂巢中酿制的蜜。<br>
蜂蜜的成分除了葡萄糖、果糖之外还含有各种维生素、矿物质和氨基酸。1 千克的蜂蜜含有 2940 卡的热量。
蜂蜜是糖的过饱和溶液，低温时会产生结晶，生成结晶的是葡萄糖，不产生结晶的部分主要是果糖。
    </p>
    <p style="white-space:pre-wrap;text-indent:10mm">
        蜂蜜的成分除了葡萄糖、果糖之外还含有各种维生素、矿物质和氨基酸。
        1 千克的蜂蜜含有 2940 卡的热量。<br/>
        蜂蜜是糖的过饱和溶液,低温时会产生结晶,生成结晶的是葡萄糖,不产生结晶的部分主要是果糖。
    </p>
    <p style="white-space:pre-line;text-indent:10mm">
            蜂蜜的成分除了葡萄糖、果糖之外还含有各种维生素、矿物质和氨基酸。
        1 千克的蜂蜜含有 2940 卡的热量。<br/>
        蜂蜜是糖的过饱和溶液,低温时会产生结晶,生成结晶的是葡萄糖,不产生结晶的部分主要是果糖

    </p>
```

```
  </div>
</body>
</html>
```

在 IE 浏览器中浏览效果如图 12-20 所示，可以看到处理空白的不同显示。

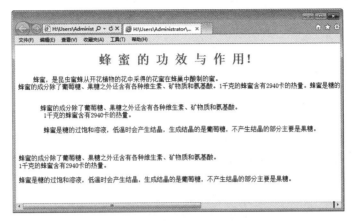

图 12-20　处理空白显示

12.3.10　案例 21——文本的反排

在网页文本编辑中，通常英语文档的基本方向是从左至右。如果文档中某一段的多个部分包含从右至左阅读的语言，则该语言的方向将显示为从右至左。此时可以通过 CSS 提供的两个属性 unicode-bidi 和 direction 解决文本反排的问题。

unicode-bidi 属性语法格式如下所示。

```
unicode-bidi : normal | bidi-override | embed
```

其属性值含义，如表 12-18 所示。

表 12-18　unicode-bidi 属性值

属 性 值	说　　明
normal	默认值。元素不会打开一个额外的嵌入级别。对于内联元素，隐式的重新排序将跨元素边界起作用
bidi-override	与 embed 值相同，但除了这一点外：在元素内，重新排序将依照 direction 属性严格按顺序进行。此值替代隐式双向算法
embed	元素将打开一个额外的嵌入级别。direction 属性的值指定嵌入级别。重新排序在元素内是隐式进行的

direction 属性用于设定文本流的方向，其语法格式如下所示。

```
direction : ltr | rtl | inherit
```

其属性值含义，如表 12-19 所示。

表 12-19　direction 属性值

属 性 值	说 明
ltr	文本流从左到右
rtl	文本流从右到左
inherit	文本流的值不可继承

【例 12.21】（实例文件：ch12\12.21.html）

```html
<!DOCTYPE html>
<html>
<head>
<style type="text/css">
a {color:#000;}
</style>
</head>
<body>
<h3> 文本的反排 </h3>
<div style=" direction:rtl; unicode-bidi:bidi-override; text-align:left">秋风
吹不尽，总是玉关情。
</div>
</body>
</html>
```

在 IE 浏览器中浏览效果如图 12-21 所示，
可以看到文字以反转形式显示。

图 12-21　文本反转显示

12.4 综合案例 1——设置网页标题

本节介绍创建一个网站的网页标题，主要利用文字和段落方面的 CSS 属性。具体的操作步骤如下。

步骤 1　分析需求。

本综合实例的要求如下，要求在网页的最上方显示出标题，标题下方是正文，其中正文

部分是文字段落部分。在设计这个网页标题
时，需要将网页标题加粗，并居中显示。用
大号字体显示标题，用来和下面正文区分。
上述要求使用 CSS 样式属性实现。其实例效
果图如图 12-22 所示。

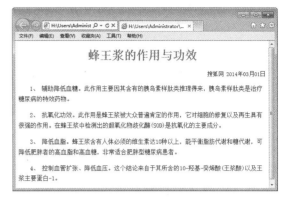

图 12-22　网页标题显示

步骤 2　分析布局并构建 HTML。

首先需要创建一个 HTML 页面，并用 DIV 将页面划分两个层，一个是网页标题层，另一
个是正文部分。

步骤 3　导入 CSS 文件。

在 HTML 页面，将 CSS 文件使用 link 方式导入到 HTML 页面中。此 CSS 页面定义了该
页面的所有样式，其导入代码如下所示。

```
<link href="index.css" rel="stylesheet" type="text/css" />
```

步骤 4　完成标题样式设置。

首先设置标题的 HTML 代码，此处使用 DIV 构建，其代码如下所示。

```
<div>
    <h1> 蜂王浆的作用与功效 </h1>
<div class="ar"> 搜狐网　2014 年 03 月 01 日 <span ></div>
</div>
```

步骤 5　使用 CSS 代码对其进行修饰，其代码如下所示。

```
h1{text-align:center;color:red}
.ar{text-align:right;font-size:15px;}
.lr{text-align:left;font-size:15px;color:}
```

步骤 6　开发正文部分代码和样式。

首先使用 HTML 代码完成网页正文部分，此处使用 DIV 构建，其代码如下所示。

```
<div>
<P>
1、辅助降低血糖。此作用主要因其含有的胰岛素样肽类推理得来,胰岛素样肽类是治疗糖尿病的特效药物。
</P>
<P>
2、抗氧化功效。此作用是蜂王浆被大众普遍肯定的作用,它对细胞的修复以及再生具有很强的作用。
在蜂王浆中检测出的超氧化物歧化酶 (SOD) 是抗氧化的主要成分。
```

```
   </P>
   <P>
     3、降低血脂。蜂王浆含有人体必须的维生素达10种以上，能平衡脂肪代谢和糖代谢，可降低肥胖
者的高血脂和高血糖，非常适合肥胖型糖尿病患者。
   </P>
   <P>
4、控制血管扩张、降低血压。这个结论来自于其所含的10-羟基-癸烯酸（王浆酸）以及王浆主要蛋白-1。
   </P>
   </div>
```

步骤 7 使用 CSS 代码进行修饰，其代码如下所示。

```
p{text-indent:8mm;line-height:7mm;}
```

12.5 综合案例 2——制作新闻页面

本实例将制作一个新闻页面，具体的操作步骤如下。

步骤 1 打开记事本，在其中输入如下代码。

```
<!DOCTYPE html>
<html>
<head>
<title>新闻页面</title>
<style type="text/css">
<!--
h1{font-family:黑体;
text-decoration:underline overline;
text-align:center;
   }
p{ font-family: Arial, "Times New Roman";
   font-size:20px;
   margin:5px 0px;
   text-align:justify;
   }
#p1{
    font-style:italic;
    text-transform:capitalize;
    word-spacing:15px;
    letter-spacing:-1px;
     text-indent:2em;
    }
#p2{
```

```
    text-transform:lowercase;
    text-indent:2em;
    line-height:2;
    }
#firstLetter{
    font-size:3em;
    float:left;
    }
h1{
    background:#678;
    color:white;
    }
-->
</style>
</head>
<body>
<h1> 英国现两个多世纪来最多雨冬天 </h1>
<p id="p1"> 在 3 月的第一天，阳光 " 重返 " 英国大地，也预示着春天的到来。</p>
<p id="p2"> 英国气象局发言人表示：" 今天的阳光很充足，这才像春天的感觉。这是春天的一个非常
好的开局。"前几天英国气象局发布的数据显示，刚刚过去的这个冬天是过去近 250 年来最多雨的冬天。</p>
</body>
</html>
```

步骤 2 保存网页，在 IE 浏览器中浏览效果如图 12-23 所示。

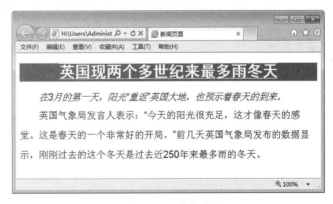

图 12-23　浏览效果

12.6 高手甜点

甜点 1：字体为什么在别的电脑上不显示？

答：楷体很漂亮，草书也不逊色于宋体。但不是所有人的电脑都安装有这些字体。所以在设计网页时，不要为了追求漂亮美观而采用一些比较新奇的字体，往往达不到效果。

用最基本的字体，是最好的选择。

不要使用难以阅读的花哨字体。当然，某些字体可以让网站精彩纷呈。但网页的主要目的是传递信息并让读者阅读，因此应该让阅读过程舒服些。 不要用小字体。如上一条所述，虽然 Firefox 有放大功能，但如果必须放大才能看清一个网站的话，读者就会很少去访问了。

甜点 2：网页中需要留空白吗？

答：注意不留空白。不要用图像、文本和不必要的动画 GIF 来充斥网页，即使有足够的空间，在设计时也应该避免使用。

甜点 3：文字和图片导航速度谁更快？

答：使用文字做导航栏。文字导航不仅速度快，而且更稳定。因为有时用户上网时会关闭图片。在处理文本时，除非特别需要，否则不要为普通文字添加下划线。

12.7 跟我练练手

练习 1：制作一个使用 CSS3 美化网页文字的例子。

练习 2：制作一个包括文本阴影、溢出和保持字体尺寸不变的例子。

练习 3：制作一个美化网页段落的例子。

练习 4：制作一个包含五彩标题的例子。

练习 5：制作一个新闻页面的例子。

使用 CSS3 美化
网页图片

第13章

一个网页如果都是文字，时间长了会给浏览者枯燥的感觉，而一张恰如其分的图片，会给网页增添许多生趣。图片是直观、形象的，一张好的图片会给网页带来很高的点击率。在 CSS3 中，定义了很多属性用来美化和设置图片。

● **本章要点（已掌握的在方框中打钩）**

☐ 掌握图片缩放的方法
☐ 掌握图片对齐的方法
☐ 掌握图文混排的方法
☐ 掌握制作学校宣传单的方法

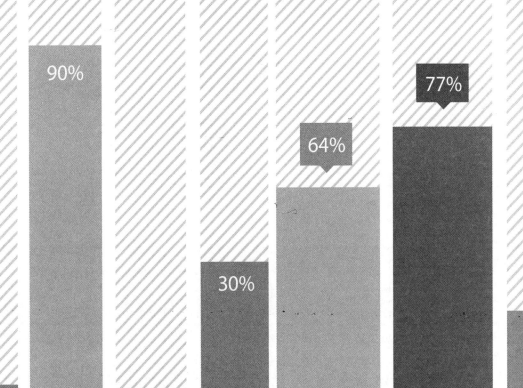

13.1 图片缩放

网页上显示一张图片时，默认情况下都是以图片的原始大小显示。如果要对网页进行排版，通常情况下，还需要重新设定图片的大小。如果对图片设置不恰当，会造成图片的变形和失真，所以要保证宽度和高度属性的比例适中。对于图片大小设定，可以采用三种方式完成。

13.1.1 案例 1——通过描述标记 width 和 height 缩放图片

在 HTML 中，通过 img 的描述标记 width 和 height 可以设置图片大小。width 和 height 分别表示图片的宽度和高度，其中二者值可以是数值或百分比，单位可以是 px。需要注意的是，高度属性 height 和宽度属性 width 设置要求相同。

【例 13.1】（实例文件：ch13\13.1.html）

```
<!DOCTYPE html>
<html>
<head>
<title>缩放图片 </title>
</head>
<body>
<img src="01.jpg" width=200 height=120>
</body>
</html>
```

在 IE 浏览器中浏览效果如图 13-1 所示，可以看到网页显示了一张图片，其宽度为 200px，高度为 120 像素。

图 13-1　使用标记缩放图片

13.1.2 案例 2——使用 CSS3 中的 max-width 和 max-height 缩放图片

max-width 和 max-height 分别用来设置图片宽度最大值和高度最大值。在定义图片大小时，如果图片默认尺寸超过了定义的大小时，那么就以 max-width 所定义的宽度值显示，而图片高度将同比例变化，如果定义的是 max-height，以此类推。但是如果图片的尺寸小于最大宽度或者高度，那么图片就按原尺寸大小显示。max-width 和 max-height 的值一般是数值类型。

其语法格式如下所示。

```
img{
    max-height:180px;
}
```

【例 13.2】（实例文件：ch13\13.2.html）

```
<!DOCTYPE html>
<html>
<head>
<title>缩放图片</title>
<style>
img{
    max-height:300px;
}
</style>

</head>
<body>
<img src="01.jpg" >
</body>
</html>
```

在 IE 浏览器中浏览效果如图 13-2 所示，可以看到网页显示了一张图片，其显示高度是 300 像素，宽度将做同比例缩放。

图 13-2　宽度做同比例缩放图片

在本例中，也可以只设置 max-width 来定义图片最大宽度，而让高度自动缩放。

13.1.3 案例 3——使用 CSS3 中的 width 和 height 缩放图片

在 CSS3 中，可以使用属性 width 和 height 来设置图片宽度和高度，从而达到对图片的缩放效果。

【例 13.3】（实例文件：ch13\13.3.html）

```
<!DOCTYPE html>
<html>
<head>
<title>缩放图片</title>
</head>
<body>
<img src="01.jpg" >
<img src="01.jpg"  style="width:150px;height:100px" >
</body>
</html>
```

在 IE 浏览器中浏览效果如图 13-3 所示，可以看到网页显示了两张图片，第一张图片以原大小显示，第二张图片以指定大小显示。

图 13-3　CSS 指定图片大小

> **提示**　需要注意的是，当只设置了图片的 width 属性，而没有设置 height 属性时，图片本身会自动等比例缩放，如果只设定 height 属性也是一样的道理。只有当同时设定 width 和 height 属性时才会不等比例缩放。

13.2　设置图片的对齐方式

一个图文并茂、排版格式整洁简约的页面，会更容易让浏览者接受。可见，图片的对齐方式是非常重要的。本节将介绍使用 CSS3 属性定义图文对齐方式。

13.2.1　案例 4——设置图片横向对齐

所谓图片横行对齐，就是在水平方向上进行对齐，其对齐样式和文字对齐比较相似，都是有三种对齐方式，分别为"左""右"和"中"。

如果要定义图片对齐方式，不能在样式表中直接定义图片样式，需要在图片的上一个标记级别，即父标记定义对齐方式，让图片继承父标记的对齐方式。之所以这样定义父标记对齐方式，是因为 img（图片）本身没有对齐属性，需要使用 CSS 继承父标记的 text-align 来定义对齐方式。

【例 13.4】（实例文件：ch13\13.4.html）

```
<!DOCTYPE html>
<html>
<head>
<title>图片横向对齐</title>
</head>
<body>
<p style="text-align:left"><img src="02.jpg" style="max-width:140px;">图片左对齐</p>
<p style="text-align:center"><img src="02.jpg" style="max-width:140px;">图片居中对齐</p>
<p style="text-align:right"><img src="02.jpg" style="max-width:140px;">图片右对齐</p>
</body>
</html>
```

在 IE 浏览器中浏览效果如图 13-4 所示，可以看到网页上显示三张图片，大小一样，但对齐方式分别是左对齐、居中对齐和右对齐。

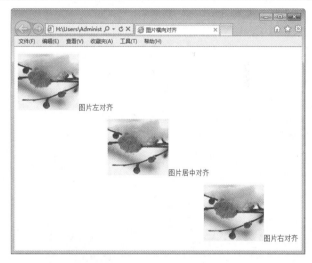

图 13-4　图片横向对齐

13.2.2　案例 5——设置图片纵向对齐

纵向对齐就是垂直对齐，即在垂直方向上和文字进行搭配使用。通过对图片的垂直方向上的设置，可以设定图片和文字的高度一致。在 CSS3 中，对于图片纵向设置，通常使用 vertical-align 属性来定义。

vertical-align 属性设置元素的垂直对齐方式，即定义行内元素的基线相对于该元素所在行的基线的垂直对齐。允许指定负长度值和百分比值，其会使元素降低而不是升高。在表单元格中，这个属性会设置单元格框中的单元格内容的对齐方式。其语法格式如下。

```
vertical-align : baseline |sub | super |top |text-top |middle |bottom |text-
bottom |length
```

上面参数含义如表 13-1 所示。

表 13-1　参数含义表

参数名称	说　明
baseline	支持 valign 特性的对象的内容与基线对齐
sub	垂直对齐文本的下标
super	垂直对齐文本的上标
top	将支持 valign 特性的对象的内容与对象顶端对齐
text-top	将支持 valign 特性的对象的文本与对象顶端对齐
middle	将支持 valign 特性的对象的内容与对象中部对齐
bottom	将支持 valign 特性的对象的文本与对象底端对齐
text-bottom	将支持 valign 特性的对象的文本与对象顶端对齐
length	由浮点数字和单位标识符组成的长度值	或者百分数，可为负数。定义由基线算起的偏移量。基线对于数值来说为 0，对于百分数来说就是 0%

【例 13.5】（实例文件：ch13\13.5.html）

```
<!DOCTYPE html>
<html>
<head>
<title>图片纵向对齐</title>
<style>
img{
max-width:100px;
}
</style>
</head>
<body>
<p>纵向对齐方式:baseline<img src=02.jpg style="vertical-align:baseline"></p>
<p>纵向对齐方式:bottom<img src=02.jpg style="vertical-align:bottom"></p>
<p>纵向对齐方式:middle<img src=02.jpg style="vertical-align:middle"></p>
<p>纵向对齐方式:sub<img src=02.jpg style="vertical-align:sub"></p>
<p>纵向对齐方式:super<img src=02.jpg style="vertical-align:super"></p>
<p>纵向对齐方式:数值定义<img src=02.jpg style="vertical-align:20px"></p>
</body>
</html>
```

在 IE 浏览器中浏览效果如图 13-5 所示，可以看到网页显示了 6 张图片，垂直方向上分别是 baseline、bottom、middle、sub、super 和数值对齐。

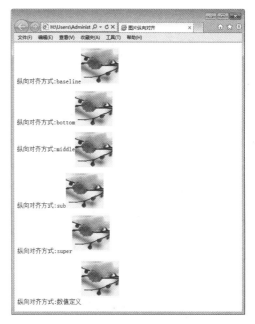

图 13-5　图片纵向对齐

> **提示**
> 读者仔细观察图片和文字的不同对齐方式，即可深刻理解各种纵向对齐的不同之处。

13.3　图文混排

一个普通的网页最常见的方式就是图文混排，文字说明主题，图像显示正文情境，二者结合起来相得益彰。本节将介绍图片和文字的排版方式。

13.3.1　案例 6——设置文字环绕效果

在网页中进行排版时，可以将文字设置成环绕图片的形式，即文字环绕。文字环绕应用非常广泛，如果再配合背景可以达到绚丽的效果。

在 CSS3 中，可以使用 float 属性定义该效果。float 属性主要定义元素在哪个方向浮动。一般情况下这个属性总应用于图像，使文本围绕在图像周围，有时也可以定义其他元素浮动。浮动元素会生成一个块级框，而不论它本身是何种元素。如果浮动非替换元素，则要指定一个明确的宽度。否则，它们会尽可能地窄。

float 语法格式如下所示。

```
float : none | left |right
```

> **提示** 其中 none 表示默认值对象不漂浮，left 表示文本流向对象的右边，right 表示文本流向对象的左边。

【例 13.6】（实例文件：ch13\13.6.html）

```html
<!DOCTYPE html>
<html>
<head>
<title>文字环绕</title>
<style>
img{
max-width:120px;
float:left;
}
</style>
</head>
<body>
<p>
可爱的向日葵。
<img src="03.jpg">
向日葵，别名太阳花，是菊科向日葵属的植物。因花序随太阳转动而得名。一年生植物，高1～3米，茎直立，粗壮，圆形多棱角，被白色粗硬毛，性喜温暖，耐旱，能产果实葵花籽。原产北美洲，主要分布在我国东北、西北和华北地区，世界各地均有栽培！
向日葵，1年生草本，高1.0～3.5米，对于杂交品种也有半米高的。茎直立，粗壮，圆形多棱角，为白色粗硬毛。叶通常互生，心状卵形或卵圆形，先端锐突或渐尖，有基出3脉，边缘具粗锯齿，两面粗糙，被毛，有长柄。头状花序，极大，直径10～30厘米，单生于茎顶或枝端，常下倾。总苞片多层，叶质，覆瓦状排列，被长硬毛，夏季开花，花序边缘生黄色的舌状花，不结实。花序中部为两性的管状花，棕色或紫色，结实。瘦果，倒卵形或卵状长圆形，稍扁压，果皮木质化，灰色或黑色，俗称葵花籽。性喜温暖，耐旱。
</p>
</body>
</html>
```

在 IE 浏览器中浏览效果如图 13-6 所示，可以看到图片被文字所环绕，并在文字的左方向显示。如果将 float 属性的值设置为 right，其图片会在文字右方显示并环绕。

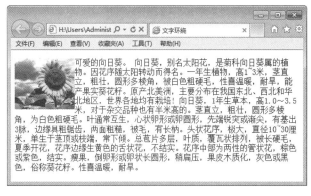

图 13-6　文字环绕效果

13.3.2 案例 7——设置图片与文字的间距

如果需要设置图片和文字之间的距离，即文字之间存在一定间距，不是紧紧的环绕，可以使用 CSS3 中的属性 padding 来设置。

padding 属性主要用来在一个声明中设置所有内边距属性，即可以设置元素所有内边距的宽度，或者设置各边上内边距的宽度。如果一个元素既有内边距又有背景，从视觉上看可能会延伸到其他行，有可能还会与其他内容重叠。元素的背景会延伸穿过内边距，不允许指定负边距值。

其语法格式如下所示。

```
padding :padding-top | padding-right | padding-bottom | padding-left
```

其参数值 padding-top 用来设置距离顶部内边距；padding-right 用来设置距离右部内边距；padding-bottom 用来设置距离底部内边距；padding-left 用来设置距离左部内边距。

【例 13.7】（实例文件：ch13\13.7.html）

```
<!DOCTYPE html>
<html>
<head>
<title>文字环绕</title>
<style>
img{
max-width:120px;
float:left;
padding-top:10px;
padding-right:50px;
padding-bottom:10px;
}
</style>
</head>
<body>
<p>
可爱的向日葵。
<img src="03.jpg">
向日葵，别名太阳花，是菊科向日葵属的植物。因花序随太阳转动而得名。一年生植物，高1～3米，茎直立，粗壮，圆形多棱角，被白色粗硬毛，性喜温暖，耐旱，能产果实葵花籽。原产北美洲，主要分布在我国东北、西北和华北地区，世界各地均有栽培！
向日葵，1年生草本，高1.0～3.5米，对于杂交品种也有半米高的。茎直立，粗壮，圆形多棱角，为白色粗硬毛。叶通常互生，心状卵形或卵圆形，先端锐突或渐尖，有基出3脉，边缘具粗锯齿，两面粗糙，被毛，有长柄。头状花序，极大，直径10～30厘米，单生于茎顶或枝端，常下倾。总苞片多层，叶质，覆瓦状排列，被长硬毛，夏季开花，花序边缘生黄色的舌状花，不结实。花序中部为两性的管状花，棕色或紫色，结实。瘦果，倒卵形或卵状长圆形，稍扁压，果皮木质化，灰色或黑色，俗称葵花籽。性喜温暖，耐旱。
</p>
</body>
</html>
```

在 IE 浏览器中浏览效果如图 13-7 所示，可以看到图片被文字所环绕，并且文字和图片右边间距为 50 像素，上下各为 10 像素。

图 13-7　设置图片和文字间距

13.4　综合案例 1——制作学校宣传单

每年暑假，高校招收学生的宣传页到处都是，本节就来制作一个学校宣传页，从而巩固图文混排的相关知识。具体步骤如下所示。

步骤 1　分析需求。

本实例包含两个部分，一个部分是图片信息，介绍学校场景；一个部分是段落信息，介绍学校历史和理念。这两部分都放在一个 div 中。实例完成后，效果如图 13-8 所示。

图 13-8　宣传效果图

步骤 2　构建 HTML 网页。

创建 HTML 页面，页面中包含一个 div，div 中包含图片和两个段落信息。其代码如下所示。

```
<html>
<head>
<title>学校宣传单 </title>
</head>
<body>
<div>
```

```
    <img src="04.jpg" /><p>某大学风景优美</p><p>学校发扬"百折不挠、艰苦创业"的
办学传统，坚持"质量立校、人才兴校、创新强校、文化铸校、和谐荣校"的办学理念，弘扬"爱国荣校、
民主和谐、求真务实、开放创新"的精神</p>
</div>
</body>
</html>
```

在 IE 浏览器中浏览效果如图 13-9 所示，可以看到在网页中，标题和内容被一个虚线隔开。

图 13-9　HTML 页面显示

步骤 3 添加 CSS 代码，修饰 div。

```
<style>
big{
width:430px;
}
</style>
```

在 HTML 代码中，将 big 引用到 div 中，代码如下所示。

```
<div class=big>
    <img src="xuexiao.jpg" /><p>某大学风景优美</p><p>学校发扬"百折不挠、艰苦创业"
的办学传统，坚持"质量立校、人才兴校、创新强校、文化铸校、和谐荣校"的办学理念，弘扬"爱国荣校、
民主和谐、求真务实、开放创新"的精神</p>
</div>
```

在 IE 浏览器中浏览效果如图 13-10 所示，可以看到在网页中段落以块的形式显示。

图 13-10　修饰 div 层

步骤　**4**　添加 CSS 代码，修饰图片。

```
img{
    width:260px;
    height:220px;
    border:#009900 2px solid;
    float:left;
     padding-right:0.5px;
    }
```

在 IE 浏览器中浏览效果如图 13-11 所示，可以看到图片以指定大小显示，并且带有边框，并在页面左侧浮动。

图 13-11　修饰图片

步骤　**5**　添加 CSS 代码，修饰段落。

```
    p{
font-family:" 宋体 ";
font-size:14px;
```

```
    line-height:20px;
  }
```

　　在 IE 浏览器中浏览效果如图 13-12 所示，可以看到在网页中段落文字以宋体显示，大小为 14 像素，行高为 20 像素。

图 13-12　修饰段落

13.5　综合案例 2——制作简单图文混排网页

　　在一个网页中出现最多的就是文字和图片，二者放在一起，图文并茂，能够生动地表达主题。本实例创建一个图片与文字的简单混排。具体步骤如下所示。

步骤 1　分析需求。

　　本综合实例的要求如下，在网页的最上方显示出标题，标题下方是正文，在正文显示部分图片。在设计这个网页标题时，其方法同上面实例相同。上述要求通过使用 CSS 样式属性实现。其实例效果图如图 13-13 所示。

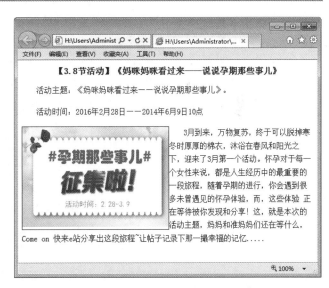

图 13-13　图文混排显示

步骤 2　分析布局并构建 HTML。

　　首先需要创建一个 HTML 页面，并用 div 将页面划分两个层，一个是网页标题层，另一个是正文部分。

步骤 3　导入 CSS 文件。

　　在 HTML 页面，将 CSS 文件使用 link 方式导入 HTML 页面中。此 CSS 页面定义了这个页面的所有样式，其导入代码如下所示。

```
<link href="CSS.css" rel="stylesheet" type="text/css" />
```

步骤 4 完成标题部分。

首先设置网页标题部分，创建一个 div，用来放置标题。其 HTML 代码如下所示。

```
<div>
<h1>【3.8 节活动】《妈咪妈咪看过来——说说孕期那些事儿》
</h1>
```

</div 在 CSS 样式文件中修饰 HTML 元素，其 CSS 代码如下所示。

```
h1{text-align:center;text-shadow:0.1em 2px 6px blue;font-size:18px;}
```

步骤 5 完成正文和图片部分。

下面设置网页正文部分，正文中包含了一个图片。其 HTML 代码如下所示。

```
<div>
<p>活动主题：《妈咪妈咪看过来——说说孕期那些事儿》。
</p>
<p> 活动时间：2016 年 2 月 28 日——2016 年 3 月 9 日 10 点
</p>
<DIV class="im">
<img src="8.jpg"  width="300" height="200"/>
</DIV>
<p>3 月到来，万物复苏，终于可以脱掉寒冬时厚厚的棉衣，沐浴在春风和阳光之下，迎来了 3 月第一个活动。
怀孕对于每一个女性来说，都是人生经历中的最重要的一段旅程，随着孕期的进行，你会遇到很多未曾遇
见的怀孕体验，而，这些体验 正在等待被你发现和分享！这，就是本次的活动主题，妈妈和准妈妈们还在
等什么，Come on 快来 e 站分享出这段旅程～让帖子记录下那一撮幸福的记忆……
</p>
</div>
```

CSS 样式代码如下所示。

```
p{text-indent:8mm;line-height:7mm;}
.im{width:300px; float:left; border:#000000 solid 1px;}
```

13.6 高手甜点

甜点 1：在网页上进行图文排版时，哪些是必须要做的？

答：在进行图文排版时，通常有下面 5 个方面需要网页设计者考虑。分别如下。

（1）首行缩进：段落的开头应该空两格，在 HTML 中空格键起不了作用。当然，可

以用 nbsp 来代替一个空格，但这不是理想的方式，可以用 CSS3 中的首行缩进，其大小为 2em。

（2）图文混排：在 CSS3 中，可以用 float 来让文字在没有清理浮动的时候，显示在图片以外的空白处。

（3）设置背景色：设置网页背景，增强效果。此内容会在后面介绍。

（4）文字居中：可以 CSS 的 text-align 设置文字居中。

（5）显示边框：通过 border 为图片添加一个边框。

甜点 2：设置文字环绕时，float 元素为什么会失去作用？

答：很多浏览器在显示未指定 width 的 float 元素时会有错误。所以不管 float 元素的内容如何，一定要为其指定 width 属性。

13.7　跟我练练手

练习 1：通过属性 width 和 height 控制网页中图片的大小。

练习 2：通过属性 max-width 和 max-height 控制网页中图片的大小。

练习 3：制作一个包含图片横向对齐网页的例子。

练习 4：制作一个包含图片纵向对齐网页的例子。

练习 5：制作一个包含文字环绕网页的例子。

练习 6：制作一个包含控制图片和文字间距的例子。

练习 7：制作一个包含制作学校宣传单的例子。

练习 8：制作一个包含图文混排的例子。

第14章 使用 CSS3 美化网页背景与边框

　　任何一个页面，首先映入眼帘的就是网页的背景色和基调，不同类型网站有不同背景和基调。因此页面中的背景通常是网站设计时一个重要的步骤。对于单个 HTML 元素，可以通过 CSS3 属性设置元素边框样式，包括宽度、显示风格和颜色等。本章将重点介绍网页背景设置和 HTML 元素边框样式。

● **本章要点（已掌握的在方框中打钩）**

☐ 掌握美化网页背景的方法
☐ 掌握美化网页边框的方法
☐ 掌握设置边框圆角效果的方法
☐ 掌握制作简单公司主页的方法
☐ 掌握制作简单生活资讯主页的方法

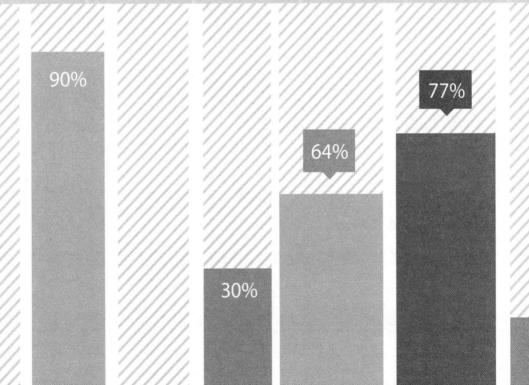

14.1 使用 CSS3 美化背景

背景是网页设计时的重要因素之一，一个背景优美的网页，总能吸引不少访问者。例如，喜庆类网站都是以火红背景为主题，CSS 的强大表现功能在背景方面同样发挥得淋漓尽致。

14.1.1 案例 1——设置背景颜色 background-color

background-color 属性用于设定网页背景色，同设置前景色的 color 属性一样，background-color 属性接受任何有效的颜色值，而对于没有设定背景色的标记，默认背景色为透明（tranaparent）。

其语法格式如下。

```
{background-color : transparent | color}
```

关键字 transparent 是个默认值，表示透明。背景颜色 color 设定方法可以采用英文单词、十六进制、RGB、HSL、HSLA 和 GRBA。

【例 14.1】（实例文件：ch14\14.1.html）

```
<!DOCTYPE html>
<html>
<head>
<title>背景色设置</title>
<head>
<body style="background-color:PaleGreen; color:Blue">
  <p>
    background-color 属性设置背景色，color 属性设置字体颜色。
  </p>
</body>
</html>
```

在 IE 9.0 中浏览效果如图 14-1 所示，可以看到网页背景色显示为浅绿色，而字体颜色为蓝色。注意，在网页设计时，其背景色不要使用太艳的颜色，会给人一种喧宾夺主的感觉。

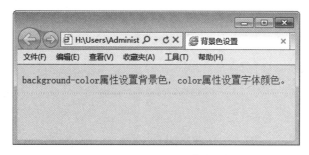

图 14-1　设置背景色

background-color 不仅可以设置整个网页的背景颜色，同样还可以设置指定 HTML 元素的背景色，例如设置 h1 标题的背景色，设置段落 p 的背景色。可以想象，在一个网页，可以根据需要设置不同 HTML 元素的背景色。

【例 14.2】（实例文件：ch14\14.2.html）

```
<!DOCTYPE html>
<html>
<head>
<title>背景色设置</title>
<style>
h1 {
    background-color: red;
    color: black;
    text-align:center;
}
p{
    background-color:gray;
    color:blue;
    text-indent:2em;
}
</style>
<head>
<body >
    <h1>颜色设置</h1>
  <p>
    background-color 属性设置背景色，color 属性设置字体颜色。
  </p>
</body>
</html>
```

在 IE 9.0 中浏览效果如图 14-2 所示，可以看到网页中标题区域背景色为红色，段落区域背景色为灰色，并且分别为字体设置了不同的前景色。

图 14-2　设置 HTML 元素背景色

14.1.2　案例 2——设置背景图片 background-image

网页中不但可以使用背景色来填充网页背景，同样也可以使用背景图片来填充网页。通过 CSS3 属性可以对背景图片进行精确定位。background-image 属性用于设定标记的背景图片，通常情况下，在标记 <body> 中应用，将图片用于整个主体中。

background-image 语法格式如下所示。

```
background-image : none | url (url)
```

其默认属性是无背景图,当需要使用背景图时可以用 url 进行导入,url 可以使用绝对路径,也可以使用相对路径。

【例 14.3】(实例文件:ch14\14.3.html)

```
<!DOCTYPE html>
<html>
<head>
<title> 背景色设置 </title>
<style>
body{
    background-image:url(01.jpg)
    }
</style>
<head>
<body  >
<p>夕阳无限好,只是近黄昏! </p>
</body>
</html>
```

在 IE 9.0 中浏览效果如图 14-3 所示,可以看到网页中显示背景图,但如果图片大小小于整个网页大小时,此时图片为了填充网页背景色,会重复出现并铺满整个网页。

图 14-3　设置背景图片

在设定背景图片时,最好同时也设定背景色,这样当背景图片由于某种问题无法正常显示时,可以使用背景色来代替。如果正常显示,背景图片会覆盖背景色。

14.1.3　案例 3——背景图片重复 background-repeat

在进行网页设计时,通常都是一个网页使用一张背景图片,如果图片大小小于背景图片时,会直接重复铺满整个网页,但这种方式不适用于大多数页面,在 CSS 中可以通过 background-repeat 属性设置图片的重复方式,包括水平重复、垂直重复和不重复等。

background-repeat 属性用于设定背景图片是否重复平铺。各属性值说明如表 14-1 所示。

表 14-1　background-repeat 属性值

属　性　值	描　　　述
repeat	背景图片水平和垂直方向都重复平铺
repeat-x	背景图片水平方向重复平铺
repeat-y	背景图片垂直方向重复平铺
no-repeat	背景图片不重复平铺

background-repeat 属性重复背景图片是从元素的左上角开始平铺，直到水平、垂直或全部页面都被背景图片覆盖。

【例 14.4】（实例文件：ch14\14.4.html）

```
<!DOCTYPE html>
<html>
<head>
<title>背景图片重复</title>
<style>
body{
    background-image:url(01.jpg);
    background-repeat:no-repeat;
    }
</style>
<head>
<body>
<p>夕阳无限好，只是近黄昏！</p>
</body>
</html>
```

在 IE 9.0 中浏览效果如图 14-4 所示，可以看到网页中显示背景图，但图片以默认大小显示，而没有对整个网页背景进行填充。这是因为在代码中设置了背景图不重复平铺。

同样可以在上面代码中设置 background-repeat 的属性值为其他值，例如可以设置值为 repeat-x，表示图片在水平方向平铺。此时，在 IE 9.0 中，效果如图 14-5 所示。

图 14-4　背景图片不重复平铺

图 14-5　水平方向平铺

14.1.4 案例 4——背景图片显示 background-attachment

对于一个文本较多，一屏显示不了的页面来说，如果使用的背景图片不足够覆盖整个页面，而且只将背景图片应用在页面的一个位置上，那么在浏览页面时，肯定会出现看不到背景图片的情况；并出现背景图片初始可见，而随着页面的滚动又不可见。也就是说，背景图片不能时刻随着页面的滚动而显示。

要解决上述问题，就要使用 background-attachment 属性，该属性用来设定背景图片是否随文档一起滚动。该属性包含两个属性值：scroll 和 fixed，并适用于所有元素，如表 14-2 所示。

表 14-2 background-attachment 属性值

属 性 值	描　　述
scroll	默认值，当页面滚动时，背景图片随页面一起滚动
fixed	背景图片固定在页面的可见区域里

使用 background-attachment 属性，可以使背景图片始终处于视野范围内，以避免出现因页面的滚动而消失的情况。

【例 14.5】（实例文件：ch14\14.5.html）

```
<!DOCTYPE html>
<html>
<head>
<title>背景显示方式</title>
<style>
body{
     background-image:url(01.jpg);
     background-repeat:no-repeat;
     background-attachment:fixed;
   }
p{
    text-indent:2em;
     line-height:30px;
   }
h1{
     text-align:center;
   }
</style>
<head>
<body  >
<h1>兰亭序</h1>
<p>
永和九年，岁在癸（guǐ）丑，暮春之初，会于会稽（kuài jī）山阴之兰亭，修禊（xi）事也。群贤毕至，
少长咸集。此地有崇山峻岭，茂林修竹，  又有清流激湍（tuān），映带左右。引以为流觞（shāng）曲
（qū）水，列坐其次，虽无丝竹管弦之盛，一觞（shang）一咏，亦足以畅叙幽情。
</p>
```

```
<p>是日也，天朗气清，惠风和畅。仰观宇宙之大，俯察品类之盛，所以游目骋（chěng）怀，足以极视听之娱，
信可乐也。</p>
<p> 夫人之相与，俯仰一世。或取诸怀抱，晤言一室之内；或因寄所托，放浪形骸（hái）之外。虽趣（qǔ）
舍万殊，静躁不同，当其欣于所遇，暂得于己，快然自足，不知老之将至。及其所之既倦，情随事迁，感慨系（xì）
之矣。向之所欣，俯仰之间，已为陈迹，犹不能不以之兴怀。况修短随化，终期于尽。古人云："死生亦大矣。"
岂不痛哉！</p>
<p>每览昔人兴感之由，若合一契，未尝不临文嗟（jiē）悼，不能喻之于怀。固知一死生为虚诞，齐彭
殇（shāng）为妄作。后之视今，亦犹今之视昔，悲夫！故列叙时人，录其所述。虽世殊事异，所以兴怀，
其致一也。后之览者，亦将有感于斯文。</p>
</body>
</html>
```

在 IE 9.0 中浏览效果如图 14-6 所示，可以看到网页 background-attachment 属性的值为 fixed 时，背景图片的位置固定并不是相对于页面的，而是相对于页面的可视范围。

图 14-6　图片显示方式

14.1.5　案例 5——背景图片位置 background-position

我们知道，背景图片位置都是从设置了 background 属性的标记（例如 body 标记）的左上角开始出现，但在实际网页设计中，可以根据需要指定背景图片出现的位置。在 CSS3 中，可以通过 background-position 属性轻松调整背景图片位置。

background-position 属性用于指定背景图片在页面中所处位置。该属性值可以分为四类：绝对定义位置（length）、百分比定义位置（percentage）、垂直对齐值和水平对齐值。其中垂直对齐值包括 top、center 和 bottom，水平对齐值包括 left、center 和 right，如表 14-3 所示。

表 14-3　background-position 属性值

属 性 值	描　　述
length	设置图片与边距水平与垂直方向的距离长度，后跟长度单位（cm、mm、px 等）
percentage	以页面元素框的宽度或高度的百分比放置图片
top	背景图片顶部居中显示
center	背景图片居中显示
bottom	背景图片底部居中显示

（续表）

属 性 值	描 述
left	背景图片左部居中显示
right	背景图片右部居中显示

垂直对齐值还可以与水平对齐值一起使用，从而决定图片的垂直位置和水平位置。

【例 14.6】（实例文件：ch14\14.6.html）

```
<!DOCTYPE html>
<html>
<head>
<title>背景位置设定</title>
<style>
body{
    background-image:url(01.jpg);
    background-repeat:no-repeat;
    background-position:top right;
}
</style>
<head>
<body  >
</body>
</html>
```

在 IE 9.0 中浏览效果如图 14-7 所示，可以看到网页中显示背景，其背景是从顶部和右边开始的。

图 14-7　设置背景图片位置

使用垂直对齐值和水平对齐值只能格式化地放置图片，如果在页面中要自由地定义图片的位置，则需要使用确定数值或百分比。此时在上面代码中，将

```
background-position:top right;
```

语句修改为

```
background-position:20px 30px
```

在 IE 9.0 中浏览效果如图 14-8 所示，可以看到网页中显示背景，其背景是从左上角开始，但并不是从（0，0）坐标位置开始，而是从（20，30）坐标位置开始的。

图 14-8　指定背景图片位置

14.1.6　案例 6——背景图片大小 background-size

在以前的网页设计中，背景图片的大小是不可以控制的，如果想要图片填充整个背景，则需要事先设计一个较大的背景图片，否则只能让背景图片以平铺的方式来填充页面元素。在 CSS3 中，新增了一个 background-size 属性，用来控制背景图片大小，从而降低网页设计的开发成本。

background-size 语法格式如下所示。

```
background-size : [ <length> | <percentage> | auto ]{1,2} | cover | contain
```

其参数值含义如表 14-4 所示。

表 14-4　background-size 属性参数表

参 数 值	说 明
<length>	由浮点数字和单位标识符组成的长度值。不可为负值
<percentage>	取值为 0% 到 100% 之间的值。不可为负值
cover	保持背景图像本身的宽高比例，将图片缩放到正好完全覆盖所定义的背景区域
contain	保持背景图像本身的宽高比例，将图片缩放到宽度或高度正好适应所定义的背景区域

【例 14.7】（实例文件：ch14\14.7.html）

```
<!DOCTYPE html>
<html>
<head>
<title>背景大小设定</title>
<style>
body{
    background-image:url(01.jpg);
    background-repeat:no-repeat;
    background-size:cover;
```

```
    }
</style>
<head>
<body  >
</body>
</html>
```

在 IE 9.0 中浏览效果如图 14-9 所示，可以看到网页中背景图片填充了整个页面。

图 14-9　设定背景图片大小

同样，也可以用像素或百分比指定背景大小显示。当指定为百分比时，大小会由所在区域的宽度、高度，以及 background-origin 的位置决定。应用示例如下。

```
background-size:900 800;
```

此时 background-size 属性可以设置 1 个或 2 个值，1 个位必填，1 个位选填。其中第 1 个值用于指定图片宽度，第 2 个值用于指定图片高度，如果只设定一个值，则第 2 个值默认为 auto。

14.1.7　案例 7——背景显示区域 background-origin

在网页设计中，如果能改善背景图片的定位方式，使设计师能够更灵活地决定背景图片应该显示的位置，会大大降低设计成本。在 CSS3 中，新增了一个 background-origin 属性，用来完成背景图片的定位。

默认情况下，background-position 属性总是以元素左上角原点作为背景图像定位，应用 background-origin 属性可以改变这种定位方式。

```
background-origin : border | padding | content
```

其参数含义如表 14-5 所示。

表 14-5　background-origin 参数值

参 数 值	说　明
border	从 border 区域开始显示背景

（续表）

参 数 值	说 明
padding	从 padding 区域开始显示背景
content	从 content 区域开始显示背景

【例 14.8】（实例文件：ch14\14.8.html）

```
<!DOCTYPE html>
<html>
<head>
<title>背景显示区域设定</title>
<style>
div{
    text-align:center;
    height:500px;
    width:416px;
    border:solid 1px red;
    padding:32px 2em 0;
    background-image:url(02.jpg);
    background-origin:padding;
  }
div h1{
    font-size:18px;
    font-family:"幼圆";
}
div p{
    text-indent:2em;
    line-height:2em;
    font-family:"楷体";
  }
</style>
<head>
<body  >
<div>
<h1>神笔马良的故事</h1>
<p>
从前，有个孩子名字叫马良。父亲母亲早就死了，靠他自己打柴、割草过日子。他从小喜欢学画，可是，
他连一支笔也没有啊！
</p>
<p>
一天，他走过一个学馆门口，看见学馆里的教师，拿着一支笔，正在画画。他不自觉地走了进去，对教师说：
"我很想学画，借给我一支笔可以吗？"教师瞪了他一眼，"呸！"一口唾沫啐在他脸上，骂道："穷娃
子想拿笔，还想学画？做梦啦！"说完，就将他撵出大门来。马良是个有志气的孩子，他说："偏不相信，
怎么穷孩子连画也不能学了！"。
</p>
</div>
```

```
</body>
</html>
```

在 IE 9.0 中浏览效果如图 14-10 所示，可以看到在网页中，背景图片以指定大小在网页左侧显示，而背景图片上显示了相应的段落信息。

图 14-10　设置背景显示区域

14.1.8　案例 8——背景图像裁剪区域 background-clip

在 CSS3 中新增了一个 background-clip 属性，用来定义背景图片的裁剪区域。background-clip 属性和 background-orgin 属性有几分相似，通俗地说，background-clip 属性用来判断背景是否包含边框区域，而 background-orgin 属性用来决定 background-position 属性定位的参考位置。

background-clip 语法格式如下所示。

```
background-clip : border-box | padding-box | content-box | no-clip
```

其参数值含义如表 14-6 所示。

表 14-6　background-clip 参数值

参 数 值	说　明
border	从 border 区域开始显示背景
padding	从 padding 区域开始显示背景
content	从 content 区域开始显示背景
no-clip	从边框区域外裁剪背景

【例 14.9】（实例文件：ch14\14.9.html）

```
<!DOCTYPE html>
<html>
<head>
<title>背景裁剪</title>
<style>
div{
    height:150px;
    width:200px;
    border:dotted 50px red;
    padding:50px;
    background-image:url(02.jpg);
    background-repeat:no-repeat;
    background-clip:content;
}
</style>
<head>
<body>
<div>
</div>
</body>
</html>
```

在 IE9.0 中浏览效果如图 14-11 所示，可以看到网页中，背景图像仅在内容区域内显示。

图 14-11　以内容边缘裁剪背景图

14.1.9　案例 9——背景复合属性

在 CSS3 中，background 属性依然保持了以前的用法，即综合了以上所有与背景有关的属性（即以 background- 开头的属性），可以一次性地设定背景样式。格式如下。

```
background:[background-color] [background-image] [background-repeat]
          [background-attachment] [background-position]
  [background-size] [background-clip] [background-origin]
```

其中的属性顺序可以自由调换，并且可以选择设定。没有设定的属性，系统会自行为该属性添加默认值。

【例 14.10】（实例文件：ch14\14.10.html）

```
<!DOCTYPE html>
<html>
<head>
<title>背景的复合属性</title>
<style>
body
{
    background-color:Black;
    background-image:url(01.jpg);
    background-position:center;
    background-repeat:repeat-x;
    background-attachment:fixed;
    background-size:900 800;
    background-origin:padding;
    background-clip:content;
}
</style>
<head>
<body>
</body>
</html>
```

在 IE9.0 中浏览效果如图 14-12 所示，可以看到网页中，背景以复合方式显示。

图 14-12　设置背景的复合属性

14.2 使用 CSS3 美化边框

边框就是将元素内容及间隙包含在其中的边线，类似于表格的外边线。每一个页面元素的边框可以从三个方面来描述：宽度、样式和颜色，这三个方面决定了边框所显示出来的外观。CSS3 中分别使用 border-style、border-color 和 border-width 这三个属性来设定边框。

14.2.1 案例 10——设置边框样式 border-style

border-style 属性用于设定边框的样式，也就是风格。设定边框格式是边框最重要的部分，它主要用于为页面元素添加边框。其语法格式如下所示。

```
border-style : none | dotted | dashed | solid | double | groove | ridge |inset
 | outset
```

CSS3 设定了 9 种边框样式，如表 14-7 所示。

表 14-7　边框样式

属 性 值	描　述
none	无边框，无论边框宽度设为多大
dotted	点线式边框
dashed	破折线式边框
solid	直线式边框
double	双线式边框
groove	槽线式边框
ridge	脊线式边框
inset	内嵌效果的边框
outset	突起效果的边框

【例 14.11】（实例文件：ch14\14.11.html）

```
<!DOCTYPE html>
<html>
<head>
<title>边框样式</title>
<style>
h1 {
    border-style:dotted;
    color: black;
    text-align:center;
```

```
}
p{
    border-style:double;
    text-indent:2em;
}
</style>
<head>
<body >
    <h1> 带有边框的标题 </h1>
    <p> 带有边框的段落 </p>
</body>
</html>
```

在 IE 9.0 中浏览效果如图 14-13 所示，可以看到网页中，标题 h1 显示的时候，带有边框，其边框样式为点线式边框；同样段落也带有边框，其边框样式为双线式边框。

图 14-13　设置边框

> **注意**　在没有设定边框颜色的情况下，groove、ridge、inset 和 outset 边框默认的颜色是灰色。dotted、dashed、solid 和 double 这四种边框的颜色基于页面元素的 color 值。

其实，这几种边框样式还可以分别定义在一个边框中，从上边框开始按照顺时针的方向分别定义边框的上、右、下、左边框样式，从而形成多样式边框。例如，有下面一条样式规则。

```
p{border-style:dotted solid dashed groove}
```

另外，如果需要单独定义边框一条边的样式，则可以使用如表 14-8 所列的属性来定义。

表 14-8　各边样式属性

属 性 值	描　　述
border-top-style	设定上边框的样式
border-right-style	设定右边框的样式
border-bottom-style	设定下边框的样式
border-left-style	设定左边框的样式

14.2.2　案例 11——设置边框颜色 border-color

border-color 属性用于设定边框颜色，如果不想与页面元素的颜色相同，则可以使用该属性为边框定义其他颜色。border-color 属性语法格式如下所示。

```
border-color : color
```

　　color 表示指定颜色，其颜色值通过十六进制和 RGB 等方式获取。同边框样式属性一样，border-color 属性可以为边框设定一种颜色，也可以同时设定四个边的颜色。

　　【例 14.12】（实例文件：ch14\14.12.html）

```
<!DOCTYPE html>
<html>
<head>
<title> 设置边框颜色 </title>
<style>
p{
    border-style:double;
    border-color:red;
    text-indent:2em;
}
</style>
<head>
<body >
    <p> 边框颜色设置 </p>
    <p style="border-style:solid; border-color:red blue yellow green">
    分别定义边框颜色
 </p>
</body>
</html>
```

　　在 IE 9.0 中浏览效果如图 14-14 所示，可以看到在网页中，第一个段落边框颜色设置为红色，第二个段落边框颜色分别设置为红色、蓝色、黄色和绿色。

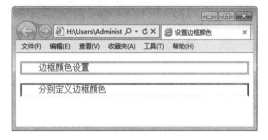

图 14-14　设置边框颜色

　　除了上面设置四个边框颜色的方法之外，还可以使用如表 14-9 列出的属性单独为相应的边框设定颜色。

表 14-9　各边颜色属性

属 性 值	描　　述
border-top-color	设定上边框颜色
border-right-color	设定右边框颜色
border-bottom-color	设定下边框颜色
border-left-color	设定左边框颜色

14.2.3 案例 12——设置边框线宽 border-width

在 CSS3 中，可以通过设定边框宽带来增强边框效果。border-width 属性就是用来设定边框宽度的，其语法格式如下所示。

```
border-width : medium | thin | thick | length
```

其中预设有三种属性值：medium、thin 和 thick，另外还可以自行设置宽度（width），如表 14-10 所示。

表 14-10　border-width 属性

属 性 值	描　　述
medium	默认值，中等宽度
thin	比 medium 细
thick	比 medium 粗
length	自定义宽度

【例 14.13】（实例文件：ch14\14.13.html）

```
<!DOCTYPE html>
<html>
<head>
<title>设置边框宽度</title>
<head>
<body >
    <p style="border-style:dotted; border-width:medium;">边框颜色设置</p>
    <p style="border-style:dashed;border-width:thin;">边框颜色设置</p>
    <p style="border-style:solid; border-width:12px;">
  分别定义边框颜色
 </p>
</body>
</html>
```

在 IE 9.0 中浏览效果如图 14-15 所示，可以看到在网页中，三个段落边框以不同的粗细显示。

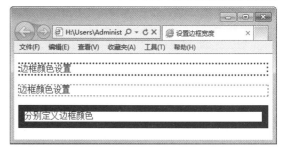

图 14-15　设置边框宽带

border-width 属 性 其 实 是 border-top-width、border-right-width、border-bottom-width 和 border-left-width 这四个属性的综合属性，分别用于设定上边框、右边框、下边框、左边框的宽度。

【例 14.14】（实例文件：ch14\14.14.html）

```
<!DOCTYPE html>
<html>
<head>
<title>边框宽度设置</title>
<style>
p{
border-style:solid;
border-color:#ff00ee;
border-top-width:medium;
border-right-width:thin;
bottom-width:thick;
border-left-width:15px;
}
</style>
<head>
<body >
    <p >边框宽度设置</p>
</body>
</html>
```

在 IE 9.0 中浏览效果如图 14-16 所示，可以看到在网页中，段落的四条边框以不同的宽度显示。

图 14-16　分别设置四条边框宽度

14.2.4　案例 13——设置边框复合属性

border 属性集合了上述所介绍的三种属性，为页面元素设定边框的宽度、样式和颜色。语法格式如下所示。

```
border : border-width || border-style || border-color
```

其中，三个属性顺序可以自由调换。

【例 14.15】（实例文件：ch14\14.15.html）

```
<!DOCTYPE html>
<html>
<head>
<title>设置边框复合属性</title>
```

```
<head>
<body >
    <p style="border:dashed  red 12px">设置边框复合属性</p>
</body>
</html>
```

在 IE 9.0 中浏览效果如图 14-17 所示，可以看到在网页中，段落边框样式以破折线显示、颜色为红色、宽带为 12 像素。

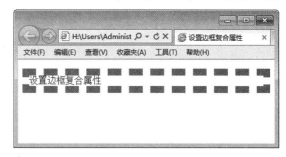

图 14-17　设置边框复合属性

14.3　设置边框圆角效果 border-radius

在 CSS3 标准没有推出之前，如果想要实现边框的圆角效果，需要花费很大的精力，但在 CSS3 标准推出之后，网页设计者可以使用 border-radius 轻松实现边框的圆角效果。

14.3.1　案例 14——设置圆角边框

在 CSS3 中，可以使用 border-radius 属性定义边框的圆角效果，从而大大降低圆角开发成本。border-radius 的语法格式如下所示。

```
border-radius :  none | <length>{1,4} [ / <length>{1,4} ]?
```

其中，none 为默认值，表示元素没有圆角。<length> 表示由浮点数字和单位标识符组成的长度值，不可为负值。

【例 14.16】（实例文件：ch14\14.16.html）

```
<!DOCTYPE html>
<html>
<head>
<title>圆角边框设置</title>
<style>
p{
    text-align:center;
    border:15px solid red;
    width:100px;
```

```
        height:50px;
        border-radius:10px;
}
</style>
<head>
<body >
    <p> 这是一个圆角边框 </p>
</body>
</html>
```

在 IE 9.0 中浏览效果如图 14-18 所示，可以看到在网页中，段落边框以圆角显示，其半径为 10 像素。

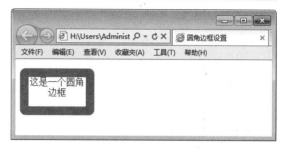

图 14-18　定义圆角边框

14.3.2　案例 15——指定两个圆角半径

border-radius 属性可以包含两个参数值：第一个参数表示圆角的水平半径，第二个参数表示圆角的垂直半径，两个参数通过斜线（"/"）隔开。如果仅含一个参数值，则第二个值与第一个值相同，表示的是一个 1/4 的圆。如果参数值中包含 0，则这个值就是矩形，不会显示为圆角。

【例 14.17】（实例文件：ch14\14.17.html）

```
<!DOCTYPE html>
<html>
<head>
<title> 圆角边框设置 </title>
<style>
.p1{
    text-align:center;
    border:15px solid red;
    width:100px;
    height:50px;
    border-radius:5px/50px;
}
.p2{
    text-align:center;
    border:15px solid red;
    width:100px;
    height:50px;
```

```
    border-radius:50px/5px;
}
</style>
<head>
<body >
    <p class=p1> 这是一个圆角边框 A</p>
    <p class=p2> 这也是一个圆角边框 B</p>
</body>
</html>
```

在 IE 9.0 中浏览效果如图 14-19 所示，可以看到在网页中，显示了两个圆角边框，第一个段落圆角半径为 5px/50px，第二个段落圆角半径为 50px/5px。

图 14-19　定义不同半径的圆角边框

14.3.3　案例 16——绘制四个不同圆角边框

在 CSS3 中，实现四个不同圆角边框的方法有两种：一种是 border-radius 属性，另一种是使用 border-radius 衍生属性。

 1. border-radius 属性

利用 border-radius 属性可以绘制 4 个不同圆角的边框，如果直接给 border-radius 属性赋四个值，这四个值将按照 top-left、top-right、bottom-right、bottom-left 的顺序来设置。如果 bottom-left 的值省略，其圆角效果和 top-right 效果相同；如果 bottom-right 的值省略，其圆角效果和 top-left 效果相同；如果 top-right 的值省略，其圆角效果和 top-left 效果相同。如果为 border-radius 属性设置 4 个值的集合参数，则每个值表示每个角的圆角半径。

【例 14.18】（实例文件：ch14\14.18.html）

```
<!DOCTYPE html>
<html>
<head>
<title>设置圆角边框 </title>
<style>
.div1{
    border:15px solid blue;
    height:100px;
```

```
    border-radius:10px 30px 50px 70px;
}
.div2{
    border:15px solid blue;
    height:100px;
    border-radius:10px 50px 70px;
}
.div3{
    border:15px solid blue;
    height:100px;
    border-radius:10px 50px;
}
</style>
<head>
<body >
<div class=div1></div><br>
<div class=div2></div><br>
<div class=div3></div>
</body>
</html>
```

在 IE9.0 中浏览效果如图 14-20 所示，可以看到在网页中，第一个 div 层设置了四个不同的圆角边框，第二个 div 层设置了三个不同的圆角边框，第三个 div 层设置了两个不同的圆角边框。

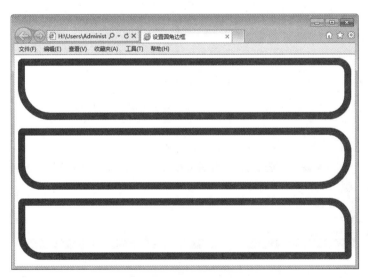

图 14-20　设置四个圆角边框

 border-radius 衍生属性

除了上面设置圆角边框的方法之外，还可以使用如表 14-11 列出的属性，单独为相应的边框设置圆角。

表 14-11　定义不同圆角

属 性 值	描　述
border-top-right-radius	定义右上角圆角
border-bottom-right-radius	定义右下角圆角
border-bottom-left-radius	定义左下角圆角
border-top-left-radius	定义左上角圆角

【例 14.19】（实例文件：ch14\14.19.html）

```
<!DOCTYPE html>
<html>
<head>
<title>圆角边框设置</title>
<style>
.div{
    border:15px solid blue;
    height:100px;
    border-top-left-radius:70px;
    border-bottom-right-radius:40px;
}
</style>
<head>
<body >
<div class=div></div><br>
</body>
</html>
```

在 IE9.0 中浏览效果如图 14-21 所示，可以看到在网页中，设置两个圆角边框，分别使用 border-top-left-radius 和 border-bottom-right-radius 指定。

图 14-21　绘制指定圆角边框

14.3.4 案例 17——绘制不同种类的边框

border-radius 属性可以根据不同半径值来绘制不同的圆角边框。同样也可以利用 border-radius 来定义边框内部的圆角，即内圆角。需要注意的是，外部圆角边框的半径称为外半径，内边半径等于外边半径减去对应边的宽度，即将边框内部的圆的半径称为内半径。

　　通过外半径和边框宽度的不同设置，可以绘制出不同形状的内边框。例如，绘制内直角、小内圆角、大内圆角和圆。

　　【例 14.20】（实例文件：ch14\14.20.html）

```
<!DOCTYPE html>
<html>
<head>
<title>圆角边框设置</title>
<style>
.div1{
    border:70px solid blue;
    height:50px;
    border-radius:40px;
  }
.div2{
    border:30px solid blue;
    height:50px;
    border-radius:40px;
  }
.div3{
    border:10px solid blue;
    height:50px;
    border-radius:60px;
  }
.div4{
    border:1px solid blue;
    height:100px;
    width:100px;
    border-radius:50px;
  }
</style>
<head>
<body >
<div class=div1></div><br>
<div class=div2></div><br>
<div class=div3></div><br>
<div class=div4></div><br>
</body>
</html>
```

　　在 IE9.0 中浏览效果如图 14-22 所示，可以看到在网页中，第一个边框内角为直角、第二个边框内角为小圆角，第三个边框内角为大圆角，第四个边框为圆。

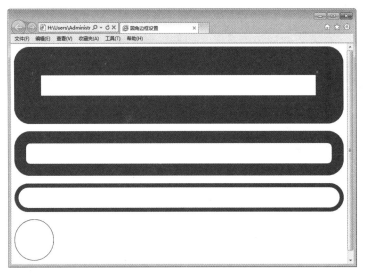

图 14-22　绘制不同种类边框

提示　当边框宽度设置大于圆角外半径，即内半径为 0，则会显示内直角，而不是圆直角，所以内外边曲线的圆心必然是一致的，见上例中第一种边框设置。如果边框宽度小于圆角半径，则内半径小于 0，则会显示小幅圆角效果，见上例中第二种边框设置。如果边框宽度设置远远小于圆角半径，则内半径远远大于 0，则会显示大幅圆角效果，见上例中第三种边框设置。如果设置元素相同，同时设置圆角半径为元素大小的一半，则会显示圆，见上例中的第四种边框设置。

14.4　综合案例 1——制作简单公司主页

打开各种类型的商业网站，最先映入眼帘的就是首页，也称为主页。作为一个网站的门户，主页一般要求版面整洁，美观大方。结合前面学习的背景美化和边框知识，我们创建一个简单的商业网站。具体步骤如下所示。

步骤　1　分析需求。

在本实例中，主页包括了三个部分，一部分是网站 logo，一部分是导航栏，一部分是主页显示内容。网站 logo 此处使用了一个背景图来代替，导航栏利用表格实现，内容列表使用无序列表实现。实例完成后，效果如图 14-23 所示。

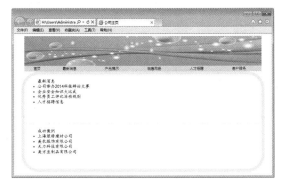

图 14-23　商业网站主页

步骤 2 构建基本 HTML。

为了划分不同的区域，HTML 页面需要包含不同的 div 层，每一层代表一个内容。一个 div 包含背景图，一个 div 包含导航栏，一个 div 包含整体内容，内容又可以划分两个不同的层。其代码如下所示。

```html
<!DOCTYPE html>
<html>
<head>
<title> 公司主页 </title>
</head>
<body>
<center>
<div>
<div class="div1" align=center></div>
<div class=div2>
<table width=99%><tr align=center><td> 首页 </td><td> 最新消息 </td><td> 产品展示
</td><td> 销售网络 </td><td> 人才招聘 </td><td> 客户服务 </td></tr></table>
</div>
<div class=div3>
<div class=div4>
<ul> 最新消息
<li> 公司举办 2014 科技辩论大赛 </li>
<li> 企业安全知识大比武 </li>
<li> 优秀员工评比活动规则 </li>
<li> 人才招聘信息 </li>
</ul>
</div>
<div class=div5>
<ul> 成功案例
<li> 上海装修建材公司 </li>
<li> 美衣服饰有限公司 </li>
<li> 天力科技有限公司 </li>
<li> 美方豆制品有限公司 </li>
</ul>
</div>
</div>
</div>
</center>
</body>
</html>
```

在 IE 9.0 中浏览效果如图 14-24 所示，可以看到在网页中显示了导航栏和两个列表信息。

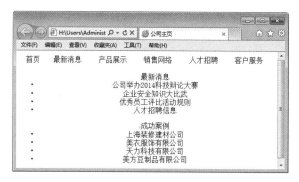

图 14-24　基本 HTML 结构

步骤 3 添加 CSS 代码，设置背景 Logo。

```css
<style>
.div1{
    height:100px;
    width:820px;
    background-image:url(03.jpg);
    background-repeat:no-repeat;
    background-position:center;
    background-size:cover;
}
</style>
```

在 IE 9.0 中浏览效果如图 14-25 所示，可以看到在网页顶部显示了一个背景图，此背景覆盖整个 div 层，并不重复。并且背景图片居中显示。

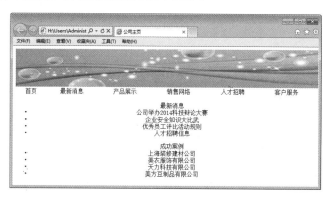

图 14-25　设置背景图

步骤 4 添加 CSS 代码，设置导航栏。

```css
.div2{
    width:820px;
    background-color:#d2e7ff;


}
table{
```

```
    font-size:12px;
    font-family:" 幼圆 ";
}
```

在 IE 9.0 中浏览效果如图 14-26 所示，可以看到在网页中导航栏背景色为浅蓝色，表格中字体大小为 12 像素，字体类型是幼圆。

图 14-26　设置导航栏

步骤 5　添加 CSS 代码，设置内容样式。

```
.div3{
    width:820px;
    height:320px;
    border-style:solid;
    border-color:#ffeedd;
    border-width:10px;
    border-radius:60px;
}
.div4{
    width:810px;
    height:150px;
    text-align:left;
    border-bottom-width: 2px;
    border-bottom-style:dotted;
    border-bottom-color:#ffeedd;
}
.div5{
    width:810px;
    height:150px;
    text-align:left;
}
```

在 IE 9.0 中浏览效果如图 14-27 所示，可以看到在网页中，内容显示在一个圆角边框中，两个不同的内容块中间使用虚线隔开。

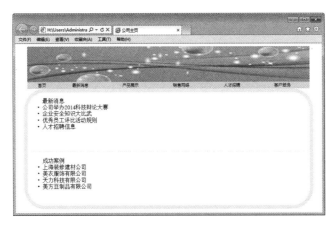

图 14-27　设置内容样式

步骤　6　添加 CSS 代码，设置列表样式。

```
ul{
    font-size:15px;
    font-family:" 楷体 ";
}
```

在 IE 9.0 中浏览效果如图 14-28 所示，可以看到在网页中，列表字体大小为 15 像素，字形为楷体。

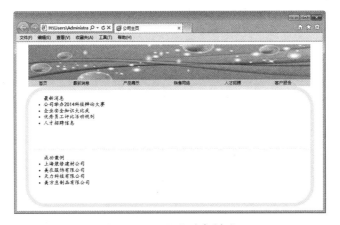

图 14-28　设置列表样式

14.5　综合案例 2——制作简单生活资讯主页

本实例来制作一个简单的生活资讯主页。具体操作步骤如下所示。

步骤　1　打开记事本文件，在其中输入如下代码。

```
<html>
<head>
<title>生活资讯</title>
<style>
.da{border:#0033FF 1px solid;}
.title{color:blue;font-size:25px;text-align:center}
.xtitle{
        text-align:center;
        font-size:13px;
        color:gray;
        }
img{
    border-top-style:solid;
    border-right-style:dashed;
    border-bottom- style:solid;
    border-left-style:dashed;
    }
.xiao{border-bottom:#CCCCCC 1px dashed;}
</style>
</head>
<body>
<div class=da>
<div class=xiao>
<p class=title>做一碗喷香的煲仔饭，锅巴是它的灵魂</p>
<p class=xtitle>2014-01-25 09:38 来源：生活网</p>
</div>

<div>
<p align=center>
<img src=04.jpg border=1 width="200" height="150"/>
<p>
<p style="text-indent:10mm;font-size:15px;">
首先，把米泡好，然后在砂锅里抹上一层油，不要抹多，因为之后还要放。香喷喷的土猪油最好，没有的
话尽量用味道不大的油，比如葵花籽油和色拉油等，如果用橄榄油或花生油之类的话会有一股味道，这个
看个人接受能力了。之后就跟知友说的一样，放米放水。水一定不能多放。因为米已经吸饱了水。具体放
多少水看个人喜好了，如果不清楚的话就多做几次。总会成功的。</p>
<p>
<p style="text-indent:10mm;font-size:15px;">
然后盖上锅盖，大火，水开了之后换中火。等锅里的水变成类似于稀饭一样黏稠，没剩多少（请尽量少开
几次锅盖，这个也需要经验）的时候，放一勺油，这一勺油的用处是让米饭更香更亮更好吃，最重要的一
点是这样能！出！锅！巴！</p>
<p>
<p style="text-indent:10mm;font-size:15px;">
最后把配菜啥的放进去（青菜我习惯用水焯一遍就直接放到做好的饭里），淋上酱汁。然后火稍微调小一点，
盖上盖子再闷一会儿，等菜快熟了的时候关火，不开盖，闷5分钟左右，就搞定了。
</p>
</div>
```

```
</div>
</body>
</html>
```

步骤 **2** 保存网页，在 IE 9.0 中浏览效果，如图 14-29 所示。

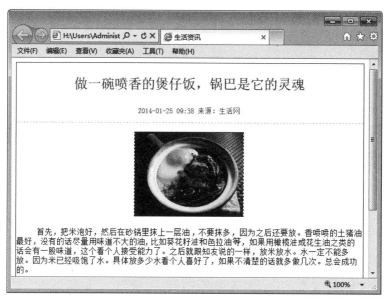

图 14-29　网页效果

14.6 高手甜点

甜点 1：背景图片不显示，是不是路径有问题？

答：在一般情况下，设置图片路径的代码如下。

```
background-image:url(logo.jpg);
background-image:url(../logo.jpg);
background-image:url(../images/logo.jpg);
```

对于第一种情况 "url(logo.jpg)"，要看此图片是不是与 CSS 文件在同一目录。

对于第二与第三种情况，不推荐使用，因为网页文件可能存在于多级目录中，不同级目录的文件位置注定了相对路径是不一样的。而这样就让问题复杂化了，很可能图片在这个文件中显示正常，换了一级目标，图片就找不到影子了。

有一种方法可以轻松解决这一问题，建立一个公共文件目录，用来存放一些公用图片文件，例如 "image"，将图片文件也直接存于该目录中，在 CSS 文件中，可以使用下列方式。

```
url(images/logo.jpg)
```

甜点 2：用小图片进行背景平铺好吗？

答：不要使用过小的图片做背景平铺。这是因为宽高 1px 的图片平铺出一个宽高 200px 的区域，需要 200×200=40000 次，占用资源。

甜点 3：边框样式 border:0 会占用资源吗？

答：推荐的写法是 border:none，虽然 border:0 只是定义边框宽度为零，但边框样式、颜色还是会被浏览器解析，占用资源。

14.7　跟我练练手

练习 1：制作一个包含背景图片的网页，然后设置背景的显示大小、显示区域等属性。

练习 2：制作一个包含边框的网页，然后设置边框的样式、颜色、线宽等属性。

练习 3：制作一个包含圆角边框的网页，然后设置圆角边框的半径和种类等属性。

练习 4：制作一个简单公司主页的例子。

练习 5：制作一个生活资讯主页的例子。

第15章 使用 CSS3 美化表格和表单样式

表格和表单是网页中常见的元素，表格通常用来显示二维关系数据和排版，从而达到页面整齐和美观的效果。而表单是作为客户端和服务器交流的窗口，可以获取客户端信息，并反馈服务器端信息。本章将介绍如何使用 CSS3 来美化表格和表单。

● **本章要点（已掌握的在方框中打钩）**

☐ 掌握美化表格样式的方法

☐ 掌握美化表单样式的方法

☐ 掌握制作用户登录页面的方法

☐ 掌握制作用户注册页面的方法

90%

77%

64%

40%

30%

7%

40%

15.1 美化表格样式

在传统网页设计中，表格一直占有比较重要的地位，使用表格排版网页，可以使网页更美观，条理更清晰，更易于维护和更新。

15.1.1 案例 1——设置表格边框样式 border-collapse

在显示表格数据时，通常都带有表格边框，用来界定不同单元格的数据。当 table 表格的描述标记 border 值大于 0，显示边框，如果 border 值为 0，则不显示边框。边框显示之后，可以使用 CSS3 的 border-collapse 属性对边框进行修饰。其语法格式如下。

```
border-collapse : separate | collapse
```

其中 separate 是默认值，表示边框会被分开，不会忽略 border-spacing 和 empty-cells 属性。而 collapse 属性表示边框会合并为一个单一的边框，会忽略 border-spacing 和 empty-cells 属性。

【例 15.1】（实例文件：ch15\15.1.html）

```
<!DOCTYPE html>
<html>
<head>
<title>家庭季度支出表</title>
<style>
<!--
.tabelist{
    border:1px solid #429fff;          /* 表格边框 */
    font-family:"楷体";
    border-collapse:collapse;          /* 边框重叠 */
}
.tabelist caption{
    padding-top:3px;
    padding-bottom:2px;
    font-weight:bolder;
    font-size:15px;
    font-family:"幼圆";
    border:2px solid #429fff;          /* 表格标题边框 */
}
.tabelist th{
    font-weight:bold;
    text-align:center;
}
.tabelist td{
```

```
        border:1px solid #429fff;                    /* 单元格边框 */
        text-align:right;
        padding:4px;
}
-->
</style>
    </head>
<body>
<table class="tabelist">
        <caption class="tabelist">
        2013 季度 07-09
        </caption>
        <tr>
          <th> 月份 </th>
                <th>07 月 </th>
                <th>08 月 </th>
                <th>09 月 </th>
        </tr>
        <tr>
                <td> 收入 </td>
                <td>8000</td>
                <td>9000</td>
                <td>7500</td>
        </tr>
        <tr>
                <td> 吃饭 </td>
                <td>600</td>
                <td>570</td>
                <td>650</td>
        </tr>
        <tr>
                <td> 购物 </td>
                <td>1000</td>
                <td>800</td>
                <td>900</td>
        </tr>
        <tr>
                <td> 买衣服 </td>
                <td>300</td>
                <td>500</td>
                <td>200</td>
        </tr>
        <tr>
                <td> 看电影 </td>
                <td>85</td>
                <td>100</td>
                <td>120</td>
```

```
        </tr>
        <tr>
                <td>买书</td>
                <td>120</td>
                <td>67</td>
                <td>90</td>
        </tr>
</table>
</body>
</html>
```

在 IE 浏览器中浏览效果如图 15-1 所示，可以看到表格带有边框显示，其边框宽带为 1 像素，直线显示，并且边框进行了合并。表格标题"2013 季度 07-09"也带有边框显示，字体大小为 150 像素，字形是幼圆并加粗显示。表格中每个单元格都以 1 像素、直线的方式显示边框，并将显示对象右对齐。

图 15-1　表格边框样式修饰

15.1.2 案例 2——设置表格边框宽度 border-width

在 CSS3 中，用户可以使用 border-width 属性来设置表格边框宽度，从而美化表格边框。如果需要单独设置某一个边框宽度，可以使用 border-width 的衍生属性设置，例如 border-top-width 和 border-left-width 等。

【例 15.2】（实例文件：ch15\15.2.tml）

```
<!DOCTYPE html>
<html>
<head>
<title>表格边框宽度</title>
<style>
    table{
            text-align:center;
    width:500px;
    border-width:6px;
    border-style:double;
    color:blue;
            }
                td{
```

```
                border-width:3px;
                border-style:dashed;
            }
</style>
</head>
<body>
<table border=1 cellspacing="3" cellpadding="0">
  <tr>
    <td>姓名 </td>
    <td class=tds> 性别 </td>
    <td>年龄 </td>
  </tr>
  <tr>
    <td>张三 </td>
    <td>男 </td>
    <td>31</td>
  </tr>
  <tr>
    <td>李四 </td>
    <td>男 </td>
    <td>18</td>
  </tr>
</table>
</body>
</html>
```

在 IE 9.0 中浏览效果如图 15-2 所示，可以看到表格带有边框，宽度为 6 像素，双线式，表格中字体颜色为蓝色。单元格边框宽度为 3 像素，显示样式是破折线式。

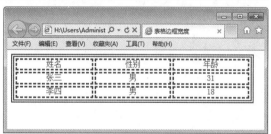

图 15-2　设置表格边框宽度

15.1.3　案例 3——设置表格边框颜色 background-color

表格颜色设置非常简单，通常使用 CSS3 属性 color 设置表格中的文本颜色，使用 background-color 设置表格背景色。如果为了突出表格中的某一个单元格，还可以使用 background-color 设置某一个单元格颜色。

【例 15.3】（实例文件：ch15\15.3.tml）

```
<!DOCTYPE html>
<html>
```

```html
<head>
<title>设置表格边框颜色</title>
<style>
    *{
    padding:0px;
    margin:0px;
    }
    body{
    font-family:"黑体";
    font-size:20px;
        }
    table{
        background-color:yellow;
        text-align:center;
    width:500px;
    border:1px solid green;
        }
    td{
    border:1px solid green;
        height:30px;
        line-height:30px;
        }
        .tds{
        background-color:blue;
        }
</style>
</head>
<body>
<table cellspacing="3" cellpadding="0">
  <tr>
    <td>姓名</td>
    <td class=tds>性别</td>
    <td>年龄</td>
  </tr>
  <tr>
    <td>张三</td>
    <td>男</td>
    <td>32</td>
  </tr>
  <tr>
    <td>小丽</td>
    <td>女</td>
    <td>28</td>
  </tr>
</table>
</body>
</html>
```

在 IE 浏览器中浏览效果如图 15-3 所示，可以看到表格带有边框，边框样式显示为绿色，表格背景色为黄色，其中一个单元格背景色为蓝色。

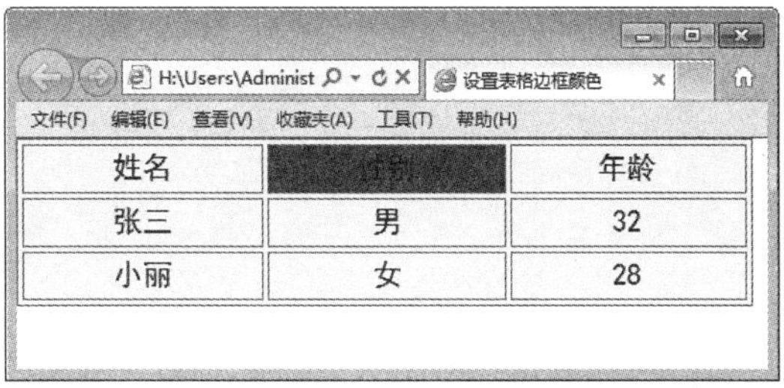

姓名	性别	年龄
张三	男	32
小丽	女	28

图 15-3 设置边框颜色

15.2 美化表单样式

表单可以用来向 Web 服务器发送数据，特别是经常被用在主页页面——用户输入信息然后发送到服务器中，实际用在 HTML 中的标记有 form、input、textarea、select 和 option。

15.2.1 案例 4——美化表单中的元素 font

在网页中，表单元素的背景色默认为白色，这样的背景色不能美化网页，所以可以使用颜色属性定义表单元素的背景色。定义表单元素背景色可以使用 background-color 属性。使用示例如下所示。

```
input{
    background-color: #ADD8E6;
}
```

上面代码设置了 input 表单元素背景色，都是统一的颜色。

【例 15.4】（实例文件：ch15\15.4.tml）

```
<!DOCTYPE html>
<HTML>
<head>
<style>
<!--
input{                                      /* 所有 input 标记 */
    color: #cad9ea;
}
input.txt{                                  /* 文本框单独设置 */
    border: 1px inset #cad9ea;
    background-color: #ADD8E6;
}
input.btn{                                  /* 按钮单独设置 */
    color: #00008B;
```

```
    background-color: #ADD8E6;
    border: 1px outset #cad9ea;
    padding: 1px 2px 1px 2px;
}
select{
    width: 80px;
    color: #00008B;
    background-color: #ADD8E6;
    border: 1px solid #cad9ea;
}
textarea{
    width: 200px;
    height: 40px;
    color: #00008B;
    background-color: #ADD8E6;
    border: 1px inset #cad9ea;
}
-->
</style>
</head>
<BODY>
<h3>注册页面</h3>
<table border="1" width="45%">
<form method="post">
<tr><td width="30%">昵称:</td><td><input  class=txt>1－20个字符<div id="qq">
</div></td></tr>
<tr><td>密码:</td><td><input type="password" >长度为6～16位</td></tr>
<tr><td>确认密码:</td><td><input type="password" ></td></tr>
<tr><td>真实姓名:</td><td><input name="username1"></td></tr>
<tr><td>性别:</td><td><select><option>男</option><option>女</option>
</select></td></tr>
<tr><td>E-mail地址:</td><td><input value="sohu@sohu.com"></td></tr>
<tr><td>备注:</td><td><textarea cols=35 rows=10></textarea></td></tr>
<tr><td><input type="button" value="提交" class=btn /></td><td><input
type="reset" value="重填" /></td></tr>
</form>
</table>
</BODY>
</HTML>
```

在 IE 浏览器中浏览效果如图 15-4 所示，可以看到表单中【昵称】输入框、【性别】下拉框和【备注】文本框中都显示了指定的背景颜色。

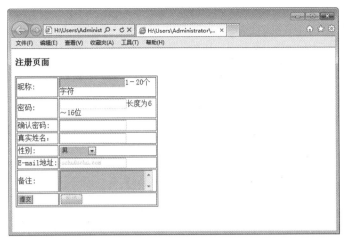

图 15-4　美化表单元素

在上面的代码中，首先使用 input 标记选择符定义了 input 表单元素的字体输入颜色，下面分别定义了两个类 txt 和 btn，txt 用来修饰输入框样式，btn 用来修饰按钮样式。最好分别定义 select 和 textarean 的样式，其样式定义主要涉及边框和背景色。

15.2.2　案例 5——美化提交按钮 transparent

通过对表单元素背景色的设置，可以在一定程度上起到美化提交按钮的效果，例如，可以使用 background-color 属性，将其值设置为 transparent（透明色），就是最常见的一种美化提交按钮的方式。使用示例如下所示。

```
background-color:transparent;        /* 背景色透明 */
```

【例 15.5】（实例文件：ch15\15.5.tml）

```
<!DOCTYPE html>
<html>
<head>
<title>美化提交按钮</title>
<style>
<!--
form{
    margin:0px;
padding:0px;
font-size:14px;
}
input{
    font-size:14px;
    font-family:"幼圆";
}
.t{
```

```
        border-bottom:1px solid #005aa7;            /* 下划线效果 */
        color:#005aa7;
        border-top:0px; border-left:0px;
        border-right:0px;
        background-color:transparent;               /* 背景色透明 */
}
.n{
        background-color:transparent;               /* 背景色透明 */
        border:0px;                                 /* 边框取消 */
}
-->
</style>
    </head>
<body>
<center>
<h1>签名页 </h1>
<form method="post">
        值班主任 : <input  id="name" class="t">
        <input type="submit" value=" 提交上一级签名 >>" class="n">
</form>
</center>
</body>
</html>
```

在 IE 浏览器中浏览效果如图 15-5 所示，可以看到输入框只剩下一个下边框显示，其他边框被去掉了，提交按钮只剩下显示文字，而且常见矩形形式被去掉了。

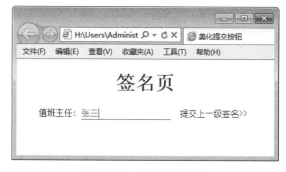

图 15-5　美化提交按钮

15.2.3　案例 6——美化下拉列表 font

在网页设计中，有时为了突出效果，会对文字进行加粗、添加颜色等设置。同样也可以对表单元素中的文字进行这样的修饰。使用 CSS3 的 font 相关属性可以美化下拉列表文字。例如，font-size，font-weight 等，对于颜色设置可以采用 color 和 background-color 属性设置等。

【例 15.6】（实例文件：ch15\15.6.tml）

```
<!DOCTYPE html>
<html>
```

```html
<head>
<title> 美化下拉菜单 </title>
<style>
<!--
.blue{
    background-color:#7598FB;
    color: #000000;
        font-size:15px;
        font-weight:bolder;
        font-family:" 幼圆 ";
}
.red{
    background-color:#E20A0A;
    color: #ffffff;
        font-size:15px;
        font-weight:bolder;
        font-family:" 幼圆 ";
}
.yellow{
    background-color:#FFFF6F;
    color: #000000;
        font-size:15px;
        font-weight:bolder;
        font-family:" 幼圆 ";
}
.orange{
    background-color:orange;
    color:#000000;
        font-size:15px;
        font-weight:bolder;
        font-family:" 幼圆 ";
}
-->
</style>
  </head>
<body>
<form method="post">
    <p><label for="color"> 选择暴雪预警信号级别 :</label>
    <select name="color" id="color">
        <option value=""> 请选择 </option>
        <option value="blue" class="blue"> 暴雪蓝色预警信号 </option>
        <option value="yellow" class="yellow"> 暴雪黄色预警信号 </option>
        <option value="orange" class="orange"> 暴雪橙色预警信号 </option>
        <option value="red" class="red"> 暴雪红色预警信号 </option>
    </select></p>
    <p><input type="submit" value=" 提交 "></p>
```

```
</form>
</body>
</html>
```

在 IE 浏览器中浏览效果如图 15-6 所示，可以看到下拉列表显示，其每个选项显示不同的背景色，用以和其他选项相区别。

图 15-6　设置下拉列表样式

15.3　综合案例 1——制作用户登录页面

本实例将结合前面学习的知识，创建一个简单的登录表单，具体操作步骤如下。

步骤 1　分析需求。

创建一个登录表单，需要包含三个表单元素，一个名称输入框、一个密码输入框和两个按钮。然后添加一些 CSS 代码，对表单元素进行修饰即可。实例完成后，其实际效果如图 15-7 所示。

步骤 2　创建 HTML 网页，实现表单。

```
<!DOCTYPE html>
<html>
<head>
<title>用户登录</title>
<body>
<div>
<h1>用户登录</h1>
 <form action="" method="post">
姓名：<input type="text" id=name  />
密码：<input type="password" id=password name="ps"  />
<input type=submit value=" 提交 " class=button>
<input type=reset value=" 重置 " class=button>
</form>
</div>
</body>
</html>
```

在上面代码中，创建了一个 div 层用来包含表单及其元素。在 IE 浏览器中浏览效果如图 15-8 所示，可以看到显示了一个表单，其中包含两个输入框和两个按钮，输入框用来获取姓名和密码，按钮分别为一个提交按钮和一个重置按钮。

图 15-7　登录表单

图 15-8　创建登录表单

步骤 3　添加 CSS 代码，修饰标题和层。

```
<style>
h1{
            font-size:20px;
    }
div{
        width:200px;
        padding:1em 2em 0 2em;
        font-size:12px;
}
</style>
```

上面代码中，设置了标题大小为 20 像素，div 层宽度为 200 像素，层中字体大小为 12 像素。在 IE 浏览器中浏览效果如图 15-9 所示，可以看到标题变小，并且密码输入框换行显示，布局比原来图片更加美观合理。

步骤 4　添加 CSS 代码，修饰输入框和按钮。

```
#name,#password{
        border:1px solid #ccc;
        width:160px;
        height:22px;
        padding-left:20px;
        margin:6px 0;
        line-height:20px;
}
.button{margin:6px 0;}
```

在 IE 浏览器中浏览效果如图 15-10 所示，可以看到输入框长度变短，边框变小，按钮变小。并且表单元素之间距离增大，页面布局更加合理。

图 15-9　设置层大小

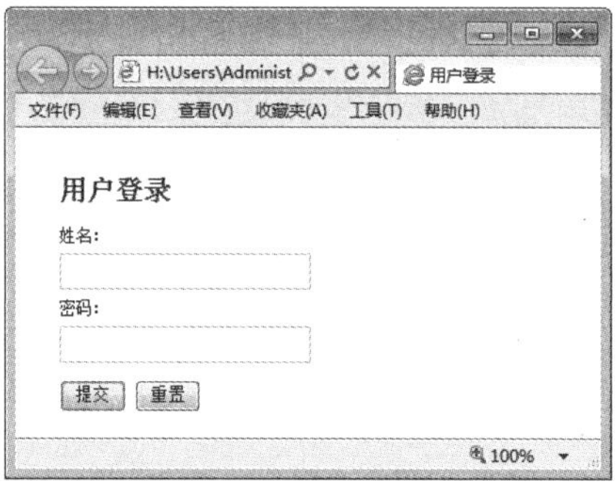

图 15-10　修饰输入框

15.4　综合案例 2——制作用户注册页面

该练习将使用一个表单内的各种元素来开发一个网站的注册页面，并用 CSS 样式来美化该页面效果。具体操作步骤如下。

步骤 1　分析需求。

注册表单非常简单，通常包含三个部分，页面上方的标题；标题下方的正文部分，即表单元素；最下方是表单元素提交按钮。在设计此页面时，需要把"用户注册"标题设置成 h1 大小，正文使用 p 来限制表单元素。实例完成后，实际效果如图 15-11 所示。

步骤 2　构建 HTML 页面，实现基本表单。

```html
<!DOCTYPE html>
<html>
<head>
<title>注册页面</title>
</head>
<body>
<h1 align=center>用户注册</h1>
<form method="post">
<p>姓     名:
<input type="text" class=txt size="12" maxlength="20" name="username"/>
</p><p>性     别:
<input type="radio" value="male"/>男
<input type="radio" value="female"/>女
</p><p>年     龄:
<input type="text" class=txt name="age"/>
</p><p>联系电话:
<input type="text" class=txt name="tel"/>
</p><p>电子邮件:
<input type="text" class=txt name="email"/>
```

```
</p><p>联系地址:
<input type="text" class=txt name="address"/>
</p>
<p>
<input type="submit" name="submit" value=" 提交 " class=but/>
<input type="reset" name="reset" value=" 清除 " class=but/>
</p>
</form>
</body>
</html>
```

在 IE 浏览器中浏览效果如图 15-12 所示，可以看到创建了一个注册表单，包含一个标题"用户注册"，"姓名""性别""年龄""联系电话""电子邮件""联系地址"等输入框以及"提交"和"清除"按钮等。其显示样式为默认样式。

图 15-11　注册页面

图 15-12　注册表单显示

步骤 3　添加 CSS 代码，修饰全局样式和表单样式。

```
<style>
*{
    padding:0px;
    margin:0px;
    }
body{
    font-family:" 宋体 ";
    font-size:12px;
    }
form{
    width:300px;
    margin:0 auto 0 auto;
    font-size:12px;
    color:#999;
}
</style>
```

在 IE 浏览器中浏览效果如图 15-13 所示，可以看到页面中字体变小，其表单元素之间距离变小，相比原来页面，更加紧凑。

步骤 4 添加 CSS 代码，修饰段落、输入框和按钮。

```
form p {
    margin:5px 0 0 5px;
            text-align:center;
    }
.txt{
    width:200px;
    background-color:#CCCCFF;
    border:#6666FF 1px solid;
    color:#0066FF;
    }
.but{
border:0px#93bee2solid;
border-bottom:#93bee21pxsolid;
border-left:#93bee21pxsolid;
border-right:#93bee21pxsolid;
border-top:#93bee21pxsolid;*/
background-color:#3399CC;
cursor:hand;
font-style:normal;
color:#cad9ea;
}
```

在 IE 浏览器中浏览效果如图 15-14 所示，可以看到表单元素带有背景色，其输入字体颜色为蓝色，边框颜色为浅蓝色。按钮带有边框，按钮上字体颜色为浅色。

图 15-13　修饰表单样式

图 15-14　修饰输入框和按钮样式

15.5 高手甜点

甜点 1：构建一个表格需要注意哪些方面？

答：在 HTML 页面中构建表格框架时，应该尽量遵循表格的标准标记，养成良好的编写习惯，并适当地利用 tab、空格和空行来提高代码的可读性，从而降低后期维护成本。特别是使用 table 表格来布局一个较大的页面时，需要在关键位置加上注释。

甜点 2：在使用表格时会发生一些变形，这是什么原因引起的？

答：其中一个原因是表格排列设置在不同分辨率下所出现的错位。例如在 800×600 的分辨率时，一切正常，而到了 1024×800 时，则多个表格或者有的居中，有的左排列或右排列。

表格有左、中、右三种排列方式，如果没进行特别设置，则默认为居左排列。在 800×600 的分辨率下，表格恰好就有编辑区域那么宽，不容易察觉，而到了 1024×800 的时候，就出现了问题，解决的办法比较简单，即都设置为居中，居左或居右。

甜点 3：使用 CSS 修饰表单元素时，采用默认值好还是使用 CSS 修饰好？

答：各个浏览器之间显示有差异，其中一个原因就是各个浏览器对部分 CSS 属性的默认值不同，通常的解决办法就是指定该值，而不让浏览器使用默认值。

15.6　跟我练练手

练习 1：制作一个包含表格的网页，并设置表格的边框样式、边框宽度和边框颜色等属性。

练习 2：制作一个包含表单的网页，并美化表单中的按钮和下拉菜单等元素。

练习 3：制作一个用户登录页面的例子。

练习 4：制作一个用户注册页面的例子。

第16章

使用 CSS3 美化
超链接和鼠标

　　超链接是网页的灵魂，各个网页都是通过超链接进行相互访问和页面的跳转。通过 CSS3 属性定义，可以设置出美观大方，具有不同外观和样式的超链接，从而增加网页样式特效。

● **本章要点（已掌握的在方框中打钩）**

☐ 掌握美化超链接的方法

☐ 掌握美化鼠标特效的方法

☐ 掌握制作图片版本超链接的方法

☐ 掌握制作鼠标特效的方法

☐ 掌握制作简单导航栏的方法

40%

0%

90%

7%

30%

64%

77%

40%

16.1 使用 CSS3 美化超链接

一般情况下，超链接是由 `<a></a>` 标记组成的，超链接可以是文字或图片。添加了超链接的文字具有自己的样式，从而和其他文字相区别，其中默认链接样式为蓝色文字，有下划线。不过，通过 CSS3 属性，可以修饰超链接，从而达到美观的效果。

16.1.1 案例 1——改变超链接基本样式

通过 CSS3 的伪类可以改变超链接的基本样式，使用伪类最大的用处是在不同状态下可以对超链接定义不同的样式效果，是 CSS 本身定义的一种类。

对于超链接伪类，其详细信息如表 16-1 所示。

表 16-1　超链接伪类

伪　类	用　途
a:link	定义 a 对象在未被访问前的样式
a:hover	定义 a 对象在其鼠标悬停时的样式
a:active	定义 a 对象被用户激活时的样式（在鼠标单击与释放之间发生的事件）
a:visited	定义 a 对象在其链接地址已被访问过时的样式

> ▶ **提示**　如果要定义未被访问超链接的样式，可以通过 a:link 来实现，如果要设置被访问过的超链接的样式，可以通过 a:visited 来实现。定义悬停和激活时的样式可通过 hover 和 active 来实现。

【例 16.1】（实例文件：ch16\16.1.html）

```
<!DOCTYPE html>
<html>
<head>
<title>超链接样式</title>
<style>
a{
  color:#545454;
  text-decoration:none;
}
a:link{
  color:#545454;
  text-decoration:none;
}
a:hover{
  color:#f60;
```

```
    text-decoration:underline;
}
a:active{
    color:#FF6633;
    text-decoration:none;
}
</style>
</head>
<body>
<center>
<a  href=#>返回首页</a>|<a  href=#>成功案例</a>
<center>
</body>
</html>
```

在 IE 浏览器中浏览效果如图 16-1 所示，可以看到两个超链接，当鼠标停留在第一个超链接上方时，显示颜色为黄色，并带有下划线。另一个超链接没有被访问，不带有下划线，颜色显示为灰色。

图 16-1　伪类修饰超链接

> **提示** 从上面实例中可以知道，伪类只是提供一种途径，用来修饰超链接，而对超链接真正起作用的还是文本、背景和边框等属性。

16.1.2　案例 2——设置带有提示信息的超链接

在网页显示的时候，有时一个超链接并不能说明这个链接背后的含义，通常还要为这个链接加上一些介绍性信息，即提示信息。此时可以通过超链接 a 提供描述标记 title，达到这个效果。title 属性的值即为提示内容，当浏览器的光标停留在超链接上时，会出现提示内容，并且不会影响页面的整洁。

【例 16.2】（实例文件：ch16\16.2.html）

```
<!DOCTYPE html>
<html>
<head>
<title>超链接样式</title>
<style>
a{
    color:#005799;
    text-decoration:none;
```

```
}
a:link{
    color:#545454;
    text-decoration:none;
}
a:hover{
    color:#f60;
    text-decoration:underline;
}
a:active{
    color:#FF6633;
    text-decoration:none;
}
</style>
</head>
<body>
<a href="" title=" 这是一个优秀的团队 "> 了解我们 </a>
</body>
</html>
```

在 IE 浏览器中浏览效果如图 16-2 所示，可以看到当鼠标停留在超链接上方时，显示颜色为黄色，带有下划线，并且有一个提示信息"这是一个优秀的团队"。

图 16-2　超链接提示信息

案例 3——设置超链接的背景图

一个普通超链接，要么是文本显示，要么是图片显示，显示方式很单一。此时可以将图片作为背景图添加到超链接里，这样超链接会具有更加精美的效果。超链接如果要添加背景图片，通常使用 background-image 属性来完成。

【例 16.3】（实例文件：ch16\16.3.html）

```
<!DOCTYPE html>
<html>
<head>
<title> 设置超链接的背景图 </title>
<style>
a{
    background-image:url(01.jpg);
    width:90px;
```

```
   height:30px;
   color:#005799;
   text-decoration:none;
}
a:hover{
   background-image:url(02.jpg);
   color:#006600;
   text-decoration:underline;
}
</style>
</head>
<body>
<a href="#"> 品牌特卖 </a>
<a href="#"> 服饰精选 </a>
<a href="#"> 食品保健 </a>
</body>
</html>
```

在 IE 浏览器中浏览效果如图 16-3 所示，可以看到显示了三个超链接，当鼠标停留在一个超链接上时，其背景图就会显示蓝色并带有下划线，而当鼠标不在超链接上时，背景图显示浅蓝色，并且不带有下划线。当鼠标不在超链接上停留时，会不停地改变超链接显示图片，即样式，从而实现超链接动态菜单效果。

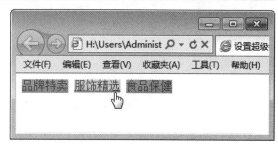

图 16-3　图片超链接

> **提示**　　在上面代码中，使用 background-image 引入背景图，使用 text-decoration 设置超链接是否具有下划线。

16.1.4　案例 4——设置超链接的按钮效果

有时为了增强超链接的效果，会将超链接模拟成表单按钮，即当鼠标指针移到一个超链接上时，超链接的文章或图片就会像被按下一样，有一种凹陷的效果。其实现方式通常是利用 CSS 中的 a:hover，当鼠标经过链接时，将链接向下、向右各移一个像素，此时显示效果就像按钮被按下的效果。

【例 16.4】（实例文件：ch16\16.4.html）

```
<!DOCTYPE html>
<html>
<head>
<title> 设置超链接的按钮效果 </title>
```

```
<style>
a{
        font-family:" 幼圆 ";
        font-size:2em;
        text-align:center;
        margin:3px;
}
a:link,a:visited{
        color:#ac2300;
        padding:4px 10px 4px 10px;
        background-color:#ccd8db;
        text-decoration:none;
        border-top:1px solid #EEEEEE;
        border-left:1px solid #EEEEEE;
        border-bottom:1px solid #717171;
        border-right:1px solid #717171;
}
a:hover{
        color:#821818;
        padding:5px 8px 3px 12px;
        background-color:#e2c4c9;
        border-top:1px solid #717171;
        border-left:1px solid #717171;
        border-bottom:1px solid #EEEEEE;
        border-right:1px solid #EEEEEE;
}
</style>
</head>
<body>
<a href="#"> 首页 </a>
<a href="#"> 团购 </a>
<a href="#"> 品牌特卖 </a>
<a href="#"> 服饰精选 </a>
<a href="#"> 食品保健 </a>
</body>
</html>
```

在 IE 浏览器中浏览效果如图 16-4 所示，可以看到显示了五个超链接，当鼠标停留在一个超链接上时，其背景色显示黄色并具有凹陷的感觉，而当鼠标不在超链接上时，背景图显示浅灰色。

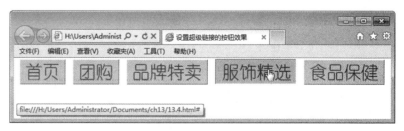

图 16-4　按钮效果

> **提示**　上面 CSS 代码中，需要对 a 标记进行整体控制，同时加入 CSS 的 2 个伪类属性。
> 对于普通超链接和单击过的超链接采用相同的样式，并且边框的样式模拟按钮效果。
> 而对于鼠标指针经过时的超链接，相应地改变文本颜色、背景色、位置和边框，从而
> 模拟按下的效果。

16.2　使用 CSS3 美化鼠标特效

对于经常操作计算机的人来说，当鼠标移动到不同地方，或执行不同操作时，鼠标样式是不同的，这些就是鼠标特效。例如，当需要伸缩窗口时，将鼠标放置窗口边沿处，鼠标会变成双向箭头状；当系统繁忙时，鼠标会变成漏斗状。如果要在网页实现这种效果，可以通过 CSS 属性定义实现。

16.2.1　案例 5——使用 CSS3 控制鼠标箭头

在 CSS3 中，鼠标的箭头样式可以通过 cursor 属性来实现。cursor 属性包含有 17 个属性值，对应鼠标的 17 个样式，而且还能够通过 url 链接地址自定义鼠标指针，如表 16-2 所示。

表 16-2　鼠标样式

属 性 值	说 明
auto	自动，按照默认状态自行改变
crosshair	精确定位十字
default	默认鼠标指针
hand	手形
move	移动
help	帮助
wait	等待
text	文本
n-resize	箭头朝上双向
s-resize	箭头朝下双向
w-resize	箭头朝左双向
e-resize	箭头朝右双向
ne-resize	箭头右上双向
se-resize	箭头右下双向
nw-resize	箭头左上双向
sw-resize	箭头左下双向

（续表）

属 性 值	说 明
pointer	指示
url (url)	自定义鼠标指针

【例 16.5】（实例文件：ch16\16.5.html）

```
<!DOCTYPE html>
<html>
<head>
<title>鼠标特效</title>
</head>
<body>
  <h2>CSS 控制鼠标箭头 </h2>
  <div style="font-size:10pt;color:DarkBlue">
    <p style="cursor:hand">手形 </p>
    <p style="cursor:move">移动 </p>
    <p style="cursor:help">帮助 </p>
    <p style="cursor:n-resize">箭头朝上双向 </p>
    <p style="cursor:ne-resize">箭头右上双向 </p>
    <p style="cursor:wait">等待 </p>
  </div>
</body>
</html>
```

在 IE 浏览器中浏览效果如图 16-5 所示，可以看到多个鼠标样式提示信息，当鼠标放到一个帮助文字时，鼠标会以问号"？"显示，从而达到提示作用。用户可以将鼠标放在不同的文字上，查看不同的鼠标样式。

图 16-5　鼠标样式

16.2.2　案例 6——设置鼠标变幻式超链接

知道了如何控制鼠标样式，就可以轻松制作出鼠标指针样式变幻的超链接效果，即鼠标放到超链接上，可以看到超链接颜色、背景图片发生变化，并且鼠标样式也随之发生变化。

【例 16.6】（实例文件：ch16\16.6.html）

```
<!DOCTYPE html>
<html>
<head>
<title>鼠标手势</title>
<style>
a{
     display:block;
     background-image:url(03.jpg);
     background-repeat:no-repeat;
     width:100px;
     height:30px;
     line-height:30px;
     text-align:center;
     color:#FFFFFF;
     text-decoration:none;
     }
a:hover{
          background-image:url(02.jpg);
     color:#FF0000;
     text-decoration:none;
     }
.help{
     cursor:help;
     }
.text{cursor:text;}
</style>
</head>
<body>
<a href="#" class="help">帮助我们</a>
<a href="#" class="text">招聘信息</a>
</body>
</html>
```

在 IE 浏览器中浏览效果如图 16-6 所示，可以看到当鼠标放到一个"帮助我们"工具栏上，其鼠标样式以问号显示，字体颜色显示为红色，背景色为蓝天白云。当鼠标不放到工具栏上，背景图片为绿色，字体颜色为白色。

图 16-6　鼠标变幻效果

16.2.3　案例 7——设置网页页面滚动条

当一个网页内容较多的时候，浏览器窗口不能在一屏内完全显示，就会给浏览者提供滚动条，方便浏览相关内容。对于 IE 浏览器，可以单独设置滚动条样式，从而满足网站整体样式设计。滚动条主要由 3dlight、highlight、face、arrow、shadow、darkshadow 和 base 几个部分组成。其具体含义如表 16-3 所示。

表 16-3 滚动条属性设置

Scrollbar Properties 属性	CSS Version 版本	Compatibility 兼容性	Description 简介
scrollbar-3dlight-color	IE 专有属性	IE5.5+	设置或检索滚动条亮边框颜色
scrollbar-highlight-color	IE 专有属性	IE5.5+	设置或检索滚动条 3D 界面的亮边（ThreedHighlight）颜色
scrollbar-face-color	IE 专有属性	IE5.5+	设置或检索滚动条 3D 表面（ThreedFace）的颜色
scrollbar-arrow-color	IE 专有属性	IE5.5+	设置或检索滚动条方向箭头的颜色
scrollbar-shadow-color	IE 专有属性	IE5.5+	设置或检索滚动条 3D 界面的暗边（ThreedShadow）颜色
scrollbar-darkshadow-color	IE 专有属性	IE5.5+	设置或检索滚动条暗边框（ThreedDarkShadow）颜色
scrollbar-base-color	IE 专有属性	IE5.5+	设置或检索滚动条基准颜色。其他界面颜色将据此自动调整

【例 16.7】（实例文件：ch16\16.7.html）

```
<!DOCTYPE html>
<html>
<head>
<title>设置滚动条</title>
<style>
body{
overFlow-x:hidden;
overFlow-y:scroll;
scrollBar-face-color:green;
scrollBar-highLight-color:red;
scrollBar-3dlight-color:orange;
scrollBar-darkshadow-color:blue;
scrollBar-shadow-color:yellow;
scrollBar-arrow-color:purple;
scrollBar-track-color:black;
scrollBar-base-color:pink;
 }
p{
    text-indent:2em;
}
 </style>
</head>
<body>
<h1 align=center>岳阳楼记</h1>
```

```
<p>
庆历四年春，滕子京谪守巴陵郡。越明年，政通人和，百废具兴。乃重修岳阳楼，增其旧制，刻唐贤今人
诗赋于其上。属（zhǔ）予作文以记之。
</p>
            <p>
予观夫巴陵胜状，在洞庭一湖。衔远山，吞长江，浩浩汤汤（shāngshāng），横无际涯。朝晖夕阴，气
象万千。此则岳阳楼之大观也，前人之述备矣。然则北通巫峡，南极潇湘，迁客骚人，多会于此，览物之情，
得无异乎？
</p><p>
若夫霪雨霏霏，连月不开，阴风怒号，浊浪排空。日星隐曜，山岳潜形。商旅不行，樯倾楫摧。薄暮冥冥，
虎啸猿啼。登斯楼也，则有去国怀乡，忧谗畏讥，满目萧然，感极而悲者矣。
</p><p>
至若春和景明，波澜不惊，上下天光，一碧万顷。沙鸥翔集，锦鳞游泳。岸芷汀（tīng）兰，郁郁青青。
而或长烟一空，皓月千里，浮光跃金，静影沉璧，渔歌互答，此乐何极！登斯楼也，则有心旷神怡，宠辱偕忘，
把酒临风，其喜洋洋者矣。 </p><p>
嗟夫！予尝求古仁人之心，或异二者之为。何哉？不以物喜，不以己悲。居庙堂之高，则忧其民，处江湖之远，
则忧其君。是进亦忧，退亦忧。然则何时而乐耶？其必曰"先天下之忧而忧，后天下之乐而乐"乎？噫！
微斯人，吾谁与归？
</p><p>
时六年九月十五日。
</p>
</body>
<html>
```

在 IE 浏览器中浏览效果如图 16-7 所示，可以看到页面显示了一个绿色滚动条，滚动条
边框显示为黄色，箭头显示为紫色。

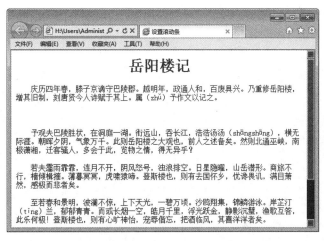

图 16-7 设置页面滚动条

> **注意** overFlow-x:hidden 代码表示显示 x 轴方向上的代码，overFlow-y:scroll 表示显示 y 轴方向上的代码。但目前这种滚动设计只限于 IE 浏览器，其他浏览器对此并不支持。

16.3 综合案例 1——图片版本超链接

在网上购物已经成为一种时尚，足不出户就可以购买到称心如意的东西。在网上查看所购买的东西，通常都是通过图片。购买者首先查看图片上的物品是否满意，如果满意直接单击图片，进入详细信息介绍页面，在这些页面中，通常都是图片作为超链接的。

本实例将结合前面学习的知识，创建一个图片版本超链接。具体步骤如下所示。

步骤 1 分析需求。

单独介绍一个物品，最少要包含两个部分，一个是图片，另一个是文字。图片是作为超链接存在的，可以进入下一个页面；文字主要是介绍物品。实例完成后，其实际效果如图 16-8 所示。

图 16-8　图片版本超链接

步骤 2 构建基本 HTML 页面。

创建一个 HTML 页面，需要创建一个段落 p，来包含图片 img 和介绍信息。其代码如下所示。

```
<!DOCTYPE html>
<html>
<head>
<title>图片版本超链接</title>
</head>
<body>
<p>
<a href="#" title=" 单击图片，会进入更详细页面介绍 "><img src=xuelian.jpg></a>
雪莲是一种珍贵的中药，在中国的新疆，西藏，青海，四川，云南等地都有出产．中医将雪莲花全草入药，
主治雪盲，牙痛，阳痿，月经不调等病症．此外，中国民间还有用雪莲花泡酒来治疗风湿性关节炎和妇科
病的方法．不过，由于雪莲花中含有有毒成分秋水仙碱，所以用雪莲花泡的酒切不可多服．
</p>
</body>
</html>
```

在 IE9.0 中浏览效果如图 16-9 所示，可以看到页面中显示了一张图片作为超链接，下面带有文字介绍。

图 16-9　创建基本链接

步骤 **3**　添加 CSS 代码，修饰 img 图片。

```
<style>
img{
        width:120px;
        height:100px;
        border:1px solid #ffdd00;
        float:left;
}
</style>
```

　　在 IE9.0 中浏览效果如图 16-10 所示，可以看到页面中图片变为小图片，其宽度为 120 像素，高度为 100 像素，带有边框，文字在图片右部出现。

图 16-10　修饰图片样式

步骤 **4**　添加 CSS 代码，修饰段落样式。

```
p{
        width:200px;
        height:200px;
        font-size:13px;
        font-family:" 幼圆 ";
        text-indent:2em;


}
```

在 IE9.0 中浏览效果如图 16-11 所示，可以看到页面中图片变为小图片，段落文字大小为 13 像素，字形为幼圆，段落首行缩进了 2em。

图 16-11　修饰段落样式

16.4 综合案例 2——关于鼠标特效实例

在浏览网页时，鼠标指针的形状有箭头、手形和 I 字形，但在 Windows 环境下可以看到的鼠标指针种类要比这个多得多。CSS 弥补了 HTML 在这方面的不足，可以通过 cursor 属性设置各种样式鼠标，并且可以自定义鼠标。本实例将创建鼠标特效并自定义一个鼠标。

本实例结合前面介绍的内容，将创建一个鼠标特效实例。其具体步骤如下所示。

步骤 1　分析需求。

所谓鼠标特效，在于背景图片、文字和鼠标指针发生变化，从而吸引人注意。本实例将创建 3 个超链接，并设定它们的样式，即可达到效果。实例完成后，在 IE 浏览器中效果如图 16-12 和图 16-13 所示。

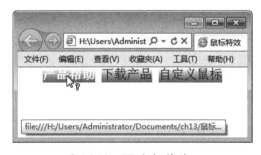

图 16-12　IE 鼠标特效

图 16-13　IE 鼠标特效

步骤 2　创建 HTML，实现基本超链接。

```
<!DOCTYPE html>
<html >
<head>
<title>鼠标特效</title>
```

```
</head>
<body>
<center>
<a href="#" >产品帮助</a>
<a href="#" >下载产品</a>
<a href="#"> 自定义鼠标</a>
</center>
</body>
</html>
```

在 IE 浏览器中浏览效果如图 16-14 所示，可以看到 3 个超链接，颜色为蓝色，并带有下划线。

步骤 3 添加 CSS 代码，修饰整体样式。

```
<style type="text/css">
*{
    margin:0px;
    padding:0px;
    }
body{
    font-family:" 宋体 ";
    font-size:12px;
    }
-->
</style>
```

在 IE 浏览器中浏览效果如图 16-15 所示，可以看到超链接颜色不变，字体大小为 12 像素，字形为宋体。

图 16-14　创建超链接

图 16-15　修饰整体样式

步骤 4 添加 CSS 代码，修饰链接基本样式。

```
a, a:visited {
line-height:20px;
    color: #000000;
    background-image:url(nav02.jpg);
    background-repeat: no-repeat;
    text-decoration: none;
}
```

在 IE 浏览器中浏览效果如图 16-16 所示，可以看到超链接引入了背景图片，不带有下划线，并且颜色为黑色。

步骤 5 添加 CSS 代码，修饰悬浮样式。

```
a:hover {
    font-weight: bold;
    color: #FFFFFF;
}
```

在 IE 浏览器中浏览效果如图 16-17 所示，可以看到当鼠标放到超链接上时，字体颜色变为白色，字体加粗。

图 16-16　修饰基本样式　　　　　图 16-17　修饰悬浮样式

步骤 6 添加 CSS 代码，设置鼠标指针。

```
<a href="#" style="cursor:help;">产品帮助 </a>
<a href="#" style="cursor:wait;">下载产品 </a>
<a href="#" style="CURSOR: url('0041.ani')">自定义鼠标 </a>
```

在 IE 浏览器中浏览效果如图 16-18 所示，可以看到，当鼠标放到超链接上时，鼠标指针变为问号，提示帮助。

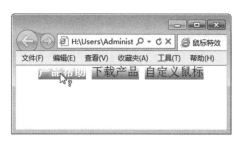

图 16-18　设置鼠标指针

16.5 综合案例 3——制作一个简单的导航栏

网站的每个页面中都存放着一个导航栏，作为浏览者跳转的入口。导航栏一般由超链接创建，对于导航栏的样式可以采用 CSS 来设置。导航栏样式的变化基础是文字、背景图片和边框变化。

结合前面学习的知识，创建一个实用导航栏。具体步骤如下所示。

步骤 **1** 分析需求。

一个导航栏通常需要创建一些超链接，然后对这些超链接进行修饰。这些超链接可以是横排，也可以是竖排。链接上可以导入背景图片，文字加下划线等。实例完成后，其效果如图 16-19 所示。

步骤 **2** 构建 HTML，创建超链接。

```
<!DOCTYPE html>
<html >
<head>
<title>制作导航栏</title>
</head>
<body>
<a href="#">最新消息</a>
<a href="#">产品展示</a>
<a href="#">客户中心</a>
<a href="#">联系我们</a>
</body>
</html>
```

在 IE 浏览器中浏览效果如图 16-20 所示，可以看到页面中创建了四个超链接，其排列方式为横排，颜色为蓝色，带有下划线。

图 16-19 导航栏效果

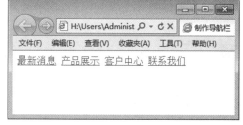

图 16-20 创建超链接

步骤 **3** 添加 CSS 代码，修饰超链接基本样式。

```
<style type="text/css">
<!--
a, a:visited {
    display: block;
    font-size:16px;
    height: 50px;
    width: 80px;
    text-align: center;
    line-height: 40px;
    color: #000000;
    background-image: url(20.jpg);
```

```
    background-repeat: no-repeat;
    text-decoration: none;
}
-->
</style>
```

在 IE 浏览器中浏览效果如图 16-21 所示，可以看到页面中四个超链接排列方式变为竖排，并且每个链接都导入了一个背景图片，超链接高度为 50 像素，宽度为 80 像素，字体颜色为黑色，不带有下划线。

步骤 4 添加 CSS 代码，修饰链接悬浮样式。

```
a:hover {
    font-weight: bolder;
    color: #FFFFFF;
    text-decoration: underline;
    background-image: url(hover.gif);
}
```

在 IE 浏览器中浏览效果如图 16-22 所示，可以看到，当鼠标放到工具栏上的一个超链接上时，其背景图片发生变化，文字带有下划线。

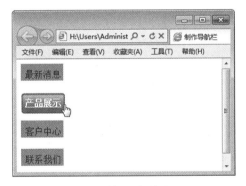

图 16-21　修饰链接基本样式　　　　图 16-22　修饰悬浮样式

16.6 高手甜点

甜点 1：丢失标记中的结尾斜线，会造成什么后果？

答：页面排版失效。结尾斜线也是造成页面失效比较常见的原因。我们很容易忽略结尾斜线之类的东西，特别是在 image 标签等元素中。在严格的 DOCTYPE 中这是无效的。要在 img 标签结尾处加上"/"以解决此问题。

甜点 2：设置了超链接激活状态，为什么看不到结果？

答：当前激活状态"a:active"一般被显示的情况非常少，因此很少使用。因为当用户单击一个超链接之后，焦点很容易就会从这个链接转移到其他地方。例如，新打开的窗口等，此时该超链接就不再是"当前激活"状态了。

甜点 3：有的鼠标效果在不同浏览器中为什么显示不同？

很多时候，浏览器调用的鼠标是操作系统的鼠标效果，因此同一用户浏览器之间的差别很小，但不同操作系统的用户之间还是存在差异的。例如，有些鼠标效果可以在 IE 浏览器显示，但不可以在 FF 中显示。

16.7　跟我练练手

练习 1：制作一个包含超链接的网页，然后设置超链接的基本样式、背景图等属性。

练习 2：制作一个包含鼠标特效的网页，然后设置鼠标变幻式超链接和滚动条效果。

练习 3：制作一个包含图片版本超链接的网页。

练习 4：制作一个关于鼠标特效的例子，通过 cursor 属性设置各种样式鼠标。

练习 5：制作一个简单导航栏的例子。

第17章

使用 CSS3 控制
网页导航菜单的样式

　　网页菜单是网站中必不可少的元素之一，通过
网页菜单可以在页面上自由跳转。网页菜单风格往
往影响网站整体风格，所以网页设计者会花费大量
的时间和精力去制作各式各样的网页菜单，来吸引
浏览者。利用 CSS3 属性和项目列表，可以制作出
美观大方的网页菜单。

● **本章要点（已掌握的在方框中打钩）**

☐ 掌握美化项目列表的方法
☐ 掌握制作网页菜单的方法
☐ 掌握制作 soso 导航栏的方法
☐ 掌握将段落转变成列表的方法

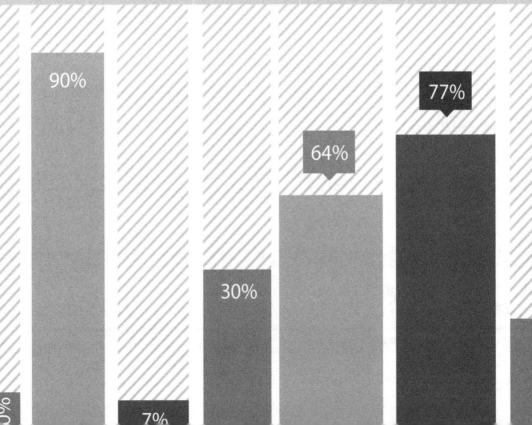

17.1 使用 CSS3 美化项目列表

在 HTML5 语言中，项目列表用来罗列显示一系列相关的文本信息，包括有序、无序和自定义列表等，当引入 CSS3 后，就可以使用 CSS3 来美化项目列表了。

17.1.1 案例 1——美化无序列表

无序列表 <ul> 是网页中常见元素之一，使用 <li> 标记罗列各个项目，每个项目前面都带有特殊符号，如黑色实心圆等。在 CSS3 中，可以通过 list-style-type 属性来定义无序列表前面的项目符号。

对于无序列表，list-style-type 语法格式如下所示。

```
list-style-type : disc | circle | square | none
```

其中 list-style-type 参数值含义，如表 17-1 所示。

表 17-1　无序列表常用符号

参　　数	说　　明
disc	实心圆
circle	空心圆
square	实心方块
none	不使用任何标号

可以通过表里的参数，为 list-style-type 设置不同的特殊符号，从而改变无序列表的样式。

【例 17.1】（实例文件：ch17\17.1.html）

```
<!DOCTYPE html>
<html>
<head>
<title>美化无序列表</title>
<style>
* {
    margin:0px;
    padding:0px;
    font-size:12px;
}
p {
    margin:5px 0 0 5px;
    color:#3333FF;
    font-size:14px;
    font-family:"幼圆";
```

```
}
div{
    width:300px;
    margin:10px 0 0 10px;
    border:1px #FF0000 dashed;
}
div ul {
    margin-left:40px;
    list-style-type: disc;
}
div li {
    margin:5px 0 5px 0;
    color:blue;
    text-decoration:underline;
}
</style>
</head>
<body>
<div class="big01">
  <p> 娱乐焦点 </p>
  <ul>
    <li> 换季肌闹 " 公主病 " 美肤急救快登场 </li>
    <li> 来自 12 星座的你  认准罩门轻松瘦 </li>
    <li> 男人 30" 豆腐渣 "  如何延缓肌肤衰老 </li>
    <li> 打造天生美肌  名媛爱物强 K 性价比! </li>
    <li> 夏裙又有新花样  拼接图案最时髦 </li>
  </ul>
</div>
</body>
</html>
```

在 IE9.0 中浏览效果如图 17-1 所示，可以看到显示了一个导航栏，导航栏中存在着不同的导航信息，每条导航信息前面都是使用实心圆作为每行信息的开始。

图 17-1　无序列表制作导航菜单

> **提示**　在上面代码中，使用 list-style-type 设置了无序列表中特殊符号为实心圆，border 设置层 div 边框显示为红色、破折线显示，宽度为 1 像素。

17.1.2 案例 2——美化有序列表

有序列表标记 <ol> 可以创建具有顺序的列表，例如每条信息前面加上 1，2，3，4 等。如果要改变有序列表前面的符号，同样需要利用 list-style-type 属性，只不过属性值不同。

对于有序列表，list-style-type 语法格式如下所示。

```
list-style-type : decimal | lower-roman | upper-roman | lower-alpha | upper-alpha | none
```

其中 list-style-type 参数值含义，如表 17-2 所示。

表 17-2　有序列表常用符号

参　　数	说　　明
decimal	阿拉伯数字圆
lower-roman	小写罗马数字
upper-roman	大写罗马数字
lower-alpha	小写英文字母
upper-alpha	大写英文字母
none	不使用项目符号

> **注意**　除了列表里的这些常用符号，list-style-type 还具有很多不同的参数值。由于不经常使用，这里不再罗列。

【例 17.2】（实例文件：ch17\17.2.html）

```
<!DOCTYPE html>
<html>
<head>
<title>美化有序列表</title>
<style>
* {
    margin:0px;
    padding:0px;
        font-size:12px;
}
p {
    margin:5px 0 0 5px;
    color:#3333FF;
    font-size:14px;
        font-family:"幼圆";
        border-bottom-width:1px;
        border-bottom-style:solid;

}
```

```
div{
    width:300px;
    margin:10px 0 0 10px;
    border:1px #F9B1C9 solid;
}
div ol {
    margin-left:40px;
    list-style-type: decimal;
}
div li {
    margin:5px 0 5px 0;
          color:blue;
}
</style>
</head>
<body>
<div class="big">
  <p>娱乐焦点</p>
  <ol>
    <li>换季肌闹"公主病"美肤急救快登场</li>
    <li>来自12星座的你 认准罩门轻松瘦</li>
    <li>男人30"豆腐渣" 如何延缓肌肤衰老</li>
    <li>打造天生美肌 名媛爱物强K性价比!</li>
    <li>夏裙又有新花样 拼接图案最时髦</li>
  </ol>
</div>
</body>
</html>
```

在 IE9.0 中浏览效果如图 17-2 所示，可以看到显示了一个导航栏，导航信息前面都带有相应的数字，表示其顺序。导航栏具有红色边框，并用一条蓝线将标题和内容分开。

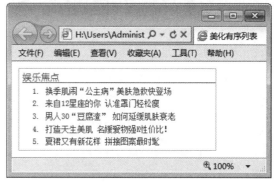

图 17-2　有序列表制作导航菜单

▶ 注意　　上面代码中，使用 list-style-type: decimal 语句定义了有序列表前面的符号。严格来说，无论 <ul> 标记还是 <ol> 标记，都可以使用相同的属性值，而且效果完全相同，即二者通过 list-style-type 可以通用。

17.1.3 案例 3——美化自定义列表

自定义列表是列表项目中比较特殊的一个列表，相对于无序列表和有序列表，使用次数很少。如果引入 CSS3 的一些相关属性，可以改变自定义列表显示样式。

【例 17.3】（实例文件：ch17\17.3.html）

```
<!DOCTYPE html>
<html >
<head>
<style>
*{ margin:0; padding:0;}
body{ font-size:12px; line-height:1.8; padding:10px;}
dl{clear:both; margin-bottom:5px;float:left;}
dt,dd{padding:2px 5px;float:left; border:1px solid #3366FF;width:120px;}
dd{ position:absolute; right:5px;}
h1{clear:both;font-size:14px;}
 </style>
 </head>
<body>
<h1> 日志列表 </h1>
<div>
<dl>
<dt><a href="#"> 我多久没有笑了 </a></dt> <dd> (0/11) </dd> </dl>
 <dl> <dt><a href="#">12 道营养健康菜谱 </a></dt> <dd> (0/8) </dd> </dl>
 <dl> <dt><a href="#"> 太有才了 </a></dt> <dd> (0/6) </dd> </dl>
 <dl> <dt><a href="#"> 怀念童年 </a></dt> <dd> (2/11) </dd> </dl>
 <dl> <dt><a href="#"> 三字经 </a></dt> <dd> (0/9) </dd> </dl>
 <dl> <dt><a href="#"> 我的小小心愿 </a></dt> <dd> (0/2) </dd> </dl>
 <dl> <dt><a href="#"> 想念你，你可知道 </a></dt> <dd> (0/1) </dd> </dl> </div>
</body>
</html>
```

在 IE 9.0 中浏览效果如图 17-3 所示，可以看到一个日志导航菜单，每个选项都有蓝色边框，并且后面带有浏览次数显示等。

图 17-3 自定义列表制作导航菜单

> **提示**　上面代码中，通过使用 border 属性设置边框相关属性，通过 font 相关属性设置文本大小、颜色等。

17.1.4　案例 4——制作图片列表

使用 list-style-image 属性可以将每项前面的项目符号替换为任意图片。list-style-image 属性用来定义作为一个有序或无序列表项标志的图像。图像相对于列表项内容的放置位置通常使用 list-style-position 属性控制。其语法格式如下所示。

```
list-style-image : none | url (url)
```

上面属性值中，none 表示不指定图像，url 表示使用绝对路径和相对路径指定背景图像。

【例 17.4】（实例文件：ch17\17.4.html）

```html
<!DOCTYPE html>
<html>
<head>
<title>图片符号</title>
<style>
<!--
ul{
    font-family:Arial;
    font-size:20px;
    color:#00458c;
    list-style-type:none;                              /* 不显示项目符号 */
}
li{
                list-style-image:url(01.jpg);
        padding-left:25px;                              /* 设置图标与文字的间隔 */
        width:350px;
}
-->
</style>
    </head>
<body>
<p>娱乐焦点</p>
<ul>
    <li>换季肌闹 " 公主病 " 美肤急救快登场 </li>
    <li>来自 12 星座的你 认准罩门轻松瘦 </li>
    <li>男人 30" 豆腐渣 " 如何延缓肌肤衰老 </li>
    <li>打造天生美肌 名媛爱物强 K 性价比！ </li>
```

```
    <li>夏裙又有新花样 拼接图案最时髦 </li>
</ul>
</body>
</html>
```

在 IE 9.0 中浏览效果如图 17-4 所示，可以看到每个导航菜单前面都有一个小图标。

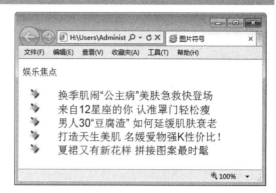

图 17-4 制作图片导航栏

> **提示**　在上面代码中，使用 list-style-image:url(6.jpg) 语句定义了列表前显示的图片，实际上还可以使用 background:url(01.jpg) no-repeat 语句完成这个效果，只不过 background 对图片大小要求比较苛刻。

17.1.5 案例 5——缩进图片列表

使用图片作为列表符号显示时，图片通常显示在列表的外部，实际上还可以将图片列表中文本信息进行对齐，从而显示出另外一种效果。在 CSS3 中，可以通过 list-style-position 来设置图片显示位置。

list-style-position 属性语法格式如下所示。

```
list-style-position : outside | inside
```

其属性值含义，如表 17-3 所示。

表 17-3 列表缩进属性值

属　性	说　明
outside	列表项目标记放置在文本以外，且环绕文本不根据标记对齐
inside	列表项目标记放置在文本以内，且环绕文本根据标记对齐

【例 17.5】（实例文件：ch17\17.5.html）

```
<!DOCTYPE html>
<html>
<head>
```

```
<title>图片位置</title>
<style>
.list1{
    list-style-position:inside;}
.list2{
    list-style-position:outside;}
.content{
    list-style-image:url(01.jpg);
    list-style-type:none;
    font-size:20px;
}
</style>
    </head>
<body>
<ul class=content>
<li class=list1>换季肌闹 " 公主病 " 美肤急救快登场。</li>
<li class=list2>换季肌闹 " 公主病 " 美肤急救快登场。</li>
</ul>
</body>
</html1>
```

在 IE9.0 中浏览效果如图 17-5 所示，可以看到一个图片列表，第一个图片列表选项中图片和文字对齐，即放在文本信息以内，第二个图片列表选项图片没有和文字对齐，而是放在文本信息以外。

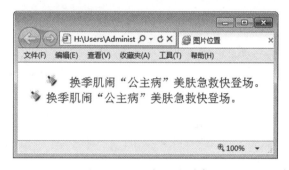

图 17-5　图片缩进列表

17.1.6　案例 6——列表复合属性

在前面的小节中分别使用了 list-style-type 定义列表的项目符号，list-style-image 定义了列表的图片符号选项，使用 list-style-position 定义了图片显示位置。实际上在对项目列表操作时，可以直接使用一个复合属性 list-style，将前面的三个属性放在一起设置。

list-style 语法格式如下所示。

```
{ list-style: style }
```

其中 style 指定或接收以下值（任意次序，最多三个）的字符串，如表 17-4 所示。

表 17-4 list-style 常用属性

属 性	说 明
图像	可供 list-style-image 属性使用的图像值的任意范围
位置	可供 list-style-position 属性使用的位置值的任意范围
类型	可供 list-style-type 属性使用的类型值的任意范围

【例 17.6】（实例文件：ch17\17.6.html）

```
<!DOCTYPE html>
<html>
<head>
<title>复合属性</title>
<style>
#test1
{
    list-style:square inside url("01.jpg");
}
#test2
{
    list-style:none;
}

</style>
    </head>
<body>
<ul>
<li id=test1>换季肌闹"公主病"美肤急救快登场。</li>
<li id=test2>换季肌闹"公主病"美肤急救快登场。</li>
</ul>
</body>
</html>
```

在 IE 9.0 中浏览效果如图 17-6 所示，可以看到两个列表选项，一个列表选项中带有图片，一个列表中没有符号和图片显示。

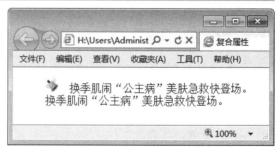

图 17-6　复合属性指定列表

list-style 属性是复合属性。在指定类型和图像值时，除非将图像值设置为 none 或无法显示 url 所指向的图像，否则图像值的优先级较高。例如，在上面例子中，类 test1 同时设置了符号为方块符号和图片，但只显示了图片。

> **提示**　list-style 属性也适用于其 display 属性被设置为 list-item 的所有元素。要显示圆点符号，必须显式设置这些元素的 margin 属性。

17.2　使用 CSS3 制作网页菜单

使用 CSS3 除了可以美化项目列表外，还可以用于制作网页菜单，并设置不同显示效果的菜单。

17.2.1　案例 7——制作无序表格的菜单

在使用 CSS3 制作导航条和菜单之前，需要将 list-style-type 的属性值设置为 none，即去掉列表前的项目符号。下面通过一个实例，介绍使用完成一个菜单导航条。具体的操作步骤如下。

步骤 1　首先创建 HTML 文档，并实现一个无序列表，列表中的选项表示各个菜单。具体代码如下。

```
<!DOCTYPE html>
<html>
<head>
<title>无序表格菜单</title>
</head>
<body>
<div>
    <ul>
        <li><a href="#">网站首页</a></li>
        <li><a href="#">产品大全</a></li>
        <li><a href="#">下载专区</a></li>
        <li><a href="#">购买服务</a></li>
        <li><a href="#">服务类型</a></li>
    </ul>
</div>
</body>
</html>
```

上面代码中，创建一个 div 层，在层中放置了一个 ul 无序列表，列表中各个选项就是将来所使用的菜单。在 IE9.0 中浏览效果如图 17-7 所示，可以看到显示了一个无序列表，每个选项带有一个实心圆。

步骤 2　利用 CSS 相关属性，对 HTML 中元素进行修饰，例如 div 层、ul 列表和 body 页面。代码如下所示。

```
<style>
<!--
body{
    background-color:#84BAE8;
}
div {
    width:200px;
    font-family:" 黑体 ";
}
div ul {
    list-style-type:none;
margin:0px;
    padding:0px;
}
-->
</style>
```

> **提示** 上面代码设置了网页背景色、层大小和文字字形，最重要的就是设置了列表 <ul> 的属性，将项目符号设置为不显示。

在 IE9.0 中浏览效果如图 17-8 所示，可以看到项目列表变成一个普通的超链接列表，无项目符号并带有下划线。

图 17-7　显示项目列表

图 17-8　链接列表

步骤 3 使用 CSS3 对列表中的各个选项进行修饰，例如去掉超链接下的下划线，并增加 li 标记下的边框线，从而增强菜单的实际效果。

```
div li {
    border-bottom:1px solid #ED9F9F;
}
div li a{
    display:block;
padding:5px 5px 5px 0.5em;
    text-decoration:none;
    border-left:12px solid #6EC61C;
    border-right:1px solid #6EC61C;
}
```

在 IE9.0 中浏览效果如图 17-9 所示，可以看到每个选项中，超链接的左方显示为蓝色条，右方显示为蓝色线。每个链接下方显示了一个黄色边框。

步骤　4　使用 CSS3 设置动态菜单效果，即鼠标悬浮在导航菜单上显示为另外一种样式，具体代码如下。

```
div li a:link, div li a:visited{
    background-color:#F0F0F0;
    color:#461737;
}
div li a:hover{
    background-color:#7C7C7C;
    color:#ffff00;
}
```

上面代码设置了鼠标链接样式、访问后样式和悬浮时的样式。在 IE9.0 中浏览效果如图 17-10 所示，可以看到鼠标悬浮在菜单上显示为灰色。

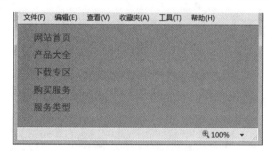

图 17-9　导航菜单

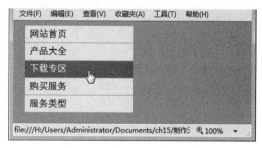

图 17-10　动态导航菜单

17.2.2　案例 8——制作水平菜单

在实际网页设计中，根据题材或业务需求不同，垂直导航菜单有时不能满足要求，这时就需要导航菜单水平显示。例如，常见的百度首页，其导航菜单就是水平显示。通过 CSS 属性，不但可以创建垂直导航菜单，还可以创建水平导航菜单。

具体的操作步骤如下。

步骤　1　建立 HTML 项目列表结构，将要创建的菜单项都是以列表选项显示出来。具体的代码如下。

```
<!DOCTYPE html>
<html>
<head>
<title>制作水平和垂直菜单</title>
<style>
<!--
```

```
body{
     background-color:#84BAE8;
}
div {
     font-family:" 幼圆 ";
}
div ul {
     list-style-type:none;
margin:0px;
     padding:0px;
}
</style>
   </head>
<body>
<div id="navigation">
<ul>
            <li><a href="#"> 网站首页 </a></li>
            <li><a href="#"> 产品大全 </a></li>
            <li><a href="#"> 下载专区 </a></li>
            <li><a href="#"> 购买服务 </a></li>
            <li><a href="#"> 服务类型 </a></li>
</ul>
</div>
</body>
</html>
```

在 IE9.0 中浏览效果如图 17-11 所示，可以看到显示的是一个普通的超链接列表，和上一个例子中显示的基本一样。

图 17-11　链接列表

步骤 **2**　现在是垂直显示导航菜单，需要利用 CSS 属性 float 将其设置为水平显示，并设置选项 li 和超链接的基本样式，代码如下所示。

```
div li {
     border-bottom:1px solid #ED9F9F;
float:left;
width:150px;
}
```

```
div li a{
    display:block;
 padding:5px 5px 5px 0.5em;
    text-decoration:none;
    border-left:12px solid #EBEBEB;
    border-right:1px solid #EBEBEB;
}
```

当 float 属性值为 left 时，导航栏为水平显示。其他设置基本与上一个例子相同。在 IE9.0 中浏览效果如图 17-12 所示，可以看到各个链接选项水平排列在当前页面上。

图 17-12　列表水平显示

步骤 3 设置超链接 <a.> 样式，和前面一样，也是设置了鼠标动态效果。代码如下所示。

```
div li a:link, div li a:visited{
    background-color:#F0F0F0;
    color:#461737;
}
div li a:hover{
    background-color:#7C7C7C;
    color:#ffff00;
}
```

在 IE9.0 中浏览效果如图 17-13 所示，可以看到当鼠标放到菜单上时，会变换为另一种样式。

图 17-13　水平菜单显示

17.3　综合案例 1——模拟 soso 导航栏

本实例将结合本章学习的制作菜单知识，轻松实现搜搜导航栏。具体步骤如下所示。

步骤 **1** 分析需求。

实现该实例，需要包含三个部分，第一个部分是 soso 图标，第二个部分是水平菜单导航栏，也是本实例重点，第三个部分是表单部分，包含一个输入框和按钮。该实例实现后，其实际效果如图 17-14 所示。

图 17-14　模拟搜搜导航栏

步骤 **2** 创建 HTML 网页，实现基本 HTML 元素。

对于本实例，需要利用 HTML 标记实现搜搜图标以及导航的项目列表、下方的搜索输入框和按钮等。其代码如下所示。

```
<!DOCTYPE html>
<html>
<head>
<title>搜搜</title>
    </head>
<body>
<center><br><img src="logo_index.png"><br><br><br><br>
<div>
<ul>
          <li id=h></li>
    <li><a href="#">网页</a></li>
    <li><a href="#">图片</a></li>
    <li><a href="#">视频</a></li>
    <li><a href="#">音乐</a></li>
    <li><a href="#">搜吧</a></li>
    <li><a href="#">问问</a></li>
    <li><a href="#">团购</a></li>
    <li><a href="#">新闻</a></li>
    <li><a href="#">地图</a></li>
       <li id="more"><a href="#">更 多 &gt;&gt;</a></li>
</ul>
</div>
<p style="height:44px;"> </p>
<div id=s>
```

```
<form action="/q?" id="flpage" name="flpage">
    <input type="text" value="" size=50px;/>
    <input type="submit" value=" 搜搜 ">
</form>
</div>
</center>
</body>
</html>
```

在 IE9.0 中浏览效果如图 17-15 所示，可以看到显示了一个图片，即搜搜图标，中间显示了一列项目列表，每个选项都是超链接。下方是一个表单，包含输入框和按钮。

图 17-15　页面框架

步骤 **3**　添加 CSS 代码，修饰项目列表。

框架出来之后，就可以修饰项目列表的相关样式，即列表水平显示，同时定义整个 div 层属性，如设置背景色、宽度、底部边框和字体大小等。代码如下所示。

```
p{ margin:0px; padding:0px;}
#div{
    margin:0px auto;
    font-size:12px;
    padding:0px;
    border-bottom:1px solid #00c;
    background:#eee;
    width:800px;height:18px;
}
div li{
    float:left;
    list-style-type:none;
    margin:0px;padding:0px;
    width:40px;
}
```

上面代码中，float 属性设置菜单栏水平显示，list-style-type 设置了列表不显示项目符号。

在 IE9.0 中浏览效果如图 17-16 所示，可以看到页面整体效果和搜搜首页比较相似，下面就可以在细节上进一步修改了。

步骤 **4** 添加 CSS 代码，修饰超链接。

```
div li a{
    display:block;
    text-decoration:underline;
    padding:4px 0px 0px 0px;
    margin:0px;
        font-size:13px;
}
div li a:link, div li a:visited{
    color:#004276;

}
```

上面代码设置了超链接，即导航栏中菜单选项中的相关属性，例如超链接以块显示、文本带有下划线，字体大小为 13 像素，并设定了鼠标访问超链接后的颜色。在 IE9.0 中浏览效果如图 17-17 所示，可以看到字体颜色发生改变，字体变小。

图 17-16　水平菜单栏　　　　　　　　　图 17-17　修饰超链接

步骤 **5** 添加 CSS 代码，定义对齐方式和表单样式。

```
div li#h{width:180px;height:18px;}
div li#more{width:85px;height:18px;}
#s{
    background-color:#006EB8;
    width:430px;
}
```

上述代码中，h 定义了水平菜单最前方空间的大小，more 定义了更多的长度和宽带，s 定义了表单背景色和宽带。在 IE9.0 中浏览效果如图 17-18 所示，可以看到水平导航栏和表单对齐，表单背景色为蓝色。

图 17-18　定义对齐方式

步骤 **6**　添加 CSS 代码，修饰访问默认项。

```
<a href="#"　style="text-decoration:none;color:#020202;font-size:14px;">网页
</a>
```

此代码段设置了被访问时的默认样式。在 Firefox 5.0 中浏览效果如图 17-19 所示，可以看到"网页"菜单选项，颜色为黑色，不带有下划线。

图 17-19　设置访问默认项

17.4　综合案例 2——将段落转变成列表

CSS 的功能非常强大，可以变幻不同的样式。可以让列表代替 table 表格制作出表格，同样也可以让一个段落 p 模拟项目列表。下面利用前面介绍的 CSS 知识，将段落变换为一个列表。

具体步骤如下所示。

步骤 **1**　创建 HTML，实现基本段落。

从上面分析可以看出，HTML 中需要包含一个 div 层，几个段落。其代码如下所示。

```
<!DOCTYPE html>
<html>
<head>
<title>模拟列表</title>
</head>
<body>
<div class="big">
  <p class="one">·换季肌闹 " 公主病 " 美肤急救快登场。</p>
  <p> ·来自 12 星座的你 认准罩门轻松瘦。</p>
  <p class="one"> ·男人 30" 豆腐渣 " 如何延缓肌肤衰老。</p>
  <p> ·打造天生美肌 名媛爱物强 K 性价比！</p>
  <p class="one"> ·夏裙又有新花样 拼接图案最时髦</p>
</div>
</body>
</html>
```

在 IE9.0 中浏览效果如图 17-20 所示，可以看到显示 5 个段落，每个段落前面都使用特殊符号"·"引领每一行。

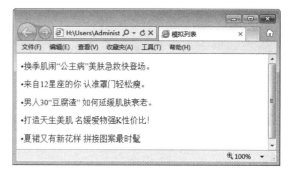

图 17-20　段落显示

步骤 2　添加 CSS 代码，修饰整体 div 层。

```
<style>
.big {
    width:450px;
    border:#990000 1px solid;
}
</style>
```

此处创建了一个类选择器，其属性定义了层的宽带，层带有边框，以直线形式显示。在 IE9.0 中浏览效果如图 17-21 所示，可以看到段落周围显示了一个矩形区域，其边框显示为红色。

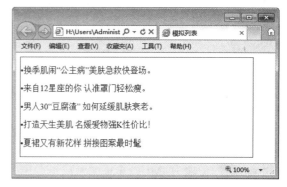

图 17-21　修饰 div 层

步骤 3　添加 CSS 代码，修饰段落属性。

```
p {
    margin:10px 0 5px 0;
    font-size:14px;
    color:#025BD1;
}
.one {
    text-decoration:underline;
    font-weight:800;
    color:#009900;
}
```

上面代码定义了段落 p 的通用属性，即字体大小和颜色。使用类选择器定义了特殊属性，带有下划线，具有不同的颜色。在 IE9.0 中浏览效果如图 17-22 所示，可以看到相比较前一个图像，其字体颜色发生了变化，并带有下划线。

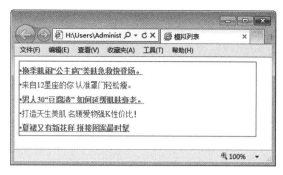

图 17-22　修饰段落属性

17.5 高手甜点

甜点 1：使用项目列表和 table 表格制作表单，项目列表有哪些优势？

答：采用项目列表制作水平菜单时，如果没有设置 <ul> 标记的宽带 width 属性，那么当浏览器的宽带缩小时，菜单会自动换行。这是采用 <table> 标记制作的菜单所无法实现的。所以项目列表被经常加以使用，实现各种变换效果。

甜点 2：使用 IE 浏览器打开一个项目列表，设定的项目符号没有出现。

答：IE 浏览器对项目列表的符号支持不是太好，只支持一部分项目符号，这时可以采用 Firefox 浏览器。Firefox 浏览器对项目列表符号支持力度比较大。

甜点 3：使用 url 引入图像时，加引号好，还是不加引号好？

答：不加引号好。需要将带有引号的修改为不带引号的。例如：

```
background:url("xxx.gif") 改为 background:url(xxx.gif)
```

因为对于部分浏览器来说加引号反而会引起错误。

17.6 跟我练练手

练习 1：制作一个包含各种类型项目列表的网页，然后美化这些列表的外观样式。

练习 2：制作一个包含无序表格菜单的网页。

练习 3：制作一个包含水平和垂直菜单的网页。

练习 4：制作一个模拟 soso 导航栏的例子。

练习 5：制作一个将段落转变成列表的例子。

第3篇
网页版式布局

第18章

CSS 定位与 DIV 布局核心技术

网页设计中，能否很好地定位网页中的每个元素，是网页整体布局的关键。一个布局混乱、元素定位不准的页面，会影响网页的访问量。而把每个元素都精确定位到合理位置，才是构建美观大方页面的前提。

● **本章要点（已掌握的在方框中打钩）**

☐ 掌握块级元素和行内元素的应用方法

☐ 盒子模型

☐ 掌握 CSS3 弹性盒模型

☐ 掌握制作图文排版效果

☐ 掌握制作淘宝导购菜单

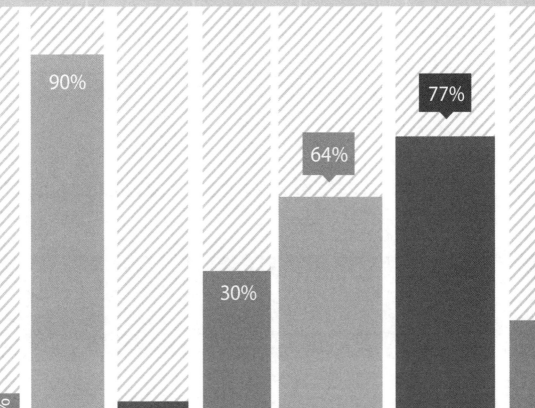

18.1 了解块级元素和行内级元素

通过块元素可以把 HTML 里 <p> 和 <h1> 之类的文本标签定义成类似 div 分区的效果，而通过内联元素可以把元素设置成"行内"元素，这两种元素的 CSS 作用比较小，但是也有一定的使用价值。

18.1.1 案例 1——块级元素和行内级元素的应用

块元素指在没有 CSS 样式作用下，新的块元素会另起一行顺序排列下去。div 就是块元素之一。块元素使用 CSS 中的 block 定义，具体特点如下。

☆ 总是在新的一行开始。

☆ 行高以及顶和底边距都可控制。

☆ 如果用户不设置宽度的话，则会默认为整个容器的 100%；而如果设置了值，将按照设置的值显示。

常用的 <p><h1><from><ul> 和 <li> 标记都是块元素，块元素的用户比较简单，下面给出一个块元素应用实例。

【例 18.1】（实例文件：ch18\18.1.html）

```
<!DOCTYPE html>
<html>
<head>
<title>块元素</title>
<style>
    .big{
        width:800px;
        height:105px;
        background-image:url(07.jpg);
    }
    a{
        font-size:12px;
        display:block;
        width:100px;
        height:20px;
        line-height:20px;
        background-color:#F4FAFB;
        text-align:center;
        text-decoration:none;
        border-bottom:1px dotted #6666FF;
                    color:black;
    }
```

```
        a:hover{
                font-size:13px;
                display:block;
                width:100px;
                height:20px;
                line-height:20px;
                text-align:center;
                text-decoration:none;
                            color:green;
                }
</style>
</head>
<body>
    <div class="big">
    <p>
    <a href="#"> 管理应用 </a><a href="#"> 财务管理 </a><a href="#"> 在线管理 </a>
    <a href="#"> 客户关系管理 </a><a href="#"> 一体化管理 </a>
    </p>
    </div>
</body>
</html>
```

在 IE 浏览器中浏览效果如图 18-1 所示，可以看到左边显示了一个导航栏，右边显示了一个图片。其导航栏就是以块元素形式显示的。

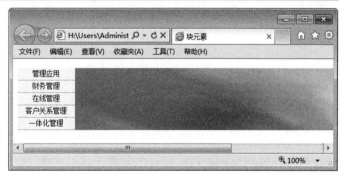

图 18-1　以块元素显示

通过 display:inline 语句，可以把元素定义为行内元素，行内元素的特点如下。

☆　和其他元素都在一行上。

☆　行高以及顶和底边距不可改变。

☆　宽度就是它的文字或图片的宽度，不可改变。

常见的行内元素有 <span><a><label><input><img> 和 <strong> 等，行内元素的应用也比较简单。

【例 18.2】（实例文件：ch18\18.2.html）

```
<!DOCTYPE html>
<html>
<head>
<title> 行内元素 </title>
```

```
<style type="text/css">
.hang {
      display:inline;
}
</style>
</head>
<body>
<div>
<a href="#" class="hang">这是 a 标签</a>
 <span class="hang">这是 span 标签</span>
<strong class="hang">这是 strong 标签</strong>
<img class="hang" src=6.jpg/>
</div>
</body>
</html>
```

在 IE 浏览器中浏览效果如图 18-2 所示，可以看到页面显示的三个 HTML 元素都在同一行显示，包括超链接、文本信息。

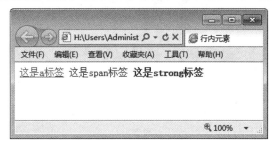

图 18-2　行内元素显示

18.1.2 案例 2——div 元素和 span 元素的区别

div 和 span 标记二者的区别在于，div 是一个块级元素，其包含的元素会自动换行。span 标记是一个行内标记，其前后都不会发生换行。div 标记可以包含 span 标记元素，但 span 标记一般不包含 div 标记。

【例 18.3】（实例文件：ch18\18.3.html）

```
<!DOCTYPE html>
<html>
<head>
<title>div 与 span 的区别</title>
   </head>
<body>
  <p>div 自动分行：</p>
  <div><b>宁静</b></div>
  <div><b>致远</b></div>
  <div><b>明治</b></div>
  <p>span 同一行：</p>
  <span><b>老虎</b></span>
```

```
  <span><b>狮子 </b></span>
  <span><b>老鼠 </b></span>
</body>
</html>
```

　　在 IE 浏览器中浏览效果如图 18-3 所示，可以看到 div 层所包含的元素进行自动换行，而对于 span 标记，三个 HTML 元素在同一行显示。

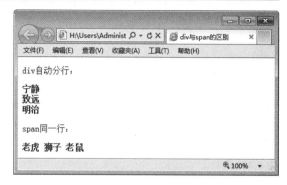

图 18-3　div 与 span 元素的区别

18.2　盒子模型

　　将网页上每个 HTML 元素都认为是长方形的盒子，是网页设计上的一大创新。在控制页面方面，盒子模型有着至关重要的作用，熟练掌握盒子模型及其盒子模型的各个属性，是控制页面中每个 HTML 元素的前提。

18.2.1　盒子模型的概念

　　CSS3 中，所有的页面元素都包含在一个矩形框内，称为盒子。盒子模型是由 margin（边界）、border（边框）、padding（空白）和 content（内容）等属性组成的。此外，在盒子模型中，还具备高度和宽度两个辅助属性。盒子模型如图 18-4 所示。

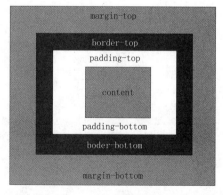

图 18-4　盒子模型效果图

　　从图 18-4 中可以看出，盒子模型包含以下四个部分。

　　（1）content（内容）：内容是盒子模型中必需的一部分，内容可以是文字、图片等元素。

　　（2）padding（空白）：也称内边距或补白，用来设置内容和边框之间的距离。

（3）border（边框）：可以设置内容边框线的粗细、颜色和样式。

（4）margin（边界）：也称外边距，用来设置内容与内容之间的距离。

一个盒子的实际高度（宽度）是由 content+padding+border+margin 组成的。在 CSS3 中，可以通过设定 width 和 height 来控制 content 的大小，并且对于任何一个盒子，都可以分别设定 4 条边的 border、padding 和 margin。

18.2.2 案例3——定义网页 border 区域

border 边框是内边距和外边距的分界线，可以分离不同的 HTML 元素。border 有三个属性，分别是边框样式（style）、颜色（color）和宽度（width）。

【例 18.4】（实例文件：ch18\18.4.html）

```
<!DOCTYPE html>
<html>
<head>
<title>border 边框</title>
  <style type="text/css">
    .div1{
     borde-widthr:10px;
     border-color:#ddccee;
     border-style:solid;
     width:410px;
     }
    .div2{
     border-width:1px;
     border-color:#adccdd;
     border-style:dotted;
     width:410px;
     }
    .div3{
     border-width:1px;
     border-color:#457873;
     border-style:dashed;
     width:410px;
     }
  </style>
</head>
<body>
  <div class="div1">
     这是一个宽度为 10px 的实线边框。
     </div>
     <br /><br />
     <div class="div2">
     这是一个宽度为 1px 的虚线边框。
```

```
   </div>
   <br /><br />
   <div class="div3">
      这是一个宽度为 1px 的点状边框。
   </div>
</body>
</html>
```

在 IE 浏览器中浏览效果如图 18-5 所示，可以看到显示了三个不同风格的盒子，第一个盒子边框线宽度为 10 像素，边框样式为实线，颜色为紫色；第二个盒子边框线宽度为 1 像素，边框样式为虚线边框，颜色为浅绿色；第三个盒子边框宽度为 1 像素，边框样式是点状边框，颜色为绿色。

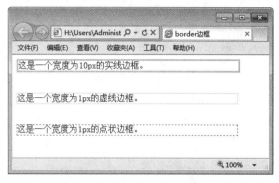

图 18-5　设置盒子边框

18.2.3　案例 4——定义网页 padding 区域

在 CSS3 中，可以设置 padding 属性来定义内容与边框之间的距离，即内边距。语法格式如下所示。

```
padding : length
```

padding 属性值可以是一个具体的长度，也可以是一个相对于上级元素的百分比，但不可以使用负值。padding 属性能为盒子定义上、下、左、右间隙的宽度，也可以单独定义各方位的宽度。常用形式如下所示。

```
padding :padding-top | padding-right | padding-bottom | padding-left
```

如果提供 4 个参数值，将按顺时针的顺序作用于四边。如果只提供 1 个参数值，将用于全部的四条边；如果提供 2 个参数值，第一个作用于上下两边，第 2 个作用于左右两边。如果提供 3 个参数值，第 1 个用于上边，第 2 个用于左、右两边，第 3 个作用于下边。

其具体含义如表 18-1 所示。

表 18-1　padding 属性子属性

属　性	描　述
padding-top	设定上间隙
padding-bottom	设定下间隙
padding-left	设定左间隙
padding-right	设定右间隙

【例 18.5】（实例文件：ch18\18.5.html）

```
<!DOCTYPE html>
<html>
<head>
<title>padding</title>
  <style type="text/css">
    .wai{
      width:400px;
      height:250px;
      border:1px #993399 solid;
    }
    img{
      max-height:120px;
      padding-left:50px;
      padding-top:20px;
    }
  </style>
</head>
<body>
  <div class="wai">
    <img src="07.jpg" />
        <p> 这张图片的左内边距是 50px，顶内边距是 20px</p>
    </div>
</body>
</html>
```

在 IE 浏览器中浏览效果如图 18-6 所示，可以看到一个 div 层中显示了一个图片。此图片可以看作一个盒子模型，并定义了图片的左内边距和上内边距的效果。可以看出，内边距其实是对象 img 和外层 div 之间的距离。

图 18-6　设置内边距

18.2.4　案例 5——定义网页 margin 区域

margin 边界用来设置页面中元素和元素之间的距离，即定义元素周围的空间范围，是页面排版中一个比较重要的概念。语法格式如下所示。

```
margin : auto | length
```

其中 auto 表示根据内容自动调整，length 表示由浮点数字和单位标识符组成的长度值或百分数。margin 属性包含的四个子属性控制一个页面元素四周的边距样式，如表 18-2 所示。

表 18-2　margin 属性子属性

属　性	描　述
margin-top	设定上边距
margin-bottom	设定下边距
margin-left	设定左边距
margin-right	设定右边距

如果希望很精确地控制块的位置，需要对 margin 有更深入的了解。margin 设置可以分为行内元素块之间设置、非行内元素块之间设置和父子块之间设置。

 行内元素块之间 margin 设置

【例 18.6】（实例文件：ch18\18.6.html）

```
<!DOCTYPE html>
<html>
<head>
<title>行内元素设置margin</title>
<style type="text/css">
<!--
span{
  background-color:#a2d2ff;
  text-align:center;
  font-family:"幼圆";
  font-size:12px;
  padding:10px;
          border:1px #ddeecc solid;
}
span.left{
  margin-right:20px;
  background-color:#a9d6ff;
}
span.right{
  margin-left:20px;
  background-color:#eeb0b0;
}
-->
</style>
   </head>
<body>
```

```
    <span class="left">行内元素 1</span><span class="right">行内元素 2</span>
</body>
</html>
```

在 IE 浏览器中浏览效果如图 18-7 所示，可以看到一个蓝色盒子和红色盒子，二者之间的距离使用 margin 设置，其距离是左边盒子的右边距 margin-right 加上右边盒子的左边距 margin-left。

图 18-7　行内元素块之间 margin 设置

 非行内元素块之间 margin 设置

如果不是行内元素，而是产生换行效果的块级元素，情况就可能发生变化。两个换行块级元素之间的距离不再是 margin-bottom 和 margin-top 的和，而是两者中的较大者。

【例 18.7】（实例文件：ch18\18.7.html）

```
<!DOCTYPE html>
<html>
<head>
<title>块级元素的margin</title>
<style type="text/css">
<!--
h1{
  background-color:#ddeecc;
  text-align:center;
  font-family:"幼圆";
  font-size:12px;
  padding:10px;
          border:1px #445566 solid;
          display:block;
}
-->
</style>
  </head>
<body>
  <h1 style="margin-bottom:50px;">距离下面块的距离</h1>
  <h1 style="margin-top:30px;">距离上面块的距离</h1>
</body>
</html>
```

在 IE 浏览器中浏览效果如图 18-8 所示，可以看到两个 h1 盒子，二者上下之间存在距离，其距离为 margin-bottom 和 margin-top 中较大的值，即 50 像素。如果修改下面 h1 盒子元素的

margin-top 为 40 像素，会发现执行结果没有任何变化。如果修改其值为 60 像素，会发现下面的盒子向下移动 10 像素。

图 18-8　设置上下 margin 距离

 父子块之间 margin 设置

当一个 div 块包含在另一个 div 块中间时，二者便会形成一个典型的父子关系。其中子块的 margin 设置将会以父块的 content 为参考。

【例 18.8】（实例文件：ch18\18.8.html）

```html
<!DOCTYPE html>
<html>
<head>
<title>包含块的 margin</title>
<style type="text/css">
<!--
div{
  background-color:#fffebb;
  padding:10px;
  border:1px solid #000000;
}
h1{
  background-color:#a2d2ff;
  margin-top:0px;
  margin-bottom:30px;
  padding:15px;
  border:1px dashed #004993;
             text-align:center;
  font-family:" 幼圆 ";
  font-size:12px;
}
-->
</style>
    </head>
<body>
  <div >
    <h1>子块 div</h1>
  </div>
</body>
</html>
```

在 IE 浏览器中浏览效果如图 18-9 所示，可以看到子块 h1 盒子距离父 div 下边界为 40 像素（子块 30 像素的外边距加上父块 10 像素的内边距），其他三边距离都是父块的 padding 距离，即 10 像素。

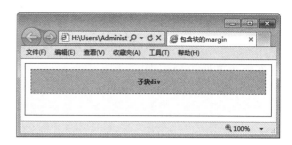

图 18-9　设置包括盒子的 margin 距离

在上例中，如果设定了父元素的高度 height 值，并且父块高度值小于子块的高度加上 margin 的值，此时 IE 浏览器会自动扩大，保持子元素的 margin-bottom 的空间以及父元素的 padding-bottom。而 Firefox 就不会这样，会保证父元素的 height 高度的完全吻合，而这时子元素将超过父元素的范围。

当将 margin 设置为负数时，会使得被设为负数的块向相反的方向移动，甚至覆盖在另外的块上。

18.3　CSS3 新增弹性盒模型

CSS3 引入了新的盒模型处理机制，即弹性盒模型。该模型决定元素在盒子中的分布方式以及如何处理盒子的可用空间。通过弹性盒模型，可轻松地设计出自适应浏览器窗口的流动布局或自适应字体大小的弹性布局。

CSS3 为弹性盒模型，新增了 8 个属性，如表 18-3 所示。

表 18-3　CSS3 新增盒子模型属性

属　性	说　明
box-orient	定义盒子分布的坐标轴
box-direction	定义盒子的显示顺序
box-flex	定义子元素在盒子内的自适应尺寸
box-flex-group	定义自适应子元素群组
box-lines	定义子元素分布显示
box-ordinal-group	定义子元素在盒子内的显示位置
box-pack	定义子元素在盒子内的水平方向上的空间分配方式
box-align	定义子元素在盒子内垂直方向上的空间分配方式

18.3.1　案例 6——定义盒子布局取向（box-orient）

box-orient 属性用于定义盒子元素内部的流动布局方向，即是横着排还是竖着走。语法格式如下所示。

```
box-orient:horizontal | vertical | inline-axis | block-axis
```

其参数值含义如表 18-4 所示。

表 18-4　box-orient 属性值

属 性 值	说 明
horizontal	盒子元素从左到右在一条水平线上显示它的子元素
vertical	盒子元素从上到下在一条垂直线上显示它的子元素
inline-axis	盒子元素沿着内联轴显示它的子元素
block-axis	盒子元素沿着块轴显示它的子元素

> **技巧**　弹性盒模型是 W3C 标准化组织于 2009 年发布的，目前还没有主流浏览器对其支持，不过采用 Webkit 和 Mozilla 渲染引擎的浏览器都自定义了一套私有属性，用来支持弹性盒模型。下面代码中会存在一些 Firefox 浏览器的私有属性定义。

【例 18.9】（实例文件：ch18\18.9.html）

```
<!DOCTYPE html>
<html>
<head>
<title>
box-orient
</title>
<style>
div{height:50px;text-align:center;}
.d1{background-color:#F6F;width:180px;height:500px}
.d2{background-color:#3F9;width:600px;height:500px}
.d3{background-color:#FCd;width:180px;height:500px}
body{
    display:box;                          /* 标准声明，盒子显示 */
    display:-moz-box;                     /* 兼容 Mozilla Gecko 引擎浏览器 */
    orient:horizontal;                    /* 定义元素为盒子显示 */
    -mozbox-box-orient:horizontal;        /* 兼容 Mozilla Gecko 引擎浏览器 */
    box-orient:horizontal;                /*CSS3 标准化设置 */
}
</style>
</head>
<body>
<div class=d1> 左侧布局 </div>
<div class=d2> 中间布局 </div>
<div class=d3> 右侧布局 </div>
</body>
</html>
```

上面代码中，CSS 样式首先定义了每个 div 层的背景色和大小，在 body 标记选择器中，定义了 body 容器中元素以盒子模型显示，并使用 box-orient 定义元素水平并列显示。

在 Firefox 浏览器中浏览效果如图 18-10 所示，可以看到显示了三个层，三个 div 层并列显示，分别为"左侧布局""中间布局"和"右侧布局"。

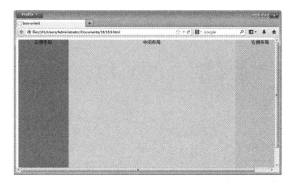

图 18-10　盒子元素水平并列显示

18.3.2　案例 7——定义盒子布局顺序（box-direction）

box-direction 是用来确定子元素的排列顺序，也可以说是内部元素的流动顺序。语法格式如下所示。

```
box-direction:normal | reverse | inherit
```

其参数值如表 18-5 所示。

表 18-5　box-direction 属性值

属 性 值	说　明
normal	正常显示顺序，即如果盒子元素的 box-orient 属性值为 horizontal，则其包含的子元素按照从左到右的顺序显示，即每个子元素的左边总是靠近前一个子元素的右边；如果盒子元素的 box-orient 属性值为 vertical，则其包含的子元素按照从上到下的顺序显示
reverse	反向显示，盒子所包含的子元素的显示顺序将与 normal 相反
inherit	继承上级元素的显示顺序

【例 18.10】（实例文件：ch18\18.10.html）

```
<!DOCTYPE html1>
<html>
<head>
<title>
box-direction
</title>
<style>
div{height:50px;text-align:center;}
.d1{background-color:#F6F;width:180px;height:500px}
.d2{background-color:#3F9;width:600px;height:500px}
.d3{background-color:#FCd;width:180px;height:500px}
```

```
body{
        display:box;                            /* 标准声明，盒子显示 */
        display:-moz-box;                       /* 兼容 Mozilla Gecko 引擎浏览器 */
        orient:horizontal;                      /* 定义元素为盒子显示 */
        -mozbox-box-orient:horizontal;          /* 兼容 Mozilla Gecko 引擎浏览器 */
        box-orient:horizontal;                  /*CSS3 标准声明 */
        -moz-box-direction:reverse;
        box-direction:reverse;


}
</style>
</head>
<body>
<div class=d1>左侧布局 </div>
<div class=d2>中间布局 </div>
<div class=d3>右侧布局 </div>
</body>
</html>
```

可以发现此实例代码和上一个实例代码基本相同，只不过多了一个 box-direction 属性设置，此处设置布局进行反向显示。

在 Firefox 浏览器中浏览效果如图 18-11
所示，可以发现与图 18-10 相比较，左侧布
局和右侧布局进行了互换。

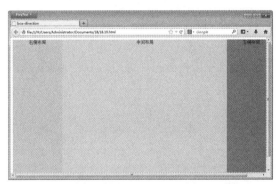

图 18-11　盒子布局顺序设置

18.3.3　案例 8——定义盒子布局位置（box-ordinal-group）

box-ordinal-group 属性设置盒子中每个子元素在盒子中的具体位置。语法格式如下所示。

```
box-ordinal-group:<integer>
```

参数值 integer 是一个自然数，从 1 开始，用来设置子元素的位置序号。子元素将分别根据这个属性从小到大进行排列。在默认情况下，子元素将根据元素的位置进行排列。如果不知道 box-ordinal-group 属性值的子元素，则其序号都默认为 1，并且序号相同的元素将按照它们在文档中加载的顺序进行排列。

【例 18.11】（实例文件：ch18\18.11.html）

```
<!DOCTYPE html>
<html>
<head>
<title>
box-ordinal-group
</title>
<style>
body{
    margin:0;
    padding:0;
    text-align:center
    background-color:#d9bfe8;
}
.box{
    margin:auto;
    text-align:center;
    width:988px;
    display:-moz-box;
    display:box;
    box-orient:vertical;
    -moz-box-orient:vertical;
}
.box1{
    -moz-box-ordinal-group:2;
    box-ordinal-group:2;
}
.box2{
    -moz-box-ordinal-group:3;
    box-ordinal-group:3;
}
.box3{
    -moz-box-ordinal-group:1;
    box-ordinal-group:1;
}
.box4{
    -moz-box-ordinal-group:4;
    box-ordinal-group:4;
}
</style>
</head>
<body>
<div class=box>
<div class=box1><img src=1.jpg/></div>
<div class=box2><img src=2.jpg/></div>
<div class=box3><img src=3.jpg/></div>
```

```
<div class=box4><img src=4.jpg/></div>
</div>
</body>
</html>
```

在上面的样式代码中，类选择器 box 中
代码 display:box 设置了容器以盒子方向显示，
box-orient:vertical 代码设置排列方向为从上
到下。在下面的 box1、box2、box3 和 box4
类选择器中通过 box-ordinal-group 属性都设
置了显示顺序。

在 Firefox 浏览器中浏览效果如图 18-12
所示，可以看到第三个层次显示在第一个和
第二个层次之上。

图 18-12　设置层显示顺序

18.3.4　案例 9——定义盒子弹性空间（box-flex）

box-flex 属性能够灵活地控制子元素在盒子中的显示空间。显示空间包括子元素的宽度和
高度，而不只是子元素所在栏目的宽度，也可以说是子元素在盒子中所占的面积。

语法格式如下所示。

```
box-flex:<number>
```

<number> 属性值是一个整数或者小数。当盒子中包含多个定义了 box-flex 属性的子元素
时，浏览器将会把这些子元素的 box-flex 属性值相加，然后根据它们各自占总值的比例来分
配盒子剩余的空间。

【例 18.12】（实例文件：ch18\18.12.html）

```
<!DOCTYPE html>
<html>
<head>
<title>
box-flex
</title>
<style>
body{
margin:0;
padding:0;
text-align:center;
}
.box{
```

```
height:50px;
text-align:center;
width:960px;
overflow:hidden;
        display:box;                                    /* 标准声明，盒子显示 */
        display:-moz-box;                               /* 兼容 Mozilla Gecko 引擎浏览器 */
        orient:horizontal;                              /* 定义元素为盒子显示 */
        -mozbox-box-orient:horizontal;                  /* 兼容 Mozilla Gecko 引擎浏览器 */
        box-orient:horizontal;                          /*CSS3 标准声明 */
}
.d1{
background-color:#F6F;
width:180px;
height:500px;
}
.d2,.d3{
  border:solid 1px #CCC;
  margin:2px;
}
.d2{
-moz-box-flex:2;
box-flex:2;
background-color:#3F9;
height:500px;
}
.d3{
-moz-box-flex:4;
box-flex:4;
background-color:#FCd;
height:500px;
}
.d2 div,.d3 div{display:inline;}
</style>
</head>
<body>
<div class=box>
<div class=d1> 左侧布局 </div>
<div class=d2> 中间布局 </div>
<div class=d3> 右侧布局 </div>
</div>
</body>
</html>
```

  上面 CSS 样式代码中，使用 display:box 语句设定容器内元素以盒子方式布局，box-orient:horizontal 语句设定盒子之间在水平方向上并列显示，类选择器 d1 中使用 width 和 height 设定显示层的大小，而在 d2 和 d3 中，使用 box-flex 分别设定两个盒子的显示面积。

在 Firefox 浏览器中浏览效果如图 18-13 所示，可以看到左侧布局所占空间比中间布局较小。

图 18-13 设置盒子面积

18.3.5 案例 10——管理盒子空间（box-pack 和 box-align）

当弹性元素和非弹性元素混合排版时，可能会出现所有子元素的尺寸大于或小于盒子的尺寸，从而导致盒子空间不足或者富余的情况，这时就需要一种方法来管理盒子的空间。如果子元素的总尺寸小于盒子的尺寸，则可以使用 box-align 和 box-pack 属性进行管理。

box-pack 属性用于设置子容器在水平轴上的空间分配方式，语法格式如下所示。

```
box-pack:start|end|center|justify
```

其参数值含义如表 18-6 所示。

表 18-6 box-pack 属性值

属性值	说　　明
start	所有子容器都分布在父容器的左侧，右侧留空
end	所有子容器都分布在父容器的右侧，左侧留空
center	平均分配父容器剩余的空间（能压缩子容器的大小，并且有全局居中的效果）
justify	所有子容器平均分布（默认值）

box-align 属性用于设置子容器在垂直轴上的空间分配方式，语法格式如下所示。

```
box-align: start|end|center|baseline|stretch
```

其参数值含义如表 18-7 所示。

表 18-7 box-align 属性值

属性值	说　　明
start	子容器从父容器顶部开始排列，富余空间显示在盒子底部
end	子容器从父容器底部开始排列，富余空间显示在盒子顶部
center	子容器横向居中，富余空间在子容器两侧分配，上面一半下面一半
baseline	所有盒子沿着它们的基线排列，富余的空间可前可后显示
stretch	每个子元素的高度被调整到适合盒子的高度显示，即所有子容器和父容器保持同一高度

【例 18.13】（实例文件：ch18\18.13.html）

```
<!DOCTYPE html>
<html>
<head>
<title>
box-pack
</title>
<style>
body,html{
height:100%;
width:100%;
}
body{
    margin:0;
    padding:0;
    display:box;                              /* 标准声明，盒子显示 */
    display:-moz-box;                         /* 兼容 Mozilla Gecko 引擎浏览器 */
    -mozbox-box-orient:horizontal;            /* 兼容 Mozilla Gecko 引擎浏览器 */
    box-orient:horizontal;                    /*CSS3 标准声明 */
    -moz-box-pack:center;
    box-pack:center;
    -moz-box-align:center;
    box-align:center;
    background:#04082b url(a.jpg) no-repeat top center;
}
.box{
border:solid 1px red;
padding:4px;
}
</style>
</head>
<body>
<div class=box>
<img src=yueji.jpg>
</div>
</body>
</html>
```

上面代码中，display:box 定义了容器内元素以盒子形式显示，box-orient:horizontal 定义了盒子水平显示，box-pack:center 定义了盒子两侧空间平均分配，box-align:center 定义了上下两侧平均分配，即图片盒子居中显示。

在 Firefox 浏览器中浏览效果如图 18-14 所示，可以看到中间盒子在容器中部显示。

图 18-14　设置盒子中间显示

18.3.6　案例 11——盒子空间的溢出管理（box-lines）

弹性布局中盒子内的元素很容易出现空间溢出的现象，与传统的盒子模型一样，CSS3 允许使用 overflow 属性来处理溢出内容的显示。当然，还可以使用 box-lines 属性来避免空间溢出的问题。语法格式如下所示。

```
box-lines:single|multiple
```

参数值 single 表示子元素可以单行或单列显示，multiple 表示子元素可以多行或多列显示。

【例 18.14】（实例文件：ch18\18.14.html）

```html
<!DOCTYPE html>
<html>
<head>
<title>
box-lines
</title>
<style>
.box{
border:solid 1px red;
width:600px;
height:400px;
display:box;                        /* 标准声明，盒子显示 */
display:-moz-box;                   /* 兼容 Mozilla Gecko 引擎浏览器 */
-mozbox-box-orient:horizontal;      /* 兼容 Mozilla Gecko 引擎浏览器 */
-moz-box-lines:multiple;
box-lines:multiple;
}
.box div{
    margin:4px;
    border:solid 1px #aaa;
    -moz-box-flex:1;
    box-flex:1;
}
.box div img{width120px;}
</style>
</head>
<body>
<div class=box>
<div><img src="b.jpg"></div>
<div><img src="c.jpg"></div>
<div><img src="d.jpg"></div>
<div><img src="e.jpg"></div>
<div><img src="f.jpg"></div>
</div>
</body>
```

在 Firefox 浏览器中浏览效果如图 18-15 所示，可以看到右边盒子还是发生了溢出现象。这是因为目前各大主流浏览器还没有明确支持这种用法，所以导致 box-lines 属性被实际应用时显示无效。

图 18-15　溢出管理

18.4 综合案例 1——图文排版效果

一个宣传页需要包括文字和图片信息。本实例将结合前面学习的盒子模型及其相关属性创建一个旅游宣传页。具体步骤如下所示。

步骤 1 分析需求。

整个宣传页面需要一个 div 层包含并带有边框，div 层包括两个部分，上部空间包含一个图片，下面显示文本信息并带有底边框，下部空间显示两张图片。实例完成后，效果如图 18-16 所示。

步骤 2 构建 HTML 页面，使用 DIV 搭建框架。

```
<!DOCTYPE html>
<html>
<head>
<title>图文排版</title>
</head>
<body>
  <div class="big">
    <div class="up">
        <img src="top.jpg" border="0" />
          <p>·反季游正流行 众信旅游暑期邀你到南半球过冬 </p>
          <p>  ·西安世园会暨旅游推介会今日在沈阳举行！ </p>
          <p>  ·澳大利亚旅游局中国区首代邓李宝茵八月底卸任</p>
          <p>  ·"彩虹部落" 土族：旅游经济支撑下的文化记忆恢复（组图）</p>
```

```
    </div>
    <div class="down">
      <img src="bottom1.jpg" border="0" />    <img src="
      bottom2.jpg" border="0" />
    </div>
  </div>
</body>
</html>
```

在 IE 浏览器中浏览效果如图 18-17 所示，可以看到页面自上向下显示图片、段落信息、图片。

图 18-16　旅游宣传页

图 18-17　构建 HTML 文档

步骤 3　添加 CSS 代码，修饰整体 DIV。

```
<style>
  *{
    padding:0px;
    margin:0px;
    }
  body{
    font-family:"宋体";
    font-size:12px;
    }
  .big{
    width:220px;
    border:#0033FF 1px solid;
    margin:10px 0 0 20px;
    }
</style>
```

CSS 样式代码在 body 标记选择器中设置了字形和字体大小，并在 big 类选择器中设置了整个层的宽度、边框样式和外边距。

在 IE 浏览器中浏览效果如图 18-18 所示，可以看到页面图片信息和文本都在一个矩形盒子内显示，其边框颜色为蓝色，大小为 1 像素。

步骤 **4** 添加 CSS 代码，修饰字体和图片。

```
.up p{
  margin:5px;
  }
.up img{
  margin:5px;
  text-align:center;}
.down{
  text-align:center;
  border-top:#FF0000 1px dashed;
  }
.down img{
  margin-top:5px;
  }
```

上面代码定义了段落、图片的外边距，例如，margin-top:5px 语句设置了下面图片的外边距为 5 像素，两个图片距离是 10 像素。

在 IE 浏览器中浏览效果如图 18-19 所示，可以看到字体居中显示，下面带有一条红色虚线，宽带为 1 像素。

图 18-18　设置整体 DIV 样式　　　图 18-19　设置各个元素外边距

18.5 综合案例 2——淘宝导购菜单

网上购物已经成为一种时尚，其中淘宝网是网上购物网站影响比较大的网站之一。淘宝网的宣传页面到处都是。本实例将结合前面学习的知识，创建一个淘宝网宣传导航页面。

具体步骤如下所示。

步骤 **1** 分析需求。

根据实际效果，需要创建一个 div 层，其包含三个部分：左边的导航栏，中间图片的显

示区域，右边的导航栏，然后使用 CSS 颜色设置导航栏字体和边框。实例完成后，具体效果
如图 18-20 所示。

步骤 2 构建 HTML 页面，使用 DIV 搭建框架。

```html
<!DOCTYPE html>
<html>
<head>
<title>淘宝网</title>
</head>
<body>
<div class="wrap">
 <div class="area">
 <div>
   <div class="tab_area">
   <ul>
   <li class="current"><a href="#">男 T 恤</a></li>
   <li><a href="#">男衬衫</a></li>
   <li><a href="#">休闲裤</a></li>
   <li><a href="#">牛仔裤</a></li>
            <li><a href="#">男短裤</a></li>
                   <li><a href="#">西裤</a></li>
                   <li><a href="#">皮鞋</a></li>
                   <li><a href="#">休闲鞋</a></li>
                   <li><a href="#">男凉鞋</a></li>
                   </ul>
               </div>
        <div class="tab_area1" >
 <ul>
<li><a href="#">女 T 恤</a></li>
   <li><a href="#">女衬衫</a></li>
   <li><a href="#">开衫</a></li>
   <li><a href="#">女裤</a></li>
            <li><a href="#">女包</a></li>
            <li><a href="#">男包</a></li>
            <li><a href="#">皮带</a></li>
            <li><a href="#">登山鞋</a></li>
            <li><a href="#">户外装</a></li>
   </ul>
   </div>
</div>
<div class="img_area">
 <img src=nantxu.jpg/>
</div>
   </div>
</body>
</html>
```

在 Firefox 浏览器中浏览效果如图 18-21 所示，三部分内容分别自上而下显示，第一部分是导航菜单栏，第二部分也是一个导航菜单栏，第三部分是一个图片信息。

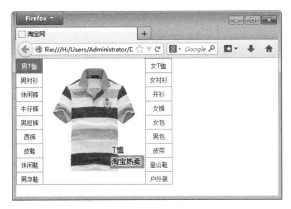

图 18-20　淘宝宣传页

图 18-21　基本 HTML 显示

步骤　3　添加 CSS 代码，修饰整体布局样式。

```
<style type="text/css">
body, p, ul, li{margin:0; padding:0;}
body{font:12px arial, 宋体 ,sans-serif;}
.wrap{width:318px;height:248px; background-color:#FFFFFF; float:left;border:
 1px solid #F27B04;}
.area{width:318px;  float:left;}
.tab_area{width:53px; height:248px;  border-right:1px solid #F27B04;
overflow:hidden; }
.tab_area1{width:53px; height:248px;  border-left:1px solid #F27B04;
overflow:hidden; position:absolute; left:265px; top:1px; }
.img_area{
  width:208px;
  height:248px;
  overflow:hidden;
  position:absolute;
  top:-2px;
  left:55px;
}
</style>
```

上面 CSS 样式代码中设置了 body 页面字体、段落、列表和列表选项的样式。需要注意的是，类选择器 tab_area 定义了左边列表选项，即左边导航菜单，其宽度为 53 像素，高度为 248 像素，边框色为黄色。类选择器 tab_area1 定义了右边列表选项，即右边导航菜单，其宽度和高度同左侧菜单，但此次使用 position 定义了该 div 层显示的绝对位置，语句为"position:absolute; left:265px; top:1px;"。类选择器 img_area 定义了中间图片的显示样式，也是使用 position 绝对定位。

在 Firefox 浏览器中浏览效果如图 18-22 所示，可以看到网页中显示了三个部分，左右两侧为导航菜单栏，中间是图片。

步骤 4 添加 CSS 代码，修饰列表选项。

```
img{border:0;}
li{list-style:none;}
a{font-size:12px; text-decoration:none}
a:link,a:visited {color:#999;}
.tab_area ul li,.tab_area1 ul li
{width:53px;height:27px;text-align:center;line-height:26px; float:left;border-
bottom:1px solid #F27B04;}
.tab_area ul li a,.tab_area1 ul li a{color:#3d3d3d;}
.tab_area ul li.current,.tab_area1 ul li.current{ height:27px; background-
color:#F27B04;}
.tab_area ul li.current a,.tab_area1 ul li.current a{color:#fff; font-
size:12px; font-weight:400; line-height:27px}
```

上面 CSS 样式代码设置了字体大小、颜色、是否带有下划线等属性定义。

在 Firefox 浏览器中浏览效果如图 18-23 所示，可以看到网页中左右两个导航菜单，相对于前面图形，字体颜色和大小发生了变化。

图 18-22　修饰整体布局样式　　　　图 18-23　修饰列表选项

18.6 高手甜点

甜点 1：如何理解 margin 的加倍问题？

答：当 div 层被设置为 float 时，在 IE 下设置的 margin 会加倍。这是 IE 存在的 bug。其解决办法是，在这个 div 里面加上 display:inline。例如：

```
<#div id="imfloat"></#DIV>
```

相应的 CSS 为：

```
#IamFloat{
float:left;
margin:5px;
display:inline;
}
```

甜点 2：margin:0 auto 表示什么含义？

答：margin:0 auto 定义元素向上补白 0 像素，左右为自动使用。这样按照浏览器解析习惯是可以让页面居中显示的，一般这个语句会在 body 标记中。在使用 margin:0 auto 语句使页面居中时，一定要给元素一个高度并且不要让元素浮动，即不要加 float，否则没有效果。

18.7 跟我练练手

练习 1：制作一个包含块级元素和行内级元素的例子。

练习 2：制作一个包含 div 元素和 span 元素的例子。

练习 3：制作一个包含盒子模型的例子。

练习 4：制作一个图文排列效果的例子。

练习 5：制作一个淘宝导购菜单的例子。

第19章

CSS+DIV 盒子的
浮动与定位

CSS+DIV 是 Web 标准中常用术语之一，与早期的表格定位方式比较，CSS+DIV 可以非常灵活地布局页面，能制作出漂亮而又充满个性的网页。本章就来学习 CSS+DIV 盒子的浮动与定位方法。

● **本章要点（已掌握的在方框中打钩）**

☐ 掌握创建 DIV 的方法
☐ 掌握定位盒子的方法
☐ 掌握 CSS 布局定位的方法
☐ 掌握新增 CSS3 多列布局的方法
☐ 掌握定位网页布局样式的方法
☐ 掌握制作阴影文字效果的方法

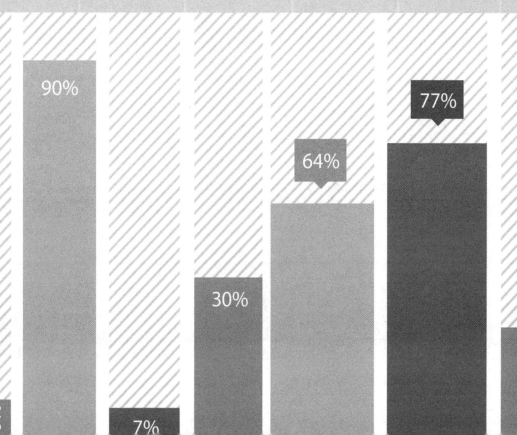

19.1 定义 DIV

使用 DIV 进行网页排版是现在流行的一种趋势。例如，使用 CSS 属性，可以轻易设置 DIV 位置，衍变出多种不同的布局方式。

19.1.1 什么是 DIV

<div> 标记作为一个容器标记被广泛地应用在 <html> 语言中。利用这个标记，加上 CSS 对其控制，可以很方便地实现各种效果。<div> 标记早在 HTML3.0 时代就已经出现，但那时并不常用，直到 CSS 的出现，才逐渐发挥出它的优势。

19.1.2 案例 1——创建 DIV

<div>（division）简而言之就是一个区块容器标记，即 <div> 与 </div> 之间相当于一个容器，可以容纳段落、标题、表格、图片，乃至章节、摘要和备注等各种 HTML 元素。因此，可以把 <div> 与 </div> 中的内容视为一个独立的对象，用于 CSS 的控制。声明时只需要对 <div> 进行相应的控制，其中的各标记元素都会因此而改变。

【例 19.1】（实例文件：ch19\19.1.html）

```
<!DOCTYPE html>
<html>
<head>
<title>div 层</title>
<style type="text/css">
<!--
div{
  font-size:18px;
  font-weight:bolder;
  font-family:" 幼圆 ";
  color:#FF0000;
  background-color:#eeddcc;
  text-align:center;
  width:300px;
  height:100px;
        border:1px #992211 dotted;
}
-->
</style>
  </head>
<body>
```

```
<center>
  <div>
  这是div层
  </div>
</center>
</body>
</html>
```

上面例子通过 CSS 对 DIV 块的控制，绘制了一个 DIV 容器，容器中放置了一段文字。

在 IE 浏览器中浏览效果如图 19-1 所示，可以看到一个矩形方块的 DIV 层，居中显示，字体显示为红色，边框为浅红色，背景色为浅黄色。

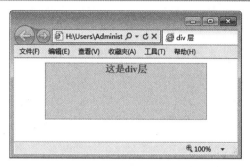

图 19-1　DIV 层显示

19.2 盒子的定位

网页中各种元素需要有自己合理的定位，从而搭建整个页面的结构。在 CSS3 中，可以通过 position 这一属性对页面中各元素进行定位。

语法格式如下所示。

```
position : static | relative | fixed | absolute
```

其参数含义如表 19-1 所示。

表 19-1　position 属性参数值

参 数 值	说 明
static	元素定位的默认值，无特殊定位，对象遵循 HTML 定位规则，不能通过 z-index 进行层次分级
relative	相对定位，对象不可重叠，可以通过 left、right、bottom 和 top 等属性在正常文档中偏移位置，可以通过 z-index 进行层次分级
absolute	生成绝对定位的元素，相对于 static 定位以外的第一个父元素进行定位。元素的位置通过 left、top、right 以及 bottom 属性进行规定
fixed	生成绝对定位的元素，相对于浏览器窗口进行定位。元素的位置通过 left、top、right 以及 bottom 属性进行规定

19.2.1 案例 2——静态定位 static

静态定位就是指没有使用任何移动效果的定位方式，语法格式如下所示。

```
position : static
```

【例 19.2】（实例文件：ch19\19.2.html）

```
<!DOCTYPE html>
<html>
<head>
<style type="text/css">
h2.pos_left
{
position:static;
left:-20px
}
h2.pos_right
{
position:static;
left:20px
}
</style>
</head>
<body>
<h2> 这是位于正常位置的标题 </h2>
<h2 class="pos_left"> 这个标题相对于其正常位置不会向左移动 </h2>
<h2 class="pos_right"> 这个标题相对于其正常位置不会向右移动 </h2>
</body>
</html>
```

在 IE 浏览器中浏览效果如图 19-2 所示，可以看到页面显示了三个标题，最上面标题正常显示，下面两个标题即使设置了向左或向右移动，但结果还是以正常显示，这就是静态定位。

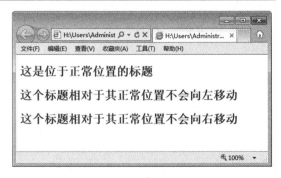

图 19-2　静态定位显示

19.2.2 案例 3——相对定位 relative

如果对一个元素进行相对定位，首先它将出现在其所在的位置上。然后通过设置垂直或水平位置，让这个元素"相对于"它的原始起点进行移动。此外，相对定位时，无论是否进行移动，元素仍然占据原来的空间。因此，移动元素会导致它覆盖其他框。

相对定位的语法格式如下所示。

```
position:relative
```

【例 19.3】（实例文件：ch19\19.3.html）

```
<!DOCTYPE html>
<html>
<head>
<style type="text/css">
h2.pos_left
{
position:relative;
left:-20px
}
h2.pos_right
{
position:relative;
left:20px
}
</style>
</head>
<body>
<h2>这是位于正常位置的标题</h2>
<h2 class="pos_left">这个标题相对于其正常位置向左移动</h2>
<h2 class="pos_right">这个标题相对于其正常位置向右移动</h2>
</body>
</html>
```

在 IE 浏览器中浏览效果如图 19-3 所示，可以看到页面显示了三个标题，最上面的标题正常显示，下面两个标题分别以正常标题为原点，向左或向右移动了 20 像素。

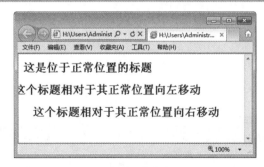

图 19-3　相对定位显示

19.2.3　案例 4——绝对定位 absolute

绝对定位是参照浏览器的左上角，配合 top、left、bottom 和 right 进行定位的，如果没有设置上述四个值，则默认依据父级的坐标原点为原始点。绝对定位可以通过上、下、左、右来设置元素，使之处在任何一个位置。

绝对定位与相对定位的区别在于：绝对定位的坐标原点为上级元素的原点，与上级元素有关；相对定位的坐标原点为本身偏移前的原点，与上级元素无关。

在父层position属性为默认值时：上、下、左、右的坐标原点以body的坐标原点为起始位置。绝对定位的语法格式如下所示。

```
position:absolute
```

只要将上面代码加入样式中，使用样式的元素就可以以绝对定位的方式显示了。

【例 19.4】（实例文件：ch19\19.4.html）

```
<!DOCTYPE html>
<html>
<head>
<title>绝对定位</title>
</head>
<body>
  <div style="background-color: Black; width:200px; height:200px">
    <h2 style=" position:absolute; left:80px; top:80px; width:110px; height:50px;
       background-color:Red;">这是绝对定位</h2>
  </div>
</body>
</html>
```

在 IE 浏览器中浏览效果如图 19-4 所示，可以看到红色元素框依据浏览器左上角为原点，坐标位置为（80px，80px），宽度为110 像素，高度为 50 像素。

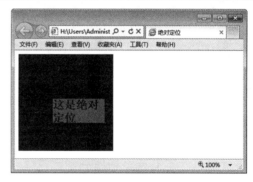

图 19-4　绝对定位显示

19.2.4　案例 5——固定定位 fixed

固定定位的参照位置不是上级元素块而是浏览器窗口，所以可以使用固定定位来设定类似传统的框架样式布局，以及广告框架或导航框架等。使用固定定位的元素可以脱离页面，无论页面如何滚动，始终处在页面的同一位置上。

固定定位语法格式如下所示。

```
position:fixed
```

【例 19.5】（实例文件：ch19\19.5.html）

```
<!DOCTYPE html>
<html>
<head>
<title>CSS 固定定位 </title>
<style type="text/css">...
* {
padding:0;
margin:0;
}
#fixedLayer {
width:100px;
line-height:50px;
background: #FC6;
border:1px solid #F90;
position:fixed;
left:10px;
top:10px;
}
</style>
</head>
<body>
<div id="fixedLayer"> 固定不动 </div>
<p>我动了 </p>
<p>我动了 </p>
<p>我动了 </p>
<p>我动了 </p>
<p>我动了 </p>
<p>我动了 </p>
<p>我动了 </p>
<p>我动了 </p>
<p>我动了 </p>
<p>我动了 </p>
<p>我动了 </p>
<p>我动了 </p>
</body>
</html>
```

在 IE 浏览器中浏览效果如图 19-5 所示，可以看到拉动滚动条时，无论页面内容怎么变化，其黄色框"固定不动"，始终处在页面左上角顶部。

图 19-5　固定定位显示

19.2.5 案例 6——盒子的浮动 float

除了使用 position 进行定位外，还可以使用 float 定位。float 定位只能在水平方向上定位，而不能在垂直方向上定位。float 属性表示浮动属性，它用来改变元素块的显示方式。

float 语法格式如下所示。

```
float : none | left |right
```

float 属性值如表 19-2 所示。

表 19-2　float 属性值

属 性 值	说　　明
none	元素不浮动
left	浮动在左面
right	浮动在右面

实际上，使用 float 可以实现两列布局，也就是让一个元素在左边浮动，另一个元素在右边浮动，并控制好这两个元素的宽度。

【例 19.6】（实例文件：ch19\19.6.html）

```
<!DOCTYPE html>
<html>
<head>
<title>float 定位</title>
<style>
* {
    padding:0px;
    margin:0px;
}
.big {
    width:600px;
    height:100px;
    margin:0 auto 0 auto;
    border:#332533 1px solid;

}
.one {
    width:300px;
    height:20px;
    float:left;
    border:#996600 1px solid;
}
.two {
    width:290px;
    height:20px;
```

```
    float:right;
    margin-left:5px;
    display:inline;
    border:#FF3300 1px solid;
}
</style>
</head>
<body>
<div class="big">
  <div class="one">
  <p>非诚勿扰</p>
  </div>
  <div class="two">
  <p>开心一刻</p>
  </div>
</div>
</body>
</html>
```

在 IE 浏览器中浏览效果如图 19-6 所示，可以看到显示了一个大矩形框，大矩形框中存在两个小矩形框，并呈并列状显示。

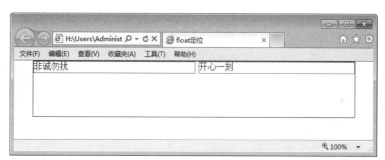

图 19-6　float 浮动布局

使用 float 属性不但可以改变元素的显示位置，同时会对相邻内容造成影响。定义了 float 属性的元素会覆盖在其他元素上，而被覆盖的区域将处于不可见状态。使用该属性能够实现内容环绕图片的效果。

如果不想让 float 下面的其他元素浮动环绕在该元素周围，可以使用 CSS3 属性 clear，清除这些浮动元素。

clear 语法格式如下所示。

```
clear : none | left |right | both
```

其中，none 表示允许两边都可以有浮动对象，both 表示不允许有浮动对象，left 表示不允许左边有浮动对象，right 表示不允许右边有浮动对象。使用 float 以后，在必要的时候就需要通过 clear 语句清除 float 带来的影响，以免出现"其他 DIV 跟着浮动"的效果。

19.3 其他 CSS 布局定位方式

在了解了盒子的定位之后，下面再来介绍其他 CSS 布局定位方式。

19.3.1 案例 7——溢出（overflow）定位

如果元素框被指定了大小，而元素的内容不适合该大小，例如，元素内容较多，元素框显示不下，此时则可以使用溢出属性 overflow 来控制这种情况。

overflow 语法格式如下所示。

```
overflow : visible | hidden | scroll | auto
```

各属性值及其说明如表 19-3 所示。

表 19-3　overflow 属性值

属性值	说　明
visible	若内容溢出，则溢出内容可见
hidden	若内容溢出，则溢出内容隐藏
scroll	保持元素框大小，在框内应用滚动条显示内容
auto	等同于 scroll，它表示在需要时应用滚动条

overflow 属性适用于以下情况。

（1）当元素有负边界时。

（2）框宽于上级元素内容区，换行不被允许。

（3）元素框宽于上级元素区域宽度。

（4）元素框高于上级元素区域高度。

（5）元素定义了绝对定位。

【例 19.7】（实例文件：ch19\19.7.html）

```
<!DOCTYPE html>
<html>
<head>
    <title>overflow属性</title>
    <style >
      div{
          position:absolute;
          color:#445633;
          height:200px;
          width: 30%;
          float:left;
```

```
            margin: 0px;
            padding: 0px;
            border-right: 2px dotted #cccccc;
            border-bottom: 2px solid #cccccc;
            padding-right: 10px;
            overflow:auto;
        }
    </style>
</head>
<body >
    <div>
        <p>综艺节目排名 </p><p>1 非诚勿扰 </p><p>2 康熙来了 </p>
        <p>3  快乐大本营 </p><p>4  娱乐大风暴 </p><p>5 天天向上 </p><p>6 爱情连连看 </p>
        <p>7 锵锵三人行 </p><p>8 我们约会吧 </p>
    </div>
</body>
</html>
```

在 IE 浏览器中浏览效果如图 19-7 所示，可以看到在一个元素框中显示了多个元素，拖动滚动条可以查看全部元素。如果 overflow 设置的值为 hidden，则会隐藏多余元素。

图 19-7　溢出定位

19.3.2　案例 8——隐藏（visibility）定位

visibility 属性指定是否显示一个元素生成的元素框。这意味着元素仍占据其本来的空间，不过可以完全不可见，即设定元素的可见性。

visibility 语法格式如下所示。

```
visibility : visible | collapse | hidden
```

其属性值如表 19-4 所示。

表 19-4　visibility 属性值

属 性 值	说　明
visible	元素可见
hidden	元素隐藏
collapse	主要用来隐藏表格的行或列。隐藏的行或列能够被其他内容使用。对于表格外的其他对象，其作用等同于 hidden

如果元素 visibility 属性的属性值设定为 hidden，表现为元素隐藏，即不可见。但是，元素不可见，并不等同于元素不存在，它仍旧会占有部分页面位置，影响页面的布局，就如同可见一样。换句话说，元素仍然处于页面位置上，只是无法看到它而已。

【例 19.8】（实例文件：ch19\19.8.html）

```html
<!DOCTYPE html>
<html>
<head>
  <title>visibility属性</title>
  <style type="text/css">
    .div{
      padding:5px;
    }
    .pic{
      float:left;
      padding:20px;
      visibility:visible;
    }
    h1{
      font-weight:bold;
      text-align:center
    }
  </style>
</head>
<body>
  <h1>插花</h1>
  <div class="div">
    <div class="pic">
      <img src="08.jpg"  width=150px height=100px />
    </div>
    <p>插花就是把花插在瓶、盘、盆等容器里，而不是栽在这些容器中。所插的花材，或枝、或花、或叶，均不带根，只是植物体上的一部分，并且不是随便乱插的，而是根据一定的构思来选材，遵循一定的创作法则，插成一个优美的形体（造型），借此表达一种主题，传递一种感情和情趣，使人看后赏心悦目，获得精神上的美感和愉快。
</p>
<p>
在我国插花的历史源远流长，发展至今已为人们日常生活所不可缺少。一件成功的插花作品，并不是一定要选用名贵的花材、高价的花器。一般看来并不起眼的绿叶，一个花蕾，甚至路边的野花野草常见的水果、
```

蔬菜，都能插出一件令人赏心悦目的优秀作品来。使观赏者在心灵上产生共鸣的是创作者唯一的目的，如果不能产生共鸣那么这件作品也就失去了观赏价值。具体地说，即插花作品在视觉上首先要立即引起一种感观和情感上的自然反应，如果未能立刻产生反应，那么摆在眼前的这些花材将无法吸引观者的目光。在插花作品中引起观赏者情感产生反应的要素有三点：一是创意（或称立意），指的是表达什么主题，应选什么花材；二是构思（或称构图），指的是这些花材怎样巧妙配置造型，在作品中充分展现出各自的美；三是插器，指的是与创意相配合的插花器皿。三者有机配合，作品便会给人以美的享受。

```
</p>
  </div>
</body>
</html>
```

在 IE 浏览器中浏览效果如图 19-8 所示，可以看到图片在左边显示，并被文本信息所环绕。此时 visibility 属性为 visible，表示图片可以看见。

图 19-8　隐藏定位显示

19.3.3　案例 9——z-index 空间定位

z-index 属性用于调整定位时重叠块的上下位置，与它的名称一样，想象页面为 x-y 轴，垂直于页面的方向为 z 轴，z-index 值大的页面位于其值小的上方，如图 19-9 所示。

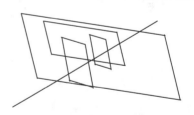

图 19-9　z-index 空间定位模型

【例 19.9】（实例文件：ch19\19.9.html）

```
<!DOCTYPE html>
<html>
<title>z-index 属性</title>
<style type="text/css">
<!--
body{
    margin:10px;
    font-family:Arial;
    font-size:13px;
```

```
        }
#block1{
      background-color:#ff0000;
      border:1px dashed#000000;
      padding:10px;
      position:absolute;
      left:20px;
      top:30px;
      z-index:1;          /* 高低值 1*/
      }
#block2{
      background-color:#ffc24c;
      border:1px dashed#000000;
      padding:10px;
      position:absolute;
      left:40px;
      top:50px;
      z-index:0;              /* 高低值 0*/
      }
#block3{
      background-color:#c7ff9d;
      border:1px dashed#000000;
      padding:10px;
      position:absolute;
      left:60px;
      top:70px;
      z-index:-1;     /* 高低值 -1*/
    }
-->
</style>
</head>
<body>
    <div id="block1">AAAAAAAAAA</div>
    <div id="block2">BBBBBBBBBB</div>
    <div id="block3">CCCCCCCCCC</div>
</body>
</html>
```

在上面的例子中，对 3 个有重叠关系的
块分别设置了 z-index 的值，设置后的效果分
别如图 19-10 所示。

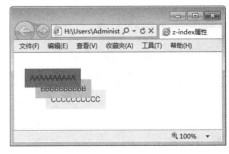

图 19-10　z-index 空间定位

19.4　新增 CSS3 多列布局

在 CSS3 问世之前，网页设计者如果要设计多列布局，不外乎有两种方式，一种是浮动布局，另一种是定位布局。浮动布局比较灵活，但容易发生错位。定位布局可以精确地确定位置，不会发生错位，但无法满足模块的适应能力。为了解决多列布局的难题，CSS3 新增了多列自动布局，目前支持多列自动布局的浏览器为火狐浏览器。

19.4.1　案例 10——设置列宽度 column-width

在 CSS3 中，可以使用 column-width 属性定义多列布局中每列的宽度，可以单独使用，也可以和其他多列布局属性组合使用。

column-width 语法格式如下所示。

```
column-width: [<length> | auto]
```

其中属性值 <length> 是由浮点数和单位标识符组成的长度值，不可为负值。auto 根据浏览器计算值自动设置。

【例 19.10】（实例文件：ch19\19.10.html）设计列宽度

```
<!DOCTYPE html>
<html>
<head>
<title>多列布局属性</title>
<style>
body{
    -moz-column-width:300px;          /* 兼容 Webkit 引擎，指定列宽是 300 像素 */
    column-width:300px;               /*CSS3 标准指定列宽是 300 像素 */
}
h1{
    color:#333333;
    background-color:#DCDCDC;
    padding:5px 8px;
    font-size:20px;
    text-align:center;
    padding:12px;
}
h2{
    font-size:16px;text-align:center;
}
p{color:#333333;font-size:14px;line-height:180%;text-indent:2em;}
</style>
```

```
</head>
<body>
<h1> 支付宝新动向 </h1>
<h2> 支付宝进军农村支付市场 </h2>
<p>
12 月 19 日下午消息，支付宝公司确认，已于今年 7 月成立了新农村事业部，意在扩展三四线城市和农村
的非电商类的用户规模。
</p><p>
支付宝方面表示，支付宝的新农村事业部目前在农村的拓展将分两路并进，分别是农村便民支付普及和农
村金融服务合作。
</p><p>
农村便民支付普及方面，支付宝计划与各大农商行、电信经销网点合作，为农村用户提供各种支付应用的
指导和咨询服务，从而实现网络支付的农村普及。
</p>
….
</body>
</html>
```

在上面代码 body 标记选择器中，使用 column-width 指定了要显示的多列布局每列的宽带。下面分别定义了标题 h1、h2 和段落 p 的样式，如字体大小、字体颜色、行高和对齐方式等。

在 Firefox 中浏览效果如图 19-11 所示，可以看到页面文章分为两列显示，列宽相同。

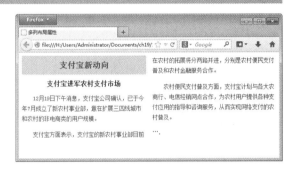

图 19-11　设置列宽度

19.4.2　案例 11——设置列数 column-count

在 CSS3 中，可以直接使用 column-count 指定多列布局的列数，而不需要通过列宽度自动调整列数。

column-count 语法格式如下所示。

```
column-count: auto | <integer>
```

其中属性值 <integer> 表示值是一个整数，用于定义栏目的列数，取值为大于 0 的整数，不可以为负值。auto 属性值表示根据浏览器计算值自动设置。

【例 19.11】（实例文件：ch19\19.11.html）设计页面列数

```
<!DOCTYPE html>
<html>
<head>
<title> 多列布局属性 </title>
```

```
<style>
body{
    -moz-column-count:4;              /*Webkit 引擎定义多列布局列数 */
    column-count:4;                   /*CSS3 标准定义多列布局列数 */
}
h1{
    color:#333333;
    background-color:#DCDCDC;
    padding:5px 8px;
    font-size:20px;
    text-align:center;
     padding:12px;
}
h2{
    font-size:16px;text-align:center;
}
p{color:#333333;font-size:14px;line-height:180%;text-indent:2em;}
</style>
</head>
<body>
<h1> 支付宝新动向 </h1>
<h2> 支付宝进军农村支付市场 </h2>
<p>
12 月 19 日下午消息，支付宝公司确认，已于今年 7 月成立了新农村事业部，意在扩展三四线城市和农村
的非电商类的用户规模。
</p><p>
支付宝方面表示，支付宝的新农村事业部目前在农村的拓展将分两路并进，分别是农村便民支付普及和农
村金融服务合作。
</p><p>
农村便民支付普及方面，支付宝计划与各大农商行、电信经销网点合作，为农村用户提供各种支付应用的
指导和咨询服务，从而实现网络支付的农村普及。
</p>
<p> 比如，新农村事业部会与一些贷款公司和涉农机构合作。贷款机构将资金通过支付宝借贷给农户，资
金不流经农户之手而是直接划到卖房处。比如，农户需要贷款购买化肥，那贷款机构的资金直接通过支付
宝划到化肥商家处。
这种贷后资金监控合作模式能够确保借款资金定向使用，降低法律和坏账风险。此外，可以减少涉事公司
大量人工成本，便于公司信息数据统计，并完善用户的信用记录。
支付宝方面认为，三四线城市和农村市场已经成为电商和支付企业的下一个金矿。2012 年淘宝天猫的交易
额已经突破 1 万亿，其中三四线以下地区的增长速度超过 60%，远高于一二线地区。
</p>
</body>
</html>
```

　　上面的 CSS 代码除了 column-count 属性设置外，其他样式属性和上一个例子基本相同，
就不再介绍了。

　　在 Firefox 中浏览效果如图 19-12 所示，可以看到页面根据指定的情况，显示了 4 列布局，

其布局宽度由浏览器自动调整。

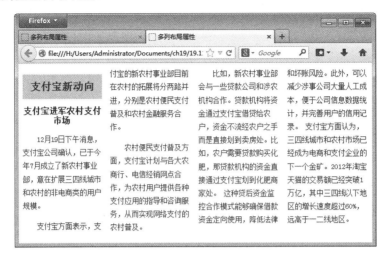

图 19-12　设置列数

19.4.3　案例 12——设置列间距 column-gap

多列布局中，可以根据内容和喜好的不同，调整多列布局中列之间的距离，从而完成整体版式规划。在 CSS3 中，column-gap 属性用于定义两列之间的间距。

column-gap 语法格式如下所示。

```
column-gap: normal | <length>
```

其中属性值 normal 表示根据浏览器默认设置进行解析，一般为 1em；属性值 <length> 表示值由浮点数和单位标识符组成的长度值，不可为负值。

【例 19.12】（实例文件：ch19\19.12.html）设计列间距

```
<!DOCTYPE html>
<html>
<head>
<title>多列布局属性</title>
<style>
body{
    -moz-column-count:2;              /*Webkit 引擎定义多列布局列数 */
    column-count:2;                   /*CSS3 定义多列布局列数 */
    -moz-column-gap:5em;              /*Webkit 引擎定义多列布局列间距 */
    column-gap:5em;                   /*CSS3 定义多列布局列间距 */
    line-height:2.5em;
}
h1{
    color:#333333;
    background-color:#DCDCDC;
```

```
      padding:5px 8px;
      font-size:20px;
      text-align:center;
       padding:12px;
}
h2{
   font-size:16px;text-align:center;
}
p{color:#333333;font-size:14px;line-height:180%;text-indent:2em;}
</style>
</head>
<body>
<h1>支付宝新动向</h1>
<h2>支付宝进军农村支付市场</h2>
<p>
12 月 19 日下午消息，支付宝公司确认，已于今年 7 月成立了新农村事业部，意在扩展三四线城市和农村
的非电商类的用户规模。
</p><p>
支付宝方面表示，支付宝的新农村事业部目前在农村的拓展将分两路并进，分别是农村便民支付普及和农
村金融服务合作。
</p><p>
农村便民支付普及方面，支付宝计划与各大农商行、电信经销网点合作，为农村用户提供各种支付应用的
指导和咨询服务，从而实现网络支付的农村普及。
</p>
</body>
</html>
```

上面代码中，使用 -moz-column-count
私有属性设定了多列布局的列数，-moz-
column-gap 私有属性设定了列间距为 5em，
行高为 2.5em。

在 Firefox 中浏览效果如图 19-13 所示，
可以看到页面还是分为两个列，但列之间的
距离相比较原来增大了不少。

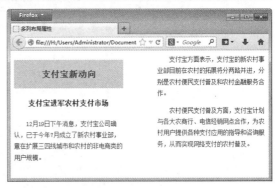

图 19-13　设置列间距

19.4.4　案例 13——设置列边框样式 column-rule

在 CSS3 中，边框样式使用 column-rule 属性定义，包括边框宽度、边框颜色和边框样式等。
column-rule 语法格式如下所示。

```
column-rule: <length> | <style> | <color>
```

其中属性值含义如表 19-5 所示。

表 19-5　column-rule 属性值

属　性　值	含　　义
\<length>	由浮点数和单位标识符组成的长度值，不可为负值。用于定义边框宽度，其功能和 column-rule-width 属性相同
\<style>	定义边框样式，功能和 column-rule-style 属性相同
\<color>	定义边框颜色，功能和 column-rule-color 属性相同

【例 19.13】（实例文件：ch19\19.13.html）设计列边框样式

```
<!DOCTYPE html>
<html>
<head>
<title>多列布局属性</title>
<style>
body{
    -moz-column-count:3;
    column-count:3;
    -moz-column-gap:3em;
    column-gap:3em;
    line-height:2.5em;
    -moz-column-rule:dashed 2px gray;          /*Webkit 引擎定义多列布局边框样式 */
    column-rule:dashed 2px gray;               /*CSS3 定义多列布局边框样式 */
}
h1{
    color:#333333;
    background-color:#DCDCDC;
    padding:5px 8px;
    font-size:20px;
    text-align:center;
     padding:12px;
}
h2{
    font-size:16px;text-align:center;
}
p{color:#333333;font-size:14px;line-height:180%;text-indent:2em;}
</style>
</head>
<body>
<h1>支付宝新动向</h1>
<h2>支付宝进军农村支付市场</h2>
<p>
12 月 19 日下午消息，支付宝公司确认，已于今年 7 月成立了新农村事业部，意在扩展三四线城市和农村
的非电商类的用户规模。
</p><p>
```

```
支付宝方面表示，支付宝的新农村事业部目前在农村的拓展将分两路并进，分别是农村便民支付普及和农
村金融服务合作。
</p><p>
农村便民支付普及方面，支付宝计划与各大农商行、电信经销网点合作，为农村用户提供各种支付应用的
指导和咨询服务，从而实现网络支付的农村普及。
</p>
</body>
</html>
```

在 body 标记选择器中，定义了多列布局的列数、列间距和列边框样式，其边框样式是灰色破折线样式，宽度为 2 像素。

在 Firefox 中浏览效果如图 19-14 所示，可以看到页面列之间添加了一个边框，其样式为破折线。

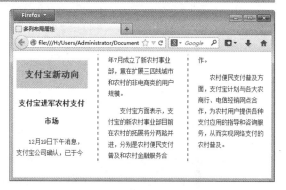

图 19-14　设置列边框样式

19.5 综合案例 1——定位网页布局样式

一个美观大方的页面，必然是一个布局合理的页面。左右布局是网页布局中比较常见的一种方式，即根据信息种类不同，将信息分别在当前页面的左右侧显示。本实例将利用前面学习的知识创建一个左右布局的页面。

具体步骤如下所示。

步骤 1 分析需求。

首先需要将整个页面分为左右两个模块，左模块放置一类信息，右模块放置另一类信息。可以设定其宽度和高度。

步骤 2 创建 HTML 页面，实现基本列表。

创建 HTML 页面，同时用 DIV 在页面中划分左边 DIV 层和右边 DIV 层两个区域，并且将信息放入到相应的 DIV 层中，注意 DIV 层内引用 CSS 样式名称。

```
<!DOCTYPE html>
<html>
<head>
<title>布局</title>
</head>
```

```
<body>
<center>
<div class="big">
 <p class=pp> 女人 </p>
 <div class="left">
   <h1> 女人 </h1>
   <p> ·最有效的保养方法：保持积极的态度和愉悦的心情 09:59 </p>
   <p> ·六类食物能有效对抗紫外线 11:15 </p>
   <p> ·打造夏美人 受 OL 追捧的清爽发型 10:05 </p>
   <p> ·美丽帮帮忙：别让大油脸吓跑男人 09:47 </p>
   <p> ·简约雪纺清凉衫 百元搭出欧美范儿 14:51 </p>
   <p> ·花边连衣裙超勾人 7 月穿搭出新意 11:04 </p>
 </div>
 <div class="right">
   <h1> 健康 </h1>
   <p> ·女性养生：让女人老得快的 10 个原因 19:18 </p>
   <p> ·养生盘点：喝豆浆的九大好处和七大禁忌 09:14</p>
   <p> ·养生警惕：14 个护肤心理 "错" 觉 19:57</p>
   <p> ·柿子番茄骨汤 8 种营养师最爱的食物 15:16</p>
   <p> ·夏季养生指南："夫妻菜" 宜常吃 10:48 </p>
   <p> ·10 条食疗养生方法，居家宅人的养生经 13:54 </p>
 </div>
</div>
</center>
</body>
</html>
```

在 IE 浏览器中浏览效果如图 19-15 所示，可以看到页面显示了两个模块，分别是 "女人"
和 "健康"，二者上下排列。

步骤 3 添加 CSS 代码，修饰整体样式和 DIV 层。

```
<style>
* {
    padding:0px;
    margin:0px;
}body {
    font:" 宋体 ";
    font-size:18px;
}
.big{
    width:570px;
    height:210px;
    border:#C1C4CD 1px solid;
    }
</style>
```

在 IE 浏览器中浏览效果如图 19-16 所示，可以看到页面字体变小，并且大的 DIV 显示了边框。

图 19-15　上下排列

图 19-16　修饰整体样式

步骤　4　添加 CSS 代码，设置两个层左右并列显示。

```
.left{
    width:280px;
    float:right;  // 设置右边悬浮
    border:#C1C4CD 1px solid;
    }.right{
    width:280px;
    float:left;// 设置左边悬浮
    margin-left:6px;
    border:#C1C4CD 1px solid;
    }
```

在 IE 浏览器中浏览效果如图 19-17 所示，可以看到页面中文本信息左右并列显示，但字体没有发生变化。

步骤　5　添加 CSS 代码，定义文本样式。

```
h1{
    font-size:14px;
    padding-left:10px;
    background-color:#CCCCCC;
    height:20px;
    line-height:20px;
    }p{
    margin:5px;
    line-height:18px;
        color:#2F17CD;
    }.pp{
        width:570px;
        text-align:left;
```

```
        height:20px;
        background-color:D5E7FD;
        position:relative;
        left:-3px;
        top:-3px;
        font-size:16px;
        text-decoration:underline;
}
```

在 IE 浏览器中浏览效果如图 19-18 所示，可以看到页面中文本信息左右并列显示，其字体颜色为蓝色，行高为 18 像素。

图 19-17　设置左右并列显示　　　　　图 19-18　定义文本样式

19.6 综合案例 2——制作阴影文字效果

下面结合前面所学的知识来制作阴影文字效果。具体操作步骤如下。

步骤 1 打开记事本文件，在其中输入如下代码。

```
<!DOCTYPE html>
<html>
<head>
<title> 文字阴影效果 </title>
<style type="text/css">
<!--
body{
    margin:15px;
    font-family: 黑体 ;
    font-size:60px;
    font-weight:bold;
}
#block1{
        position:relative;
        z-index:1;
```

```
}
#block2{
    color:#AAAAAA;
/* 阴影颜色 */
    position:relative;
    top:-1.06em;
/* 移动阴影 */
    left:0.1em;
    z-index:0;
/* 阴影重叠关系 */
}
-->
</style>
</head>
<body>
<div id="father">
    <div id="block1">定位阴影效果</div>
    <div id="block2">定位阴影效果</div>
</div>
</body>
</html>
```

步骤 **2**　在 IE 浏览器中浏览效果如图 19-19 所示，可以看到文字显示为阴影效果。

图 19-19　文字阴影效果

19.7　高手甜点

甜点 1： DIV 如何居中显示？

答： 如果想让 DIV 居中显示，需要将 margin 的属性参数设置为块参数的一半数值。举例说明，如果 DIV 的宽度和高度分别为 500px 和 400px，那么需要设置以下参数：margin-left:-250px　margin-top:-200px。

甜点 2： position 设置对 CSS 布局的影响。

答： CSS 属性中常见的 4 个属性是 top、right、bottom 和 left，表示的是块在页面中的具体位置，但是这些属性的设置必须和 position 配合使用才会产生效果。当 position 的属性设置为 relative 时，上述 CSS 的 4 个属性表示各个边界和原来位置的距离；当 position 的属性设置为 absolute 时，表示的是块的各个边界和页面边框的距离。然而，当 position 的属性设置为 static 时，则上述 4 个属性的设置不能生效，子块的位置也不会发生变化。

19.8 跟我练练手

练习 1：制作一个创建 DIV 的例子。

练习 2：制作一个包含盒子的网页，然后定位盒子的位置。

练习 3：制作一个包含 CSS 布局定位方式的例子。

练习 4：制作一个包含 CSS3 多列布局的例子。

练习 5：制作一个定位网页布局样式的例子。

练习 6：制作一个阴影文字效果的例子。

第20章 网页布局实战案例剖析

使用 CSS+DIV 布局可以使网页结构清晰化，并将内容、结构与表现相分离，以方便设计人员对网页进行改版和引用数据。网页布局分为固定宽度布局和自动缩放网页布局。其中自动缩放网页布局要比固定宽度的布局复杂一些，根本的原因在于宽度不确定，导致很多参数无法确定，必须使用一些技巧来完成。本章主要讲述固定宽度网页布局和自动缩放网页布局的制作方法和技巧。

● **本章要点（已掌握的在方框中打钩）**

☐ 掌握制作一个单列布局模式网页的方法
☐ 掌握制作一个 1–2–1 型布局模式网页的方法
☐ 掌握制作一个 1–3–1 型布局模式网页的方法
☐ 掌握制作一个 "1–2–1" 等比例变宽布局网页的方法
☐ 掌握制作一个 "1–3–1" 单侧列宽度固定的变宽布局网页的方法
☐ 掌握制作一个 "1–3–1" 中间列宽度固定的变宽布局网页的方法
☐ 掌握制作一个 "1–3–1" 双侧列宽度固定的变宽布局的方法

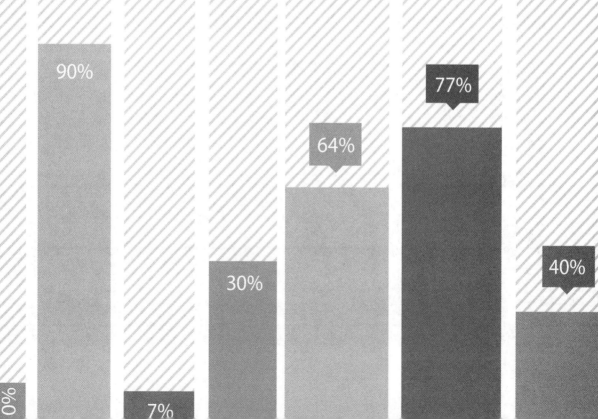

20.1 固定宽度网页剖析与布局

CSS 排版是一种全新的排版理念，与传统的表格排版布局完全不同，首先在页面上分块，然后应用 CSS 属性重新定位。在本节中，针对固定宽度布局进行深入讲解，使读者能够熟练掌握这些方法。

20.1.1 案例 1——网页单列布局模式

网页单列布局模式是最简单的一种布局形式，也被称为"网页 1-1-1 型布局模式"。如图 20-1 所示为网页单列布局模式示意图。

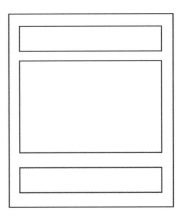

图 20-1　网页单列布局模式示意图

制作单列布局网页的操作步骤如下。

步骤 1 打开 Dreamweaver CC，在其中输入如下代码，该段代码的作用是在页面中放置第一个圆角矩形框。

```
<!DOCTYPE html>
<head>
<title> 单列网页布局 </title>
</head>
<body>
<div class="rounded">
<h2> 页头 </h2>
<div class="main">
<p>
锄禾日当午，汗滴禾下土 <br/>
锄禾日当午，汗滴禾下土 </p>
</div>
<div class="footer">
<p></p>
</div>
</div>
```

```
</body>
</html>
```

代码中这组 <div>…</div> 之间的内容是固定结构的，其作用就是实现一个可以变化宽度的圆角框。在 IE 浏览器中浏览效果，如图 20-2 所示。

步骤 **2** 设置圆角框的 CSS 样式。为了实现圆角框效果，加入如下样式代码。

```
<style>
body {
background: #FFF;
font: 14px 宋体；
margin:0;
padding:0;
}

.rounded {
background: url(images/left-top.gif) top left no-repeat;
width:100%;
}
.rounded h2 {
background:
url(images/right-top.gif)
top right no-repeat;
padding:20px 20px 10px;
margin:0;

}
.rounded .main {
background:
url(images/right.gif)
top right repeat-y;
padding:10px 20px;
margin:-20px 0 0 0;
}
.rounded .footer {
background:
url(images/left-bottom.gif)
bottom left no-repeat;
}
.rounded .footer p {
color:red;
text-align:right;
background:url(images/right-bottom.gif) bottom right no-repeat;
display:block;
padding:10px 20px 20px;
margin:-20px 0 0 0;
```

```
font:0/0;
}
</style>
```

在代码中定义了整个盒子的样式，如文字大小等，其后的 5 段以 .rounded 开头的 CSS 样式都是为实现圆角框进行的设置。这段 CSS 代码在后面的制作中都不需要调整，直接放置在 <style></sty|e> 之间即可，在 IE 浏览器中浏览效果，如图 20-3 所示。

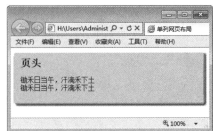

图 20-2　添加网页圆角框　　　　　图 20-3　设置圆角框的 CSS 样式

步骤 3 设置网页固定宽度。为该圆角框单独设置一个 id，把针对它的 CSS 样式放到这个 id 的样式定义部分。设置 margin 的值，实现页面居中放置，并用 width 属性确定固定宽度，代码如下。

```
#header {
margin:0 auto;
width:760px;}
```

注意 这个宽度不要设置在 ".rounded" 相关的 CSS 样式中，因为该样式会被页面中的各个部分共用，如果设置了固定宽度，其他部分就不能正确显示了。

另外，在 HTML 部分的 <div class="rounded">…</div> 外面套一个 div，代码如下。

```
<div id="header">
<div class="rounded">
<h2>页头 </h2>
<div class="main">
<p>
锄禾日当午，汗滴禾下土 <br/>
锄禾日当午，汗滴禾下土 </p>
</div>
<div class="footer">
<p></p>
</div>
</div>
</div>
```

在 IE 浏览器中浏览效果，如图 20-4 所示。

步骤 4 设置其他圆角框。将放置的圆角框再复制出两个，并分别设置 id 为 "content" 和 "footer"，分别代表 "内容" 和 "页脚"。完整的页面框架代码如下。

```
<div id="header">
<div class="rounded">
<h2> 页头 </h2>
<div class="main">
<p>
锄禾日当午，汗滴禾下土 <br/>
锄禾日当午，汗滴禾下土 </p>
</div>
<div class="footer">
<p></p>
</div>
</div>
</div>
<div id="content">
<div class="rounded">
<h2> 正文 </h2>
<div class="main">
<p>
锄禾日当午，汗滴禾下土 <br />
锄禾日当午，汗滴禾下土 </p>
</div>
<div class="footer">
<p>
查看详细信息 &gt;&gt;
</p>
</div>
</div>
</div>
<div id="pagefooter">
<div class="rounded">
<h2> 页脚 </h2>
<div class="main">
<p>
锄禾日当午，汗滴禾下土 </p>
</div>
<div class="footer">
<p>
</p>
</div>
</div>
</div>
```

修改 CSS 样式代码如下。

```
#header,#pagefooter,#content{
margin:0 auto;
width:760px;}
```

从 CSS 代码中可以看到，3 个 div 的宽度都设置为固定值 760 像素，并且通过设置 margin 的值来实现居中放置，即左右 margin 都设置为 auto。在 IE 浏览器中浏览效果，如图 20-5 所示。

图 20-4　设置网页固定宽度

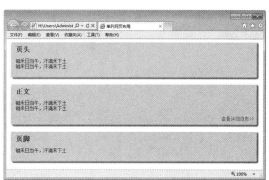

图 20-5　设置其他网页圆角框

20.1.2　案例 2——网页 1-2-1 型布局模式

网页 1-2-1 型布局模式是网页制作中最常用的一个模式，模式结构如图 20-6 所示。在布局结构中，增加了一个"side"栏。但是在通常状况下，两个 div 只能竖直排列。为了让 content 和 side 能够水平排列，必须把它们放到另一个 div 中，然后使用浮动或者绝对定位的方法，使 content 和 side 并列起来。

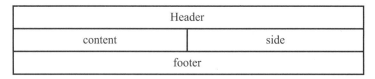

Header	
content	side
footer	

图 20-6　网页 1-2-1 型布局模式示意图

制作网页 1-2-1 型布局的操作步骤如下。

步骤 1　修改网页单列布局的结果代码。这一步用上节完成的结果作为素材，在 HTML 中把 content 部分复制出一个新的 id，这个新的 id 设置为 side。然后在它们的外面套一个 div，命名为"container"，修改部分的框架代码如下。

```
<div id="container">
<div id="content">
<div class="rounded">
<h2>正文 1</h2>
<div class="main">
<p>
```

```
锄禾日当午，汗滴禾下土 <br />
锄禾日当午，汗滴禾下土 </p>
</div>
<div class="footer">
<p>
查看详细信息 &gt;&gt;
</p>
</div>
</div>
</div>
<div id="side">
<div class="rounded">
<h2>正文 2</h2>
<div class="main">
<p>
锄禾日当午，汗滴禾下土 <br />
锄禾日当午，汗滴禾下土 </p>
</div>
<div class="footer">
<p>
查看详细信息 &gt;&gt;
</p>
</div>
</div>
</div>
</div>
</div>
```

修改 CSS 样式代码如下。

```
#header,#pagefooter,#container{
margin:0 auto;
width:760px;}
#content{}
#side{}
```

从上述代码中可以看出 #header、#pagefooter、#container 并列使用相同的样式，#content、#side 的样式暂时先空着，这时的效果如图 20-7 所示。

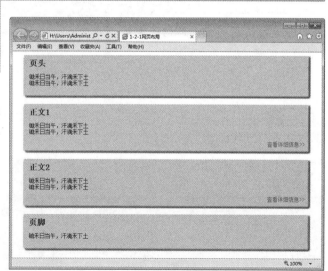

图 20-7　修改网页单列布局样式

步骤 2 实现正文 1 与正文 2 的并列排列。这里有两种方法来实现，首先使用绝对定位法来实现，具体代码如下。

```
#header,#pagefooter,#container{
margin:0 auto;
width:760px;}
#container{
position:relative; }
#content{
position:absolute;
top:0;
left:0;
width:500px;
}
#side{
margin:0 0 0 500px;
}
```

在上述代码中，为了 #content 能够使用绝对定位，必须考虑用哪个元素作为它的定位基准。显然应该是 container 这个 div。因此将 #container 的 position 属性设置为 relative，使它成为下级元素的相对定位基准，然后将 #content 这个 div 的 position 设置为 absolute，即绝对定位，这样它就脱离了标准流，#side 就会向上移动并占据原来 #content 所在的位置。将 #content 的宽度和 #side 的左 margin 设置为相同的数值，正好可以保证它们并列紧挨着放置，且不会相互重叠。运行结果如图 20-8 所示。

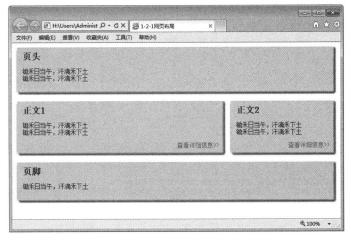

图 20-8　正文 1 与正文 2 的并列排列

步骤 3 实现正文 1 与正文 2 的并列排列，可使用浮动法来实现。在 CSS 样式部分稍作修改，加入如下样式代码。

```
#content{
float:left;
width:500px;
}
#side{
float:left;
width:260px;
}
```

运行结果如图 20-9 所示。

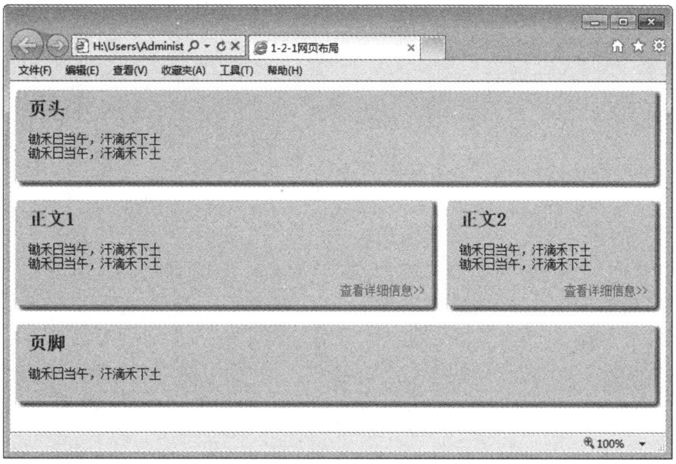

图 20-9　正文 1 与正文 2 的并列排列

> **注意**　使用浮动法修改正文布局模式非常灵活，例如，要 side 从页面右边移动到左边，即交换与 content 的位置，只需要稍微修改一下 CSS 代码，即可实现，代码如下。

```
#content{
float:right;
width:500px;
}
#side{ float:left;
width:260px;
}
```

20.1.3　案例 3——网页 1-3-1 型布局模式

网页 1-3-1 型布局模式也是网页制作中最常用的模式，模式结构如图 20-10 所示。

Header		
Left	content	side
footer		

图 20-10　网页 1-3-1 型布局模式示意图

这里使用浮动方式来排列横向并排的 3 栏，制作过程与"1-1-1"到"1-2-1"布局转换一样，只要控制好 #left、#content、#side 这 3 栏都使用浮动方式，3 列的宽度之和正好等于总宽度即可。具体过程不再详述，制作完成后的代码如下。

```
<!DOCTYPE html>
<head>
<title>1-3-1 固定宽度布局 </title>
```

```
<style type="text/css">
body {
background: #FFF;
font: 14px 宋体;
margin:0;
padding:0;
}

.rounded {
  background: url(images/left-top.gif)    top left no-repeat;
  width:100%;
  }
.rounded h2 {
  background:
      url(images/right-top.gif)
  top right no-repeat;
  padding:20px 20px 10px;
  margin:0;


  }
.rounded .main {
  background:
      url(images/right.gif)
  top right repeat-y;
  padding:10px 20px;
    margin:-20px 0 0 0;
      }
.rounded .footer {
  background:
      url(images/left-bottom.gif)
  bottom left no-repeat;
  }
.rounded .footer p {
  color:red;
  text-align:right;
  background:url(images/right-bottom.gif) bottom right no-repeat;
  display:block;
  padding:10px 20px 20px;
  margin:-20px 0 0 0;
  font:0/0;
  }
#header,#pagefooter,#container{
 margin:0 auto;
 width:760px;}
 #left{
      float:left;
      width:200px;
```

```
        }

#content{
     float:left;
     width:300px;
     }
#side{
     float:left;
     width:260px;
     }

#pagefooter{
     clear:both;
}
</style>
</head>
<body>
 <div id="header">
      <div class="rounded">
             <h2>页头 </h2>
             <div class="main">
             <p>
             锄禾日当午，汗滴禾下土 <br/>
             锄禾日当午，汗滴禾下土
             </p>
             </div>
             <div class="footer">
             <p></p>
             </div>
      </div>
</div>

<div id="container">
<div id="left">
      <div class="rounded">
             <h2>正文 </h2>
             <div class="main">
             <p>
             锄禾日当午，汗滴禾下土 <br />
             锄禾日当午，汗滴禾下土
             </p>

             </div>
             <div class="footer">
             <p>
             查看详细信息 &gt;&gt;
             </p>
```

```
                    </div>
            </div>
</div>
<div id="content">
        <div class="rounded">
                <h2>正文 1</h2>
                <div class="main">
                <p>
                锄禾日当午，汗滴禾下土 <br />
                锄禾日当午，汗滴禾下土
                </p>

                </div>
                <div class="footer">
                <p>
                查看详细信息 &gt;&gt;
                </p>
                </div>
        </div>
</div>
<div id="side">
        <div class="rounded">
                <h2>正文 2</h2>
                <div class="main">
                <p>
                锄禾日当午，汗滴禾下土 <br />
                锄禾日当午，汗滴禾下土
                </p>
                </div>
                <div class="footer">
                <p>
                查看详细信息 &gt;&gt;
                </p>
                </div>
        </div>
</div>
</div>
<div id="pagefooter">
        <div class="rounded">
                <h2>页脚 </h2>
                <div class="main">
                <p>
                锄禾日当午，汗滴禾下土
                </p>
                </div>
                <div class="footer">
                <p>
```

```
        </p>
        </div>
    </div>
</div>
</body>
</html>
```

在 IE 浏览器中浏览效果，如图 20-11 所示。

图 20-11　网页 1-3-1 型布局模式

20.2　自动缩放网页 1-2-1 型布局模式

对于一个"1-2-1"变宽度的布局样式，会产生两种不同的情况：第一种情况是这两列按照一定的比例同时变化；第二种情况是一列固定，另一列变化。

20.2.1　案例 4——"1-2-1"等比例变宽布局

对于等比例变宽布局样式，可以在前面制作的固定宽度网页布局样式中的"1-2-1"浮动法布局的基础上完成本案例。原来的"1-2-1"浮动布局中的宽度都是用像素数值确定的固定宽度，下面就来对它进行改造，使它能够自动调整各个模块的宽度。具体代码如下。

```
#header,#pagefooter,#container{
margin:0 auto;
Width: 768px;        /* 删除原来的固定宽度
width: 85%; }        /* 改为比例宽度 */
#content{
float:right;
Width:500px;         /* 删除原来的固定宽度 */
```

```
width: 66%; }           /* 改为比例宽度 */
#side{
float:left;
width:  260px;          /* 删除原来的固定宽度 */
width:33%; }            /* 改为比例宽度 */
```

在 IE 浏览器中浏览效果，如图 20-12 所示。在这个页面中，网页内容的宽度为浏览器窗口宽度的 85%，页面中左侧边栏的宽度和右侧内容栏的宽度保持 1：2 的比例，可以看到无论浏览器窗口宽度如何变化，它们都按等比例变化。这样就实现了各个 div 的宽度都会等比例适应浏览器窗口。

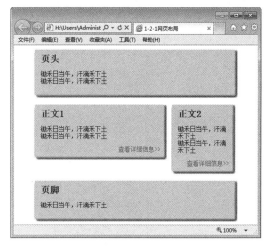

图 20-12　网页 1-2-1 布局样式

> **注意**　在实际应用中还需要注意以下两点。
>
> 确保不要使一列或多个列的宽度太大，以至于其内部的文字行宽太宽，造成阅读困难。
>
> 圆角框最大宽度的限制，这种方法制作的圆角框如果超过一定宽度就会出现裂缝。

20.2.2 案例 5——"1-2-1" 单列变宽布局

"1-2-1" 单列变宽布局样式是常用的网页布局样式，用户可以通过 margin 属性变通地实现单列变宽布局。这里仍然在 "1-2-1" 浮动法布局的基础上进行修改，修改之后的代码如下。

```
#header,#pagefooter,#container{
margin:0 auto;
width:85%;
min-width:500px;
max-width:800px;
}
#contentWrap{
margin-left:-260px;
float:left;
width:100%;
```

```
}
#content{
margin-left:260px;
}
#side{
float:right;
width:260px;
}
#pagefooter{
clear:both;
}
```

在 IE 浏览器中浏览效果，如图 20-13 所示。

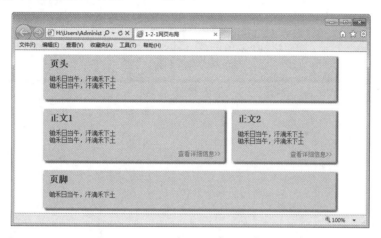

图 20-13　网页 1-2-1 单列变宽布局

20.3　自动缩放网页 1–3–1 型布局模式

"1-3-1" 布局可以产生很多不同的变化方式，例如：

☆　三列都按比例来适应宽度。

☆　一列固定，其他两列按比例适应宽度。

☆　两列固定，其他一列适应宽度。

对于后两种情况，可以根据特殊的一列与另外两列的不同位置产生出多种变化。

20.3.1　"1–3–1" 三列宽度等比例布局

对于 "1-3-1" 布局的第一种情况，即三列按固定比例伸缩适应总宽度，和前面介绍的 "1-2-1" 的布局完全一样，只要分配好每一列的百分比就可以了。这里就不再介绍具体的制作过程了。

20.3.2 案例6——"1-3-1"单侧列宽度固定的变宽布局

对于一列固定、其他两列按比例适应宽度的情况，可以使用浮动方法进行制作。解决的方法同"1-2-1"单列固定一样，这里把活动的两个看成一个，在容器里面再套一个div，即由原来的一个wrap变为两层，分别叫作outerWrap和innerWrap。这样，outerWrap就相当于上面"1-2-1"方法中的wrap容器。新增加的innerWrap是以标准流方式存在的，宽度会自然伸展，由于设置200像素的左侧边距，因此它的宽度就是总宽度减去200像素。innerWrap里面的navi和content均以这个新宽度为宽度基准。

实现的具体代码如下。

```
<!DOCTYPE html>
<head>
<title>"1-3-1"单侧列宽度固定的变宽布局</title>
<style type="text/css">
body {
background: #FFF;
font: 14px 宋体;
margin:0;
padding:0;
}
.rounded {
  background: url(images/left-top.gif)   top left no-repeat;
  width:100%;
  }
.rounded h2 {
  background:
      url(images/right-top.gif)
  top right no-repeat;
  padding:20px 20px 10px;
  margin:0;

  }
.rounded .main {
  background:
      url(images/right.gif)
  top right repeat-y;
  padding:10px 20px;
   margin:-20px 0 0 0;
      }
.rounded .footer {
  background:
      url(images/left-bottom.gif)
  bottom left no-repeat;
  }
```

```
.rounded .footer p {
  color:red;
  text-align:right;
  background:url(images/right-bottom.gif) bottom right no-repeat;
  display:block;
  padding:10px 20px 20px;
  margin:-20px 0 0 0;
  font:0/0;
  }
#header,#pagefooter,#container{
 margin:0 auto;
 width:85%;
 }
#outerWrap{
     float:left;
     width:100%;
     margin-left:-200px;
     }
#innerWrap{
     margin-left:200px;
     }
#left{
     float:left;
     width:40%;
     }
#content{
     float:right;
     width:59.5%;
     }
#content img{
     float:right;
     }
#side{
     float:right;
     width:200px;
     }
#pagefooter{
     clear:both;
</style>
</head>
<body>
 <div id="header">
     <div class="rounded">
            <h2>页头 </h2>
            <div class="main">
            <p>
          锄禾日当午，汗滴禾下土 </p>
```

```
            </div>
            <div class="footer">
            <p></p>
            </div>
        </div>
</div>
</div>
<div id="container">
<div id="outerWrap">
<div id="innerWrap">
<div id="left">
        <div class="rounded">
                <h2>正文</h2>
                <div class="main">
                <p>
                        锄禾日当午，汗滴禾下土<br/>
                        锄禾日当午，汗滴禾下土</p>

                </div>
                <div class="footer">
                <p>
            查看详细信息&gt;&gt;
            </p>
            </div>
        </div>
</div>
<div id="content">
        <div class="rounded">
                <h2>正文1</h2>
                <div class="main">
                  <p>
                    锄禾日当午，汗滴禾下土</p>

                </div>
                <div class="footer">
                <p>
            查看详细信息&gt;&gt;
            </p>
            </div>
        </div>
</div>
</div>
</div>
<div id="side">
        <div class="rounded">
                <h2>正文2</h2>
                <div class="main">
                <p>
```

```
                    锄禾日当午，汗滴禾下土 <br/>
                    锄禾日当午，汗滴禾下土 </p>
        </div>
        <div class="footer">
        <p>
        查看详细信息 &gt;&gt;
        </p>
        </div>
    </div>
</div>
</div>

<div id="pagefooter">
    <div class="rounded">
        <h2>页脚 </h2>
        <div class="main">
        <p>
        锄禾日当午，汗滴禾下土
        </p>
        </div>
        <div class="footer">
        <p>
        </p>
        </div>
    </div>
</div>
</body>
</html>
```

在 IE 浏览器中进行浏览，当页面收缩时，可以看到如图 20-14 所示的运行结果。

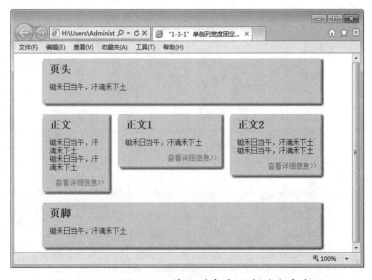

图 20-14　网页 1-3-1 单侧列宽度固定的变宽布局

20.3.3 案例 7——"1–3–1" 中间列宽度固定的变宽布局

这种布局的形式是固定列被放在中间，它的左右各有一列，并按比例适应总宽度，这是一种很少见的布局形式。实现 "1-3-1" 中间列宽度固定的变宽布局的代码如下。

```
<!DOCTYPE html>
<head>
<title>"1-3-1" 中间列宽度固定的变宽布局 </title>
<style type="text/css">
body {
background: #FFF;
font: 14px 宋体 ;
margin:0;
padding:0;
}

.rounded {
  background: url(images/left-top.gif)   top left no-repeat;
  width:100%;
  }
.rounded h2 {
  background:
      url(images/right-top.gif)
  top right no-repeat;
  padding:20px 20px 10px;
  margin:0;

  }
.rounded .main {
  background:
      url(images/right.gif)
  top right repeat-y;
  padding:10px 20px;
   margin:-20px 0 0 0;
     }
.rounded .footer {
  background:
      url(images/left-bottom.gif)
  bottom left no-repeat;
  }
.rounded .footer p {
  color:red;
  text-align:right;
  background:url(images/right-bottom.gif) bottom right no-repeat;
  display:block;
  padding:10px 20px 20px;
```

```
  margin:-20px 0 0 0;
  font:0/0;
  }
#header,#pagefooter,#container{
 margin:0 auto;
 width:85%;
 }

#naviWrap{
width:50%;
float:left;
margin-left:-150px;
}

#left{
margin-left:150px;
     }


#content{
     float:left;
     width:300px;
     }

#content img{
     float:right;
     }

#sideWrap{
     width:49.9%;
float:right;
margin-right:-150px;

}

#side{
margin-right:150px;
     }

#pagefooter{
     clear:both;
}

</style>
</head>
<body>
 <div id="header">
```

```
    <div class="rounded">
            <h2>页头</h2>
            <div class="main">
            <p>
            锄禾日当午，汗滴禾下土</p>
            </div>
            <div class="footer">
            <p></p>
            </div>
    </div>
</div>
<div id="container">
<div id="naviWrap">
<div id="left">
    <div class="rounded">
            <h2>正文</h2>
            <div class="main">
            <p>
            锄禾日当午，汗滴禾下土</p>
            </div>
            <div class="footer">
            <p>
            查看详细信息 &gt;&gt;
            </p>
            </div>
    </div>
</div>
</div>
<div id="content">
    <div class="rounded">
            <h2>正文1</h2>
            <div class="main">
             <p>
            锄禾日当午，汗滴禾下土</p>
    </div>
            <div class="footer">
            <p>
            查看详细信息 &gt;&gt;
            </p>
            </div>
    </div>
</div>
<div id="sideWrap">
<div id="side">
    <div class="rounded">
            <h2>正文2</h2>
            <div class="main">
```

```
            <p>
            锄禾日当午，汗滴禾下土
            </p>
            </div>
            <div class="footer">
            <p>
            查看详细信息 &gt;&gt;
            </p>
            </div>
        </div>
    </div>
</div>
</div>
<div id="pagefooter">
    <div class="rounded">
        <h2>页脚 </h2>
        <div class="main">
            <p>
            锄禾日当午，汗滴禾下土
            </p>
        </div>
        <div class="footer">
        <p>
        </p>
        </div>
    </div>
</div>
</body>
</html>
```

在 IE 浏览器中浏览效果，如图 20-15 所示。在上述代码中，页面中间列的宽度是 300 像素，两边列等宽（不等宽的道理是一样的），即总宽度减去 300 像素后剩余宽度的 50%，制作的关键是如何实现"（100%-300px）/2"的宽度。现在需要在 left 和 side 两个 div 外面分别套一层 div，把它们"包裹"起来，依靠嵌套的两个 div，实现相对宽度和绝对宽度的结合。

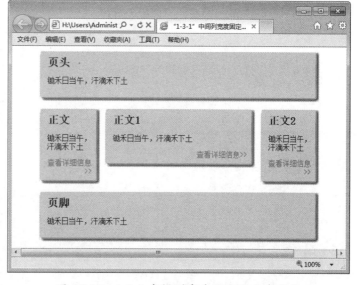

图 20-15　1-3-1 中间列宽度固定的变宽布局

20.3.4 案例8—— "1-3-1" 双侧列宽度固定的变宽布局

3 列中的左右两列宽度固定，而中间列宽度自适应变宽布局的实际应用很广泛。下面通过浮动定位进行了解。重点是把 3 列布局看作是嵌套的两列布局，利用 margin 的负值来实现 3 列浮动。

```
<!DOCTYPE html>
<head>
<title>"1-3-1" 双侧列宽度固定的变宽布局 </title>
<style type="text/css">
body {
background: #FFF;
font: 14px 宋体 ;
margin:0;
padding:0;
}
.rounded {
  background: url(images/left-top.gif)    top left no-repeat;
  width:100%;
  }
.rounded h2 {
  background:
      url(images/right-top.gif)
  top right no-repeat;
  padding:20px 20px 10px;
  margin:0;

  }
.rounded .main {
  background:
      url(images/right.gif)
  top right repeat-y;
  padding:10px 20px;
    margin:-20px 0 0 0;
      }
.rounded .footer {
  background:
      url(images/left-bottom.gif)
  bottom left no-repeat;
  }
.rounded .footer p {
  color:red;
  text-align:right;
  background:url(images/right-bottom.gif) bottom right no-repeat;
  display:block;
  padding:10px 20px 20px;
```

```
  margin:-20px 0 0 0;
  font:0/0;
  }
#header,#pagefooter,#container{
 margin:0 auto;
 width:85%;
 }
#side{
    width:200px;
    float:right;
    }
#outerWrap{
    width:100%;
    float:left;
    margin-left:-200px;
}
#innerWrap{
margin-left:200px;
    }
#left{
    width:150px;
    float:left;
}
#contentWrap{
    width:100%;
    float:right;
    margin-right:-150px;
}
#content{
margin-right:150px;
    }
#content img{
    float:right;
    }
#pagefooter{
    clear:both;
}
</style>
</head>
<body>
 <div id="header">
    <div class="rounded">
        <h2> 页头 </h2>
        <div class="main">
        <p>
        锄禾日当午，汗滴禾下土 </p>
        </div>
```

```
            <div class="footer">
            <p></p>
            </div>
        </div>
</div>
<div id="container">
<div id="outerWrap">
<div id="innerWrap">
<div id="left">
        <div class="rounded">
            <h2> 正文 </h2>
            <div class="main">
            <p> 锄禾日当午，汗滴禾下土 </p>
            </div>
            <div class="footer">
            <p>
            查看详细信息 &gt;&gt;
            </p>
            </div>
        </div>
</div>
<div id="contentWrap">
<div id="content">
        <div class="rounded">
            <h2> 正文 1</h2>
            <div class="main">
            <p>
            锄禾日当午，汗滴禾下土 </p>
            </div>
            <div class="footer">
            <p>
            查看详细信息 &gt;&gt;
            </p>
            </div>
        </div>
</div>
</div><!-- end of contetnwrap-->
</div><!-- end of inwrap-->
</div><!-- end of outwrap-->
<div id="side">
        <div class="rounded">
            <h2> 正文 2</h2>
            <div class="main">
            <p> 锄禾日当午，汗滴禾下土 </p>
            </div>
            <div class="footer">
            <p>
```

```
                查看详细信息 &gt;&gt;
                </p>
                </div>
        </div>
</div>
</div>
<div id="pagefooter">
        <div class="rounded">
                <h2>页脚 </h2>
                <div class="main">
                <p>
                锄禾日当午，汗滴禾下土
                </p>
                </div>
                <div class="footer">
                <p>
                </p>
                </div>
        </div>
</div>
</body>
</html>
```

　　在 IE 浏览器中浏览效果，如图 20-16 所示。在上述代码中，首先把左边和中间两列看作一组活动列，而右边的一列作为固定列，使用"改进浮动"法就可以实现。其次，再把两列各自当作独立的列，左侧列为固定列，再次使用"改进浮动"法，就可以最终完成整个布局。

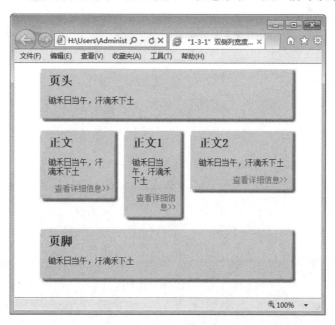

图 20-16　"1-3-1"双侧列宽度固定的变宽布局

20.3.5 案例 9——"1-3-1" 中列和左侧列宽度固定的变宽布局

这种布局的中间列和它一侧的列是固定宽度，另一侧列宽度自适应，同样使用改进浮动法来实现。由于两个固定宽度列是相邻的，因此就不必使用两次改进浮动法了，只需要一次即可做到。

实现 "1-3-1" 中列和左侧列宽度固定的变宽布局代码如下。

```
<!DOCTYPE html>
<head>
<title>1-3-1 中列和左侧列宽度固定的变宽布局</title>
<style type="text/css">
body {
background: #FFF;
font: 14px 宋体;
margin:0;
padding:0;
}
.rounded {
  background: url(images/left-top.gif)   top left no-repeat;
  width:100%;
  }
.rounded h2 {
  background:
      url(images/right-top.gif)
  top right no-repeat;
  padding:20px 20px 10px;
  margin:0;

  }
.rounded .main {
  background:
      url(images/right.gif)
  top right repeat-y;
  padding:10px 20px;
    margin:-20px 0 0 0;
      }
.rounded .footer {
  background:
      url(images/left-bottom.gif)
  bottom left no-repeat;
  }
.rounded .footer p {
  color:red;
  text-align:right;
  background:url(images/right-bottom.gif) bottom right no-repeat;
```

```
 display:block;
 padding:10px 20px 20px;
 margin:-20px 0 0 0;
 font:0/0;
 }
#header,#pagefooter,#container{
 margin:0 auto;
 width:85%;
 }

#left{
     float:left;
     width:150px;
     }
#content{
     float:left;
     width:250px;
     }
#content img{
     float:right;
     }
#sideWrap{
     float:right;
     width:100%;
     margin-right:-400px;
     }
#side{
     margin-right:400px;
     }
#pagefooter{
     clear:both;
}
</style>
</head>
<body>
 <div id="header">
     <div class="rounded">
             <h2> 页头 </h2>
             <div class="main">
             <p>
             锄禾日当午，汗滴禾下土 </p>
             </div>
             <div class="footer">
             <p></p>
             </div>
     </div>
</div>
```

```
<div id="container">
<div id="left">
      <div class="rounded">
              <h2> 正文 </h2>
              <div class="main">
              <p>
              锄禾日当午，汗滴禾下土 </p>
              </div>
              <div class="footer">
              <p>
              查看详细信息 &gt;&gt;
              </p>
              </div>
      </div>
</div>
<div id="content">
      <div class="rounded">
              <h2> 正文 1</h2>
              <div class="main">
              <p>
              锄禾日当午，汗滴禾下土 </p>
              </div>
              <div class="footer">
              <p>
              查看详细信息 &gt;&gt;
              </p>
              </div>
      </div>
</div>
<div id="sideWrap">
<div id="side">
      <div class="rounded">
              <h2> 正文 2</h2>
              <div class="main">
              <p>
              锄禾日当午，汗滴禾下土 </p>
              </div>
              <div class="footer">
              <p>
              查看详细信息 &gt;&gt;
              </p>
              </div>
      </div>
</div>
</div>
</div>
</div>
<div id="pagefooter">
```

```
<div class="rounded">
     <h2>页脚 </h2>
     <div class="main">
     <p>
     锄禾日当午，汗滴禾下土
     </p>
     </div>
     <div class="footer">
     <p>
     </p>
     </div>
     </div>
</div>
</body>
</html>
```

在 IE 浏览器浏览效果，如图 20-17 所示。在代码中把左侧的 left 和 content 列的宽度分别固定为 150 像素和 250 像素，右侧的 side 列宽度也随之变化。那么 side 列的宽度就等于 "100%-150px-250px"。因此根据改进浮动法，在 side 列的外面再套一个 sideWrap 列，使 sideWrap 的宽度为 100%，并通过设置负的 margin，使它向右平移 400 像素。然后对 side 列设置正的 margin，限制右边界，这样就可以达到预设的效果了。

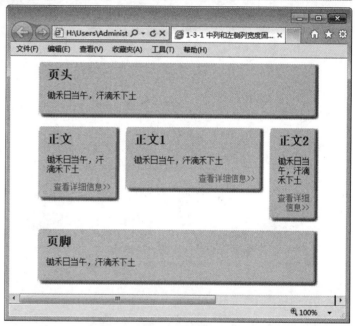

图 20-17　"1-3-1" 中列和左侧列宽度固定的变宽布局

20.4 综合案例 1——单列宽度变化布局

假设布局是中间活动，两侧列宽度是固定的布局。由于 container 只能设置一个背景图像，因此可以在 container 里面再套一层 div，这样两层容器就可以各设置一个背景图像，一个左对齐，一个右对齐，各自以垂直方向平铺。由于左右两列都是固定宽度，因此所有图像的宽度分别等于左右两列的宽度即可。

```
body{
font:14px 宋体 ;
margin:0;
}
#header,#pagefooter {
background:#CF0;
width:85%;
margin:0 auto;
}
h2{
margin:0;
padding:20px;
}
p{
padding:20px;
text-indent:2em;
margin:0;
}
#container {
width:85%;
margin:0 auto;
background:url(images/background-right.gif) repeat-y top right;
position: relative;
}
#innerContainer {
background:url(images/background-left.gif) repeat-y top left;
}
#left {
width: 200px;
position: absolute;
left: 0px;
top: 0px;
}
#content {
right: 0px;
top: 0px;
margin-right: 200px;
margin-left: 200px;
background-color:#9F0;
}
#side {
width: 200px;
position: absolute;
right: 0px;
top: 0px;
}
```

在 IE 浏览器浏览效果，如图 20-18 所示。在代码中，3 列总宽度为浏览器窗口宽度的 85%，左右列各 200 像素，中间列自适应。header、footer 和 container 的宽度改为 85%，然后在 container 里面套一个 innerContainer，这样即可用 container 设置 side 背景，innerContainer 设置 left 背景，content 设置自身的背景。

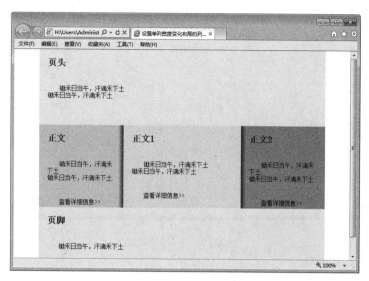

图 20-18　设置单列宽度变化布局的列背景色

20.5　综合案例 2——多列等比例宽度变化布局

对于 3 列按比例同时变化的布局，上面的方法就无能为力了，这时仍然使用制作背景图的方法。假设 3 列按照 "1 ∶ 2 ∶ 1" 的比例同时变化，也就是左、中、右 3 列所占的比例分别为 25%、50 % 和 25 %。首先制作一个足够宽的背景图像，背景图像同样按照 "1 ∶ 2 ∶ 1" 设置 3 列的颜色。

```
<!DOCTYPE html>
<head>
<title> 设置多列等比例宽度变化布局的列背景 </title>
<style type="text/css">
body{
    font:14px 宋体 ;
    margin:0;
    }
#header,#pagefooter {
    background:#CF0;
```

```
            width:85%;
        margin:0 auto;
        }
h2{
        margin:0;
        padding:20px;
        }
p{
        padding:20px;
        text-indent:2em;
        margin:0;
        }
#container {
        width:85%;
        margin:0 auto;
        background:url(images/21-10.gif) repeat-y  25% top;
        position: relative;
        }

#innerContainer {
        background:url(images/21-10.gif) repeat-y  75% top;
        }
#left {
        width: 25%;
        position: absolute;
        left: 0px;
        top: 0px;
}
#content {
        right: 0px;
        top: 0px;
        margin-right: 25%;
        margin-left: 25%;
        }
#side {
        width: 25%;
        position: absolute;
        right: 0px;
        top: 0px;
        }
</style>
</head>
<body>
 <div id="header">
            <h2>页头</h2>
            <p>
            锄禾日当午，汗滴禾下土
```

```
</div>
<div id="container">
<div id="innerContainer">
    <div id="left">
                <h2>正文</h2>
                <p>
        锄禾日当午，汗滴禾下土
        </p>
    </div>
    <div id="content">
        <h2>正文1</h2>
        <p>
        锄禾日当午，汗滴禾下土
        </p>
    </div>
    <div id="side">
        <h2>正文2</h2>
        <p>
        锄禾日当午，汗滴禾下土
        </p>
    </div>
</div>
</div>
<div id="pagefooter">
        <h2>页脚</h2>
        <p>
        锄禾日当午，汗滴禾下土
        </p>
</div>
</body>
</html>
```

在 IE 浏览器中浏览效果，如图 20-19 所示。

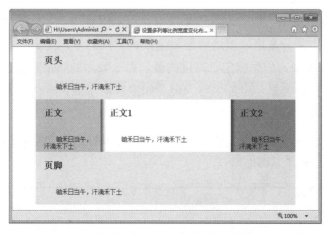

图 20-19　设置多列等比例宽度变化布局的列背景

20.6 高手甜点

甜点 1：如何把多个 3 个 div 都紧靠页面的侧边。

答：在实际网页制作中，经常需要解决这样的问题，如何把多个 3 个 div 都紧靠页面的左侧或者右侧。方法很简单，只需要修改几个 div 的 margin 值即可，具体步骤如下。

如果要使它们紧贴浏览器窗口左侧，可以将 margin 设置为 "0 auto 0 0"，即只保留右侧的一根"弹簧"，就会把内容挤到最左边了。反之，如果要使它们紧贴浏览器窗口右侧，可以将 margin 设置为 "0 0 0 auto"，即只保留左侧的一根"弹簧"，就会把内容挤到最右边了。

甜点 2：IE 浏览器和 Firefox 浏览器，显示 float 浮动布局会出现不同的效果，为什么？

答：两个相连的 DIV 块，如果一个设置为左浮动，一个设置为右浮动，这时在 Firefox 浏览器中就会出现设置失效的问题。其原因是 IE 浏览器会根据设置来判断 float 浮动，而在 Firefox 中，如果上一个 float 没有被清除的话，下一个 float 会自动沿用上一个 float 的设置，而不使用自己的 float 设置。

这个问题的解决办法就是，在每一个 DIV 块设置 float 后，在最后加入一句清除浮动的代码 clear:both，这样就会清除前一个浮动的设置了，下一个 float 也就不会再使用上一个浮动设置，从而使用自身所设置的浮动。

甜点 3：自动缩放网页布局中，网页框架百分比的关系是什么？

答：对于这一问题，初学者往往比较困惑，以第 20.2.1 章节中的样式做个说明，container 等外层 div 的宽度设置为 85% 是相对浏览器窗口而言的比例；而后面 content 和 side 这两个内层 div 的比例是相对于外层 div 而言的。这里分别设置为 66% 和 33%，二者相加为 99%，而不是 100%，这是为了避免由于舍入误差造成总宽度大于它们的容器的宽度，而使某个 div 被挤到下一行中，如果希望精确，写成 99% 也可以。

甜点 4：是否设置 div 层高度？

答：在 IE 浏览器中，如果设置了高度值，但是内容很多，会超出所设置的高度，这时浏览器就会自己撑开高度，以达到显示全部内容的效果，不受所设置的高度值限制。而在 Firefox 浏览器中，如果固定了高度的值，那么容器的高度就会被固定住，就算内容过多，也不会撑开，会显示全部内容，但是如果容器下面还有内容的话，那么这一块就会与下一块内容重合。

这个问题的解决办法就是不要设置高度的值，这样浏览器就会根据内容自动判断高度，也不会出现内容重合的问题。

20.7 跟我练练手

练习 1：制作一个单列布局模式的网页。

练习 2：制作一个 1-2-1 型布局模式的网页。

练习 3：制作一个 1-3-1 型布局模式的网页。

练习 4：制作一个 "1-2-1" 等比例变宽布局的网页。

练习 5：制作一个 "1-3-1" 单侧列宽度固定的变宽布局的网页。

练习 6：制作一个 "1-3-1" 中间列宽度固定的变宽布局的网页。

练习 7：制作一个 "1-3-1" 双侧列宽度固定的变宽布局的网页。

第 **4** 篇
综合案例实战

第21章

制作在线购物类网页

在线购物网站是当前比较流行的一类网站。随着网络购物、互联网交易的普及，如淘宝、阿里巴巴、亚马逊等类型的在线网站在近几年风靡一时。越来越多的企业着手架设在线购物网站平台。

● **本章要点（已掌握的在方框中打钩）**

☐ 掌握制作在线购物网站的设计分析方法

☐ 掌握制作在线购物网站的排版架构的方法

☐ 掌握制作在线购物网站资讯区的方法

☐ 掌握制作产品类别区域的方法

☐ 掌握制作页脚区域的方法

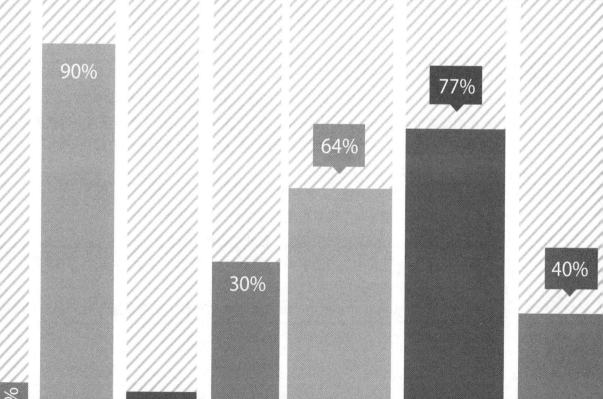

21.1 整体布局

在线购物类网站主要实现网络购物、交易等功能，因此所要体现的组件相对较多，主要包括产品搜索、账户登录、广告推广、产品推荐、产品分类等内容。本实例最终的网页效果图如图 21-1 所示。

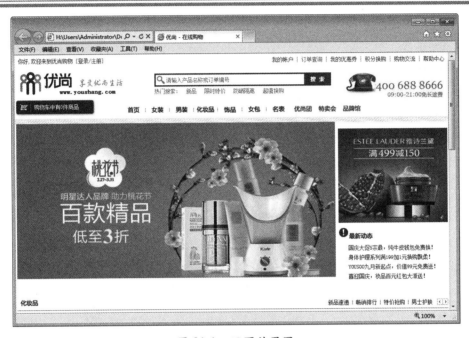

图 21-1　网页效果图

21.1.1　设计分析

购物网站的重点就是突出产品，突出购物流程、优惠活动、促销活动等信息。因此，要用逼真的产品图片吸引用户，并结合各种吸引人的优惠活动、促销活动增强用户的购买欲望，最后在购物流程上要方便快捷，比如货款支付情况，要提供给用户多种选择的可能，让各种情况的用户都能在网上顺利交易。

在线购物类网站的主要特性体现在如下几个方面。

☆　商品检索方便：要有商品搜索功能，有详细的商品分类。

☆　有产品推广功能：增加广告活动位，帮助特色产品推广。

☆　热门产品推荐：消费者的搜索很多带有盲目性，所以可以设置热门产品推荐位。

☆　对于产品要有简单准确的展示信息。

☆　页面整体布局要清晰有条理，让浏览者知道在网页中如何快速地找到自己需要的信息。

21.1.2 排版架构

本实例的在线购物网站整体上是上下的架构。上部为网页头部、导航栏，中间为网页主要内容，包括 Banner、产品类别区域。下部为页脚信息。网页整体架构如图 21-2 所示。

图 21-2　网页架构

21.2 主要模块设计

当页面整体架构完成后，就可以动手制作不同的模块区域。其制作流程采用自上而下，从左到右的顺序。本实例模块主要包括 4 个部分，分别为导航区、Banner 与资讯区、产品类别和页脚。

21.2.1 Logo 与导航区

导航使用水平结构与其他类别网站相比是前边有一个购物车显示情况功能，把购物车功能放到这里，用户更能方便快捷地查看购物情况。本实例中网页头部的效果如图 21-3 所示。

图 21-3　页面 Logo 和导航菜单

其具体的 HTML 框架代码如下。

```html
<!--------------------------------NAV-------------------------------->
<div id="nav"><span><a href="#">我的账户</a> | <a href="#" style="color:#5CA100;">订单查询</a> | <a href="#">我的优惠券</a> | <a href="#">积分换购</a> | <a href="#">购物交流</a> |<a href="#">帮助中心</a></span> 你好，欢迎来到优尚购物 [<a href="#">登录</a>/<a href="#">注册</a>] </div>
<!--------------------------------logo-------------------------------->
<div id="logo">
  <div class="logo_left"><a href="#"><img src="images/logo.gif" border="0" /></a></div>
  <div class="logo_center">
```

```
    <div class="search"><form action="" method="get">
      <div class="search_text">
      <input type="text" value=" 请输入产品名称或订单编号 "  class="input_text"/>
      </div>
      <div class="search_btn"><a href="#"><img src="images/search-btn.jpg" border="0"/>
</a></div>
      </form></div>
      <div class="hottext"> 热门搜索:   <a href="#"> 新品 </a>
   <a href="#"> 限时特价 </a>   <a href="#"> 防晒隔
离 </a>   <a href="#"> 超值换购 </a> </div>
  </div>
  <div class="logo_right"><img src="images/telephone.jpg" width="228" height="70"/>
</div>
</div>
<!-------------------------------MENU------------------------------------>
<div id="menu">
  <div class="shopingcar"><a href="#"> 购物车中有 0 件商品 </a></div>
  <div class="menu_box">
   <ul>
      <li><a href="#"><img src="images/menu1.jpg" border="0" /></a></li>
      <li><a href="#"><img src="images/menu2.jpg" border="0" /></a></li>
      <li><a href="#"><img src="images/menu3.jpg" border="0" /></a></li>
      <li><a href="#"><img src="images/menu4.jpg" border="0" /></a></li>
      <li><a href="#"><img src="images/menu5.jpg" border="0" /></a></li>
      <li><a href="#"><img src="images/menu6.jpg" border="0" /></a></li>
      <li style="background:none;"><a href="#"><img src="images/menu7.jpg"
 border="0" /></a></li>
      <li style="background:none;"><a href="#"><img src="images/menu8.jpg"
 border="0" /></a></li>
      <li style="background:none;"><a href="#"><img src="images/menu9.jpg"
border="0" /></a></li>
      <li style="background:none;"><a href="#"><img src="images/menu10.jpg"
border="0" /></a></li>
    </ul>
  </div>
</div>
```

上述代码主要包括三个部分，分别是 NAV、Logo、MENU。其中 NAV 区域主要用于定义购物网站中的账户、订单、注册、帮助中心等信息；Logo 部分主要用于定义网站的 Logo、搜索框信息、热门搜索信息以及相关的电话等；MENU 区域主要用于定义网站的导航菜单。

在 CSS 样式文件中，对应上述代码的 CSS 代码如下所示。

```
#menu{ margin-top:10px; margin:auto; width:980px; height:41px; overflow:hidden;}
.shopingcar{ float:left; width:140px; height:35px; background:url(../images/shopingcar.jpg)
no-repeat;
```

```
color:#fff; padding:10px 0 0 42px;}
.shopingcar a{ color:#fff;}
.menu_box{ float:left; margin-left:60px;}
.menu_box li{ float:left; width:55px; margin-top:17px; text-align:center;
background:url(../images/menu_fgx.
jpg) right center no-repeat;}
```

上面代码中，#menu 选择器定义了导航菜单的对齐方式、高度、宽度、背景图片等信息。

21.2.2　Banner 与资讯区

购物网站的 Banner 区域同企业型相比差别很大，企业型 banner 区多是用来突出企业文化，而购物网站 Banner 区主要放置主推产品、优惠活动、促销活动等。本实例中网页 Banner 与资讯区的效果如图 21-4 所示。

图 21-4　页面 Banner 和资讯区

其具体的 HTML 代码如下。

```
<div id="banner">
 <div class="banner_box">
 <div class="banner_pic"><img src="images/banner.jpg" border="0" /></div>
 <div class="banner_right">
  <div class="banner_right_top"><a href="#"><img src="images/event_banner.
jpg" border="0" /></a></div>
    <div class="banner_right_down">
     <div class="moving_title"><img src="images/news_title.jpg" /></div>
     <ul>
       <li><a href="#"><span>国庆大促5宗最，纯牛皮钱包免费换！</span></a></li>
         <li><a href="#">身体护理系列满199加1元换购飘柔！</a></li>
         <li><a href="#"><span>YOUSOO九月新起点，价值99元免费送！</span></a></li>
         <li><a href="#">喜迎国庆，妆品百元红包大派送！</a></li>
     </ul>
    </div>
 </div>
 </div>
</div>
```

在上述代码中，Banner 分为两个部分，左边为放大尺寸图，右侧为缩小尺寸图和文字消息。在 CSS 样式文件中，对应上述代码的 CSS 代码如下所示。

```
#banner{ background:url(../images/banner_top_bg.jpg) repeat-x; padding-top:
12px;}.banner_box{ width:980px; height:369px; margin:auto;}
.banner_pic{ float:left; width:726px; height:369px; text-align:left;}
.banner_right{ float:right; width:247px;}
.banner_right_top{ margin-top:15px;}
.banner_right_down{ margin-top:12px;}
.banner_right_down ul{ margin-top:10px; width:243px; height:89px;}
.banner_right_down li{ margin-left:10px; padding-left:12px; background:url(../
images/icon_green.jpg) left
no-repeat center; line-height:21px;}
.banner_right_down li a{ color:#444;}
.banner_right_down li a span{ color:#A10288;}
```

上面代码中，# Banner 选择器定义了背景图片、背景图片的对齐方式、链接样式等信息。

21.2.3 产品类别区域

产品类别也是图文混排的效果，大量运用图文混排方式是购物网站的一大特点，如图 21-5 所示为化妆品类别区域，如图 21-6 所示为女包类别区域。

图 21-5 化妆品产品类别区域

图 21-6 女包产品类别区域

其具体的 HTML 代码如下。

```
<div class="clean"></div>
<div id="content2">
  <div class="con2_title"><b><a href="#"><img src="images/ico_jt.jpg" border="0"/>
</a></b><span><a href="#">新品速递 </a> | <a href="#">畅销排行 </a> | <a href="#">
特价抢购 </a> | <a href="#"> 男士护肤 </a>  </span><img src="images/con2
_title.jpg" /></div>
  <div class="line1"></div>
  <div class="con2_content"><a href="#"><img src="images/con2_content.jpg"
width="981" height="405" border="0" /></a></div>
  <div class="scroll_brand"><a href="#"><img src="images/scroll_brand.jpg"
 border="0" /></a></div>
  <div class="gray_line"></div>
</div>

<div id="content4">
  <div class="con2_title"><b><a href="#"><img src="images/ico_jt.jpg" border="0"/>
</a></b><span><a href="#">新品速递 </a> | <a href="#">畅销排行 </a> | <a href="#">
特价抢购 </a> | <a href="#"> 男士护肤 </a>  </span><img src="images/con4
_title.jpg" width="27" height="13" /></div>
  <div class="line3"></div>
  <div class="con2_content"><a href="#"><img src="images/con4_content.jpg"
 width="980" height="207" border="0" /></a></div>
  <div class="gray_line"></div>
</div>
```

在上述代码中 content2 层用于定义化妆品产品类别；content4 用于定义女包产品类别。

在 CSS 样式文件中，对应上述代码的 CSS 代码如下所示。

```
#content2{ width:980px; height:545px; margin:22px auto; overflow:hidden;}
 .con2_title{ width:973px; height:22px; padding-left:7px; line-height:22px;}
 .con2_title span{ float:right; font-size:10px;}
 .con2_title a{ color:#444; font-size:12px;}
 .con2_title b img{ margin-top:3px; float:right;}
 .con2_content{ margin-top:10px;}
 .scroll_brand{ margin-top:7px;}
#content4{ width:980px; height:250px; margin:22px auto; overflow:hidden;}
#bottom{ margin:auto; margin-top:15px; background:#F0F0F0; height:236px;}
.bottom_pic{ margin:auto; width:980px;}
```

上述 CSS 代码定义了产品类别的背景图片、高度、宽度、对齐方式等。

21.2.4 页脚区域

本例页脚使用一个 div 标签放置一个版权信息图片，比较简洁，如图 21-7 所示。

关于我们 | 联系我们 | 配送范围 | 如何付款 | 批发团购 | 品牌招商 | 诚聘人才

优尚 版权所有

图 21-7　页脚区域

用于定义页脚部分的代码如下。

```
<div id="copyright"><img src="images/copyright.jpg" /></div>
```

在 CSS 样式文件中，对应上述代码的 CSS 代码如下所示。

```
#copyright{ width:980px; height:150px; margin:auto; margin-top:16px;}
```

第22章

制作移动设备类网页

随着移动电子的发展，网站开发也进入了一个新的层面。常见的移动设备有智能手机、平板电脑等，平板电脑与手机的差异在于设置网页的分辨率不同。下面就以制作一个适合智能手机浏览的网站为例，来介绍开发网站的方式。

● **本章要点（已掌握的在方框中打钩）**

☐ 掌握设计移动设备网站的分析方法

☐ 掌握移动设备网站结构的分析方法

☐ 掌握移动设备网站主页面的制作方法

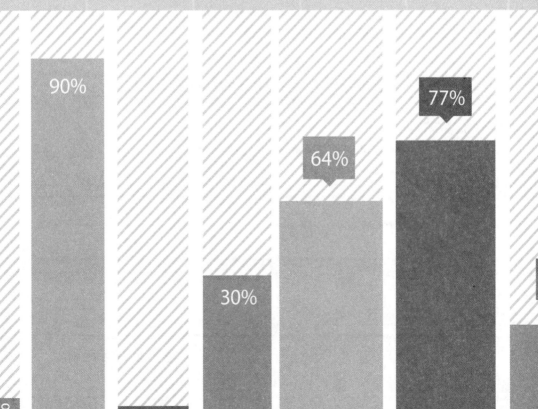

22.1 网站设计分析

由于手机和电脑相比，屏幕小得多，所以手机网站制作在版式上相对比较固定，通常都是"1+（n）+1"版式布局。最终效果如图 22-1 所示。

图 22-1　网站首页

22.2 网站结构分析

手机网站制作由于版面限制，不能把传统网站上的所有应用、链接都移植过来，这不是简单的技术问题，而是用户浏览习惯的问题，所以手机网站在设计时首要考虑的问题是怎么精简传统网站上的应用，保留最主要的信息功能。

确定服务中最重要的部分。如果是新闻或博客等信息，应使访问者最快地接触到信息，如果是更新信息等行为，就要让他们快速达到目的。

如果功能繁多，要尽可能地删减。剔除一些额外的应用，让其集中在重要的应用中。如果一个用户需要改变设置或者做大改动，可以有使用电脑版的选项。

可以提供转至全版网站的方式。手机版网站不具备全部的功能设置，虽然重新转至全版网站的用户成本要高，但是这个选项至少要有。

总体来说，成功的手机网站的设计秉持一个简明的原则：能够让用户快速高效地得到他们需要的信息，达到最大满意度。

与传统网站比较起来，手机网站架构可选择性比较少，本例的排版架构如图 22-2 所示。

图 22-2　网页结构图

22.3 网站主页面的制作

由于手机浏览器支持的原因，手机的导航菜单也受到一定程度的限制，没有太多复杂生动的展示效果，一般以水平菜单为主。代码如下。

```
<DIV class="w1 N1">
<P><A
href="#">导航</A>
<A href="#">天气</A>
  <A href="#">微博</A>
  <A href="#">笑话</A>
  <A href="#">星座</A></P>
<P><A href="#">游戏</A>
  <A href="#">阅读</A> <A
href="#">音乐</A> <A
href="#">动漫</A>
  <A
href="#">视频</A>
</P>
</DIV>
```

网页中菜单制作完毕后，下面还需要为菜单添加 CSS 样式，具体的代码如下。

```
.w1 {
PADDING-BOTTOM: 3px; PADDING-LEFT: 10px; PADDING-RIGHT: 10px; PADDING-TOP: 3px
}
.N1 A {
MARGIN-RIGHT: 4px
}
```

运行结果如下图所示。

导航 天气 微博 笑话 星座
游戏 阅读 音乐 动漫 视频

下面设置手机网页的模块内容，手机网页各个模块布局内容区别不大，基本上以 div、p、a 这三个标签为主，代码如下。

```
<div class=w1>
<P><A href="#"><SPAN
style="COLOR: rgb(51,51,51)"><STRONG>淘宝砍价，血拼到底</STRONG></SPAN></A> </P>
<P><A href="#"><SPAN
style="COLOR: rgb(51,51,51)">不是1折</SPAN></A><I class=s>|</I><A
href="#"><SPAN
```

```
style="COLOR: rgb(51,51,51)">不要钱 </SPAN></A> </P></DIV>
<DIV class="w a3">
<P class="hn hn1"><A
href="#"><IMG
alt="淘宝砍价，血拼到底" src="images/1.jpg"></A> </P></DIV>
<DIV class="ls pb1">
<P><I class=s>.</I><A
href="#"><SPAN
style="COLOR: rgb(51,51,51)">信息内容标题信息内容标题 </SPAN></A></P>
<P><I class=s>.</I><A
href="#"><SPAN
style="COLOR: rgb(51,51,51)">信息内容标题信息内容标题 </SPAN></A></P>
<P><I class=s>.</I><A
href="#"><SPAN
style="COLOR: rgb(51,51,51)">信息内容标题信息内容标题 </SPAN></A></P>
<P><I class=s>.</I><A
href="#"><SPAN
style="COLOR: rgb(51,51,51)">信息内容标题信息内容标题 </SPAN></A></P></DIV>
```

下面为模块添加 CSS 样式，具体的代码如下。

```
.ls {
MARGIN: 5px 5px 0px; PADDING-TOP: 5px
}
.ls A:visited {
COLOR: #551a8b
}
.ls .s {
COLOR: #3a88c0
}
.a3 {
TEXT-ALIGN: center
}
.w {
PADDING-BOTTOM: 0px; PADDING-LEFT: 10px; PADDING-RIGHT: 10px; PADDING-TOP: 0px
}
.pb1 {
PADDING-BOTTOM: 10px
}
```

实现效果如图 22-3 所示。

图 22-3　网页浏览效果

22.4 网站成品预览

下面给出网站成品后的源代码，具体代码如下。

```
<!DOCTYPE HTML PUBLIC "-//W3C//DTD HTML 4.0 Transitional//EN">
<!-- saved from url=(0018)http://m.sohu.com/ -->
<HTML xmlns="http://www.w3.org/1999/xhtml"><HEAD><TITLE> 手机网页 </TITLE>
<META content="text/html; charset=utf-8" http-equiv=Content-Type>
<META content=no-cache http-equiv=Cache-Control>
<META name=MobileOptimized content=240>
<META name=viewport
content=width=device-width,initial-scale=1.33,minimum-scale=1.0,maximum-scale=1.0>
<LINK rel=stylesheet
type=text/css href="images/css.css" media=all><!-- 开发过程中用外链样式，开发完成后
可直接写入页面的 style 块内 --><!-- 股票碎片 1 -->
<STYLE type=text/css>.stock_green {
     COLOR: #008000
}
.stock_red {
     COLOR: #f00
}
.stock_black {
     COLOR: #333
}
.stock_wrap {
     WIDTH: 240px
}
.stock_mod01 {
     PADDING-BOTTOM: 2px; LINE-HEIGHT: 18px; PADDING-LEFT: 10px; PADDING-RIGHT:
0px; FONT-SIZE: 12px; PADDING-TOP: 10px
}
.stock_mod01 .stock_s1 {
     PADDING-RIGHT: 3px
}
.stock_mod01 .stock_name {
     COLOR: #039; FONT-SIZE: 14px
}
.stock_seabox {
     PADDING-BOTTOM: 6px; PADDING-LEFT: 10px; PADDING-RIGHT: 0px; FONT-SIZE: 14px;
PADDING-TOP: 0px
}
```

```
.stock_seabox .stock_kw {
     BORDER-BOTTOM: #3a88c0 1px solid; BORDER-LEFT: #3a88c0 1px solid;
 PADDING-BOTTOM: 2px; PADDING-LEFT: 0px; WIDTH: 130px; PADDING-RIGHT: 0px;
 HEIGHT: 16px; COLOR: #999; FONT-SIZE: 14px; VERTICAL-ALIGN: -1px; BORDER-
TOP: #3a88c0 1px solid; BORDER-RIGHT: #3a88c0 1px solid; PADDING-TOP: 2px
}
.stock_seabox .stock_btn {
     BORDER-BOTTOM: medium none; TEXT-ALIGN: center; BORDER-LEFT: medium none;
PADDING-BOTTOM: 0px; PADDING-LEFT: 4px; PADDING-RIGHT: 4px; BACKGROUND: #3a88c0;
HEIGHT: 22px; COLOR: #fff; FONT-SIZE: 14px; BORDER-TOP: medium none; CURSOR: pointer;
BORDER-RIGHT: medium none; PADDING-TOP: 0px
}
.stock_seabox SPAN {
     PADDING-BOTTOM: 0px; PADDING-LEFT: 4px; PADDING-RIGHT: 0px; PADDING-TOP: 4px
}
.stock_seabox A {
     COLOR: #039; TEXT-DECORATION: none
}
</STYLE>
<!-- 股票碎片 1 -->
<META name=GENERATOR content="MSHTML 8.00.6001.19328"></HEAD>
<BODY>
<DIV class="w h Header">
<TABLE>
  <TBODY>
  <TR>
    <TD>
    <H1><IMG class=Logo alt=手机搜狐 src="images/logo.png"
    height=32></H1></TD>
    <TD>
    <DIV class="as a2">
    <DIV id=weather_tip class=weather_min><A
    href="#" name=top><IMG style="HEIGHT: 32px"
    id=weather_icon src="images/1-s.jpg"></IMG> 北京 <BR>6℃～ 19℃
    </A></DIV></DIV></TD></TR></TBODY></TABLE></DIV>
<DIV class="w1 N1">
<P><A
href="#">导航 </A>
<A href="#">天气 </A>
  <A href="#">微博 </A>
  <A href="#">笑话 </A>
  <A href="#">星座 </A></P>
<P><A href="#">游戏 </A>
  <A href="#">阅读 </A> <A
```

```
href="#"> 音乐 </A> <A
href="#"> 动漫 </A>
 <A
href="#"> 视频 </A>
</P></div>
<div class="w1 c1"></DIV>
<div class="w h">
<TABLE>
  <TBODY>
  <TR>
    <TD width="54%">
      <H3><IMG alt="" src="images/caibanlanmu.jpg" height=16><I
      class=s></I> 热点 </H3></TD>
    <TD width="46%">
      <div class="as a2"><A
      href="#"> 专题 </A><I
      class=s>•</I><A
      href="#"> 策划 </A></DIV></TD></TR></TBODY></TABLE></DIV>
<div class=w1>
<P><A href="#"><SPAN
style="COLOR: rgb(51,51,51)"><STRONG> 淘宝砍价，血拼到底 </STRONG></SPAN></A> </P>
<P><A href="#"><SPAN
style="COLOR: rgb(51,51,51)"> 不是 1 折 </SPAN></A><I class=s>|</I><A
href="#"><SPAN
style="COLOR: rgb(51,51,51)"> 不要钱 </SPAN></A> </P></DIV>
<DIV class="w a3">
<P class="hn hn1"><A
href="#"><IMG
alt=" 淘宝砍价，血拼到底 " src="images/1.jpg"></A> </P></DIV>
<DIV class="ls pb1">
<P><I class=s>.</I><A
href="#"><SPAN
style="COLOR: rgb(51,51,51)"> 信息内容标题信息内容标题 </SPAN></A></P>
<P><I class=s>.</I><A
href="#"><SPAN
style="COLOR: rgb(51,51,51)"> 信息内容标题信息内容标题 </SPAN></A></P>
<P><I class=s>.</I><A
href="#"><SPAN
style="COLOR: rgb(51,51,51)"> 信息内容标题信息内容标题 </SPAN></A></P>
<P><I class=s>.</I><A
href="#"><SPAN
style="COLOR: rgb(51,51,51)"> 信息内容标题信息内容标题 </SPAN></A></P></DIV>
<div class="w h">
<TABLE>
```

```
 <TBODY>
 <TR>
  <TD width="55%">
    <H3><IMG alt="" src="images/caibanlanmu.jpg" height=16><I
    class=s></I><A
    href="#">新闻 </A></H3></TD>
  <TD width="45%">
    <div class="as a2"><A
    href="#">分类 </A><I
    class=s>•</I><A
    href="#">分类 </A></DIV></TD></TR></TBODY></TABLE></DIV>
<div class=ls>
<P><I class=s>.</I><A
href="#">信息内容标题信息内容标题 </A></P>
<P><I class=s>.</I><A
href="#">信息内容标题信息内容标题 </A></P>
<P><I class=s>.</I><A
href="#"><SPAN
style="COLOR: rgb(194,0,0)">微博 </SPAN></A><I class=v>|</I><A
href="#"><SPAN
style="COLOR: rgb(194,0,0)">信息内容 </SPAN></A></P>
<P><I class=s>.</I><A
href="#">信息内容标题信息内容标题 </A></P>
<P><I class=s>.</I><A
href="#">信息内容标题信息内容标题 </A></P>
<P><I class=s>.</I><A
href="#">信息内容标题信息内容标题 </A></P>
<P><I class=s>.</I><A
href="#">信息内容标题信息内容标题 </A></P>
<P><I class=s>.</I><A
href="#">信息内容标题信息内容标题 </A></P>
<P><I class=s>.</I><A
href="#">信息内容标题信息内容标题 </A></P>
<P><I class=s>.</I><A
href="#">信息内容标题信息内容标题 </A></P>
<P><I class=s>.</I><A
href="#">信息内容标题信息内容标题 </A></P></DIV>
<P class="w f a2 pb1"><A href="#">更多 &gt;&gt;</A></P>
<div class="w h">
<TABLE>
 <TBODY>
 <TR>
```

```
    <TD width="55%">
     <H3><IMG alt="" src="images/caibanlanmu.jpg" height=16><I
     class=s></I><A
     href="#"> 分类 </A></H3></TD>
    <TD width="45%">
     <div class="as a2"><A
     href="#"> 分类 </A><I
     class=s>•</I><A
     href="#"> 分类 </A></DIV></TD></TR></TBODY></TABLE></DIV>
<div class="ls ls2">
  <P><I class=s>.</I><A
href="#"> 信息内容标题信息内容标题 </A></P>
<P><I class=s>.</I><A
href="#"> 信息内容标题信息内容标题 </A></P>
<P><I class=s>.</I><A
href="#"> 信息内容标题信息内容标题 </A></P>
<P><I class=s>.</I><A
href="#"> 信息内容标题信息内容标题 </A></P>
<P><I class=s>.</I><A
href="#"> 信息内容标题信息内容标题 </A></P>
<P><I class=s>.</I><A
href="#"> 信息内容标题信息内容标题 </A></P></DIV>
<P class="w f a2 pb1"><A href="#"> 更多 &gt;&gt;</A></P>
<div class="ls c1 pb1">•<A class=h6
href="#"> 信息内容标题信息内容标题 !</A><BR>•<A
class=h6
href="#"> 信息内容标题信息内容标题 </A><BR></DIV>
<div class=c1><!--UCAD[v=1;ad=1112]--></DIV>
<div class="w h">
<H3> 站内直通车 </H3></DIV>
<div class="w1 N1">
<P><A
href="#"> 导航 </A>
<A
href="#"> 新闻 </A>
<A href="#"> 娱乐 </A> <A
href="#"> 体育 </A> <A
href="#"> 女人 </A> </P>
<P><A href="#"> 财经 </A> <A
href="#"> 科技 </A> <A
href="#"> 军事 </A> <A
href="#"> 星座 </A> <A
href="#"> 图库 </A> </P></DIV>
<P class="w a3"><A class=Top href="#">↑ 回顶部 </A></P>
```

```
<div class="w a3 Ftr">
<P><A href="#">普版</A><I
class=s>|</I><B class=c2>彩版</B><I class=s>|</I><A
href="#">触版</A><I
class=s>|</I><A href="#">PC</A></P>
<P class=f12><A href="#">合作</A><I class=s>-</I><A
href="#">留言</A></P>
<P class=f12>Copyright © 2012 xfytabao.com</P></DIV></BODY></HTML>
```

最终成品后的网页浏览效果如图 22-4 所示。

图 22-4 网页浏览效果

第23章

制作娱乐休闲类网页

娱乐休闲类网页类型较多，根据主题内容不同，所设计的网页风格也千差万别，如聊天交友、星座运程、游戏视频等。本章主要以视频播放网页为例进行介绍。

本章要点（已掌握的在方框中打钩）

- ☐ 掌握娱乐休闲类网页的整体分析方法
- ☐ 掌握娱乐休闲类网页主要模块的设计方法
- ☐ 掌握娱乐休闲类网页的调整方法

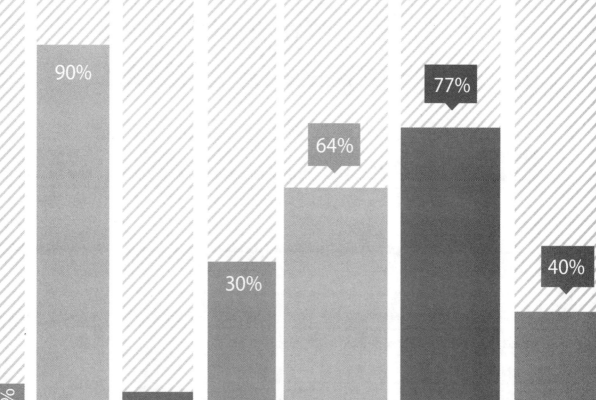

23.1 整体设计

本实例以简单的视频播放页面为例，进行演示视频网站的制作。网页内容应当包括：页头部、导航菜单栏、检索条、视频播放及评价、热门视频推荐等内容。使用浏览器浏览其完成后的效果如图 23-1 所示。

图 23-1　网页浏览效果

23.1.1　应用设计分析

作为一个视频网站播放网页，其页面应简单明了，给人以清晰的感觉。整体设计各部分内容介绍如下。

（1）页头部分主要放置导航菜单和网站 Logo 信息等，其 Logo 可以是一张图片或者文本信息等。

（2）页头下方是搜索模块，用于快速检索视频。

（3）页面主体左侧是视频播放及评价，考虑到视频播放效果，左侧主体部分至少要占整个页面 2/3 的宽度，另外要为视频增加信息描述内容。

（4）页面主体右侧是热门视频推荐模块，包括当前热门视频和根据当前播放的视频类型推荐的视频。

（5）页面底部是一些快捷链接和网站备案信息。

23.1.2　架构布局分析

从上面效果图可以看出，页面结构并不是太复杂，采用的是上中下结构，页面主体部分又嵌套了一个左右版式结构。其效果如图 23-2 所示。

图 23-2　网页框架结构

在制作网站的时候，可以将整个网站划分为三大模块，即上、中、下。框架实现代码如下。

```
<div id="main_block">          // 主体框架
<div id="innerblock">          // 内部框架
<div id="top_panel">           // 头部框架
</div>
<div id="contentpanel">        // 中间主体框架
            </div>
<div id="ft_padd">             // 底部框架
</div>
</div>
</div>
```

以上框架结构比较粗糙，想要页面内容布局完美，需要更细致的框架结构。

 头部框架

框架实现代码如下。

```
    <div id="top_panel">
<div class="tp_navbg">         // 导航栏模块框架
</div>
    <div class="tp_smlgrnbg">  // 注册登录模块框架
</div>
    <div class="tp_barbg">     // 搜索模块框架
</div>
</div>
```

中间主体框架

框架实现代码如下。

```
<div id="contentpanel">                                        // 中间主体框架
        <div id="lp_padd">                                     // 中间左侧框架
<div class="lp_newvidpad" style="margin-top:10px;">            // 评论模块框架
</div>
        </div>
        <div id="rp_padd">                                     // 中间右侧框架
<div class="rp_loginpad" style="padding-bottom:0px; border-bottom:none;">
// 右侧上部模块框架
</div>
<div class="rp_loginpad" style="padding-bottom:0px; border-bottom:none;">
// 右侧下部模块框架
</div>
</div>
</div>
```

> **▶ 说明**　其中大部分框架参数中只有一个框架 ID 名，并且只有 ID 名称的框架在 CSS
> 样式表中都有详细的框架属性信息。

3. **底部框架**

框架实现代码如下。

```
    <div id="ft_padd">
      <div class="ftr_lnks">                                   // 底部快速链接模块框架
      </div>
</div>
```

23.2 主要模块设计

网站制作要逐步完成，本实例中网页制作主要包括六个部分，详细制作方法介绍如下。

23.2.1 网页整体样式插入

首先，网页设计中需要使用 CSS 样式表控制整体样式，所以网站可以使用以下代码结构
实现页面代码框架和 CSS 样式的插入。

```
<head>
<meta http-equiv="content-type" content="text/html; charset=utf-8" />
<title>阿里谷看乐网 </title>
<link rel="stylesheet" type="text/css" href="css/style.css"/>
<script language="javascript" type="text/javascript" src="http://js.i8844.cn/js
/user.js"></script>
</head>
```

由以上代码可以看出，案例中使用了一个 CSS 样式表：style.css。其中包含了网页通用样式及特定内容的样式。样式表内容如下。

```
/* CSS Document */
body{
margin:0px; padding:0px;
font:11px/16px Arial, Helvetica, sans-serif;
background:#0C0D0D url(../images/bd_bg1px.jpg) repeat-x;
}
p{
margin:0px; .
padding:0px;
}
img
{
border:0px;
}
a:hover
{
text-decoration:none;
}

#main_block
{
margin:auto; width:1000px;
}
...
<!--=============== 中间内容省略 ===================-->
...

.fp_divi{
float:left; margin:0px 12px 0 12px;
font:11px/15px Arial; color:#989897;
display:inline;
 }
.ft_cpy{
clear:left; float:left;
font: 11px/15px Tahoma;
```

```
color:#6F7475; margin:12px 0px 0px 344px;
width:325px; text-decoration:none;
}
```

▶ 说明   本实例中的样式表比较多，这里只展示一部分，随书光盘中有文字的代码文件。

23.2.2 顶部模块代码分析

网页顶部模块中包括 Logo、导航菜单和搜索条，是浏览者最先浏览的内容。Logo 可以是一张图片，也可以是一段艺术字；导航菜单是引导浏览者快速访问网站各个模块的关键组件；搜索条用于快速检索网站中的视频资源，是提高页面访问效率的重要组件。除此之外，整个头部还要设置漂亮的背景图案，且和整体页面彼此搭配。本实例中网站头部的效果如图 23-3 所示。

图 23-3   网页顶部模块

实现网页头部的详细代码如下所示。

```
<div id="top_panel">
<a href="index.html" class="logo">              //为 logo 做链接，链接到主网页
<img src="images/logo.gif" width="255" height="36" alt="" />    //插入头部 logo
</a><br />
<div class="tp_navbg">
            <a href="index.html">首页 </a>
            <a href="shangchuan.html">上传 </a>
            <a href="shipin.html">视频 </a>
            <a href="pindao.html">频道 </a>
        <a href="xinwen.html">新闻 </a>
        </div>
        <div class="tp_smlgrnbg">
            <span class="tp_sign"><a href="zhuce.html" class="tp_txt">注册 </a>
            <span class="tp_divi">|</span>
            <a href="denglu.html" class="tp_txt">登录 </a>
            <span class="tp_divi">|</span>
            <a href="bangzhu.html" class="tp_txt">帮助 </a></span>
        </div>
</div>
<div class="tp_barbg">
<input name="#" type="text" class="tp_barip" />
```

```
        <select name="#" class="tp_drp"><option>视频</option></select>
<a href="#" class="tp_search"><img src="images/tp_search.jpg" width="52"
height="24" alt="" /></a>
<span class="tp_welcom">欢迎您 <b>匿名用户</b></span>
</div>
```

> **说明**　本网页超链接的子页面比较多，该处大部分子页面文件为空。

23.2.3　视频模块代码分析

网站中间主体左侧的视频模块是最重要的模块，主要使用 <video> 标签来实现视频播放功能。除了有播放功能外，还增加了视频信息统计模块，包括视频时长、观看数、评价等。除此以外，又为视频增加了一些操作链接，如收藏、写评论、下载、分享等。

视频模块的网页效果如图 23-4 所示。

图 23-4　网页视频模块

实现视频模块效果的具体代码如下。

```
<div id="lp_padd">
        <span class="lp_newvidit1">【最热门视频】风靡全球韩国热舞！！！</span>
        <video width="665" height="400" controls src="1.mp4" ></video>
        <span class="lp_inrplyrpad">
            <span class="lp_plyrxt">时长 :4.22</span>
<span class="lp_plyrxt">观看数量 :67</span>
```

```
<span class="lp_plyrxt">评论 :1</span>
<span class="lp_plyrxt" style="width:200px;">评价 :
<a href="#"><img src="images/lp_featstar.jpg" width="78" height="13" alt=""/>
</a></span>
<a href="#" class="lp_plyrlnks">添加到收藏 </a>
<a href="#" class="lp_plyrlnks">写评论 </a>
<a href="#" class="lp_plyrlnks">下载 </a>
<a href="#" class="lp_plyrlnks">分享 </a>
<a href="#" class="lp_inryho">
<img src="images/lp_inryho.jpg" width="138" height="18" alt="" />
</a>
</span>
</div>
```

23.2.4 评论模块代码分析

网页要有互动才会更活跃，所以这里加入了视频评论模块，浏览者可以在这里发表、交流观后感，具体页面效果如图 23-5 所示。

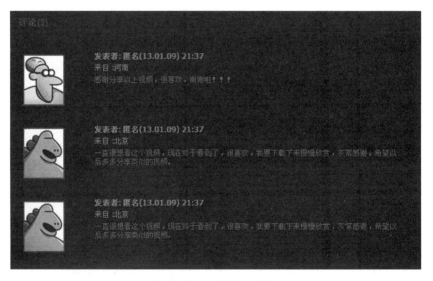

图 23-5 网页评论模块

实现评论模块的具体代码如下。

```
<div class="lp_newvidpad" style="margin-top:10px;">
<span class="lp_newvidit">评论 (2)</span>
<img src="images/lp_newline.jpg" width="661" height="2" alt="" class="lp_newline" />
<img src="images/lp_inrfoto1.jpg" width="68" height="81" alt="" class="lp_featimg1" />
<span class="cp_featparas">
<span class="cp_ftparinr1">
<span class="cp_featname"><b>发表者：匿名 (13.01.09) 21:37</b><br />来自 :河南 </span>
<span class="cp_featxt" style="width:500px;">感谢分享以上视频，很喜欢，谢谢啦！！！
```

```
</span><br />
</span>
</span><br />
<img src="images/lp_inrfoto2.jpg" width="68" height="81" alt="" class="lp_
featimg1" />
<span class="cp_featparas">
<span class="cp_ftparinr1">
<span class="cp_featname"><b>发表者：匿名 (16.01.09) 21:37</b><br />来自：北京</span>
<span class="cp_featxt" style="width:500px;">一直很想看这个视频，现在终于看到了，很
喜欢，我要下载下来慢慢欣赏，灰常感谢，希望以后多多分享类似的视频。</span><br />
            </span>
</span>
<img src="images/lp_inrfoto2.jpg" width="68" height="81" alt="" class="lp_featimg1" />
<span class="cp_featparas">
<span class="cp_ftparinr1">
<span class="cp_featname"><b>发表者：匿名 (16.01.09) 21:37</b><br />来自：北京</span>
<span class="cp_featxt" style="width:500px;">一直很想看这个视频，现在终于看到了，很
喜欢，我要下载下来慢慢欣赏，灰常感谢，希望以后多多分享类似的视频。</span><br />
</span>
        </span>
</div>
```

23.2.5 热门推荐模块代码分析

浏览者自行搜索视频会带有盲目性，所
以应该设置一个热门视频推荐模块，在中间
主体右侧可以完成该模块的设置。该模块可
以再分为两部分，即热门视频和关联推荐。

实现后效果如图 23-6 所示。

图 23-6 热门推荐模块

实现上述功能的具体代码如下。

```html
<div id="rp_padd">
<img src="images/rp_top.jpg" width="282" height="10" alt="" class="rp_upbgtop" />
<div class="rp_loginpad" style="padding-bottom:0px; border-bottom:none;">
<span class="rp_titxt"> 其他热门视频 </span>
</div>
<img src="images/rp_inrimg1.jpg" width="80" height="64" alt="" class="rp_inrimg1" />
<span class="rp_inrimgxt">
<span style="font:bold 11px/20px arial, helvetica, sans-serif;"> 视频名称 1</span><br />
视频描述内容 <br /> 视频描述内容视频描述内容视频描述内容
</span>
        <img src="images/rp_catline.jpg" width="262" height="1" alt="" class="
rp_catline1" /><br />
        <img src="images/rp_inrimg2.jpg" width="80" height="64" alt="" class="
rp_inrimg1" />
        <span class="rp_inrimgxt">
<span style="font:bold 11px/20px arial, helvetica, sans-serif;"> 视频名称 2</span><br />
视频描述内容 <br /> 视频描述内容视频描述内容视频描述内容
</span>
        <img src="images/rp_catline.jpg" width="262" height="1" alt="" class="
rp_catline1" /><br />
        <img src="images/rp_inrimg3.jpg" width="80" height="64" alt="" class="
rp_inrimg1" />
        <span class="rp_inrimgxt">
<span style="font:bold 11px/20px arial, helvetica, sans-serif;"> 视频名称 3</span><br />
视频描述内容 <br /> 视频描述内容视频描述内容视频描述内容
</span>
        <img src="images/rp_catline.jpg" width="262" height="1" alt="" class="
rp_catline1" /><br />
<img src="images/rp_inrimg4.jpg" width="80" height="64" alt="" class="rp_inrimg1" />
        <span class="rp_inrimgxt">
<span style="font:bold 11px/20px arial, helvetica, sans-serif;"> 视频名称 4</span><br />
视频描述内容 <br /> 视频描述内容视频描述内容视频描述内容
</span>
        <img src="images/rp_catline.jpg" width="262" height="1" alt="" class="
rp_catline1" /><br />
        <img src="images/rp_top.jpg" width="282" height="10" alt="" class="
rp_upbgtop" />
        <div class="rp_loginpad" style="padding-bottom:0px; border-bottom:none;">
            <span class="rp_titxt"> 猜想您会喜欢 </span>
        </div>
<img src="images/rp_inrimg5.jpg" width="80" height="64" alt="" class="rp_inrimg1" />
<span class="rp_inrimgxt">
<span style="font:bold 11px/20px arial, helvetica, sans-serif;"> 视频名称 5</span><br />
视频描述内容 <br /> 视频描述内容视频描述内容视频描述内容
</span>
```

```
<img src="images/rp_catline.jpg" width="262" height="1" alt="" class="rp_catline1"/>
<br />
<img src="images/rp_inrimg6.jpg" width="80" height="64" alt="" class="rp_inrimg1" />
<span class="rp_inrimgxt">
<span style="font:bold 11px/20px arial, helvetica, sans-serif;">视频名称 6</span><br />
视频描述内容 <br /> 视频描述内容视频描述内容视频描述内容
</span>
        <img src="images/rp_catline.jpg" width="262" height="1" alt="" class="
rp_catline1" /><br />
        <img src="images/rp_inrimg7.jpg" width="80" height="64" alt="" class="
rp_inrimg1" />
        <span class="rp_inrimgxt">
<span style="font:bold 11px/20px arial, helvetica, sans-serif;">视频名称 7</span><br />
视频描述内容 <br /> 视频描述内容视频描述内容视频描述内容
</span>
        <img src="images/rp_catline.jpg" width="262" height="1" alt="" class="
rp_catline1" /><br />
        <img src="images/rp_inrimg8.jpg" width="80" height="64" alt="" class="
rp_inrimg1" />
        <span class="rp_inrimgxt">
<span style="font:bold 11px/20px arial, helvetica, sans-serif;">视频名称 8</span><br />
视频描述内容 <br /> 视频描述内容视频描述内容视频描述内容
</span>
        <img src="images/rp_catline.jpg" width="262" height="1" alt="" class="
rp_catline1" /><br />
</div>
```

23.2.6 底部模块分析

在网页底部一般会有备案信息和一些快捷链接，实现效果如图 23-7 所示。

首页 ｜ 上传 ｜ 观看 ｜ 频道 ｜ 新闻 ｜ 注册 ｜ 登录
©copyrights @ vvv.com

图 23-7 网页底部模块

实现网页底部的具体代码如下。

```
<div id="ft_padd">
<div class="ftr_lnks">
        <a href="index.html" class="fp_txt">首页 </a>
        <p class="fp_divi">|</p>
        <a href="inner.html" class="fp_txt">上传 </a>
        <p class="fp_divi">|</p>
        <a href="#" class="fp_txt">观看 </a>
        <p class="fp_divi">|</p>
```

```
              <a href="#" class="fp_txt">频道 </a>
              <p class="fp_divi">|</p>
              <a href="#" class="fp_txt">新闻 </a>
              <p class="fp_divi">|</p>
              <a href="#" class="fp_txt">注册 </a>
              <p class="fp_divi">|</p>
              <a href="#" class="fp_txt">登录 </a>
      </div>
  <span class="ft_cpy">&copy;copyrights @ vvv.com<br /></span>
</div>
```

23.3 网页调整

网站设计完成后，如果需要完善或者修改，可以对其中的框架代码，以及样式代码进行调整。下面简单介绍几项内容的调整方法。

23.3.1 部分内容调整

调整网站时，可以将主色调统一调换，原案例使用的是黑色调，可以换为蓝色调，修改时会涉及一些图片的修改，需要使用 photoshop 等工具重新设计对应模块的图片。下面对网站中的内容做详细调整。

1. 调整网页整体背景

修改样式表中 body 标记的 background 属性。

```
body{
margin:0px; padding:0px;
font:11px/16px Arial, Helvetica, sans-serif;
background:#000000  repeat-x;
}
```

2. 修改网页中文本的颜色

由于主色调发生了变化，很多文字颜色为了和图片颜色对应，也需要做出调整。网页中需要调整的文字颜色较多，调整方法相似，如将 lp_plyrxt 样式对应的 color 属性改为 #000000。

```
.lp_plyrxt{
float:left;
width:85px;
```

```
margin:10px 0 0 30px;
font:11px Arial, Helvetica, sans-serif;
color:#ffffff;
}
```

 3. **修改网页中图片内容**

使用 photoshop 工具将图片调整后，放入 images 目录中，对样式表中对应的内容进行调整。如修改导航栏色彩风格，修改 tp_navbg、tp_smlgrnbg 和 tp_barbg 样式中的 background 属性值。代码如下。

```
.tp_navbg
{
 clear:left; float:left;
 width:590px; height:32px;
 display:inline;
 margin:26px 0 0 22px;
 }
.tp_navbg a
{
float:left; background:url(../images/tp_inactivbg2.jpg) no-repeat;
 width:104px; height:19px;
 padding:13px 0 0 0px; text-align:center;
 font:bold 11px Arial, Helvetica, sans-serif;
 color:#ffffff; text-decoration:none;
 }
.tp_navbg a:hover
{
float:left; background:url(../images/tp_activbg2.jpg) no-repeat;
width:104px; height:19px; padding:13px 0 0 0px; text-align:center;
font:bold 11px Arial, Helvetica, sans-serif; color:#282C2C;
text-decoration:none;
}

.tp_smlgrnbg{
float:left; background:url(../images/tp_smlgrnbg2.jpg) no-repeat;
margin:34px 0 0 155px; width:160px; height:24px;
}
.tp_barbg
{
float:left; background:url(../images/tp_barbg2.jpg) repeat-x;
width:1000px; height:42px;
width:1000px;
}
```

网页中的内容修改比较简单，只要换上对应的图片和文字即可，比较麻烦的是对象样式的更换，首先找到需要调整的对象，然后找到控制该对象的样式，最后进行修改即可。有时修改样式表后，可能会使部分网页布局错乱，这时需要单独对特定区域做代码调整。

23.3.2 调整后预览测试

网页内容调整后，浏览效果如图 23-8 所示。

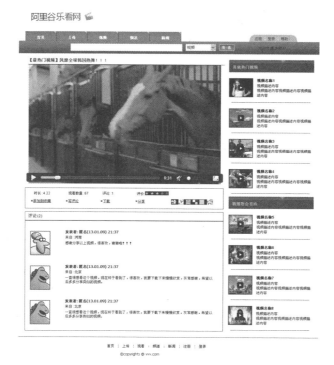

图 23-8　网站调整后的网页浏览效果